高职高专机电类专业规划教材

电机与电气控制

刘江彩　主编
张新岭　石利云　副主编
耿惊涛　主审

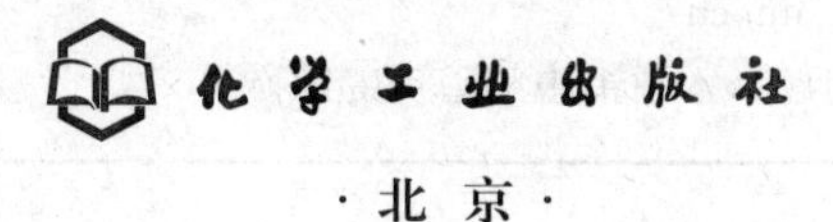

·北京·

本书主要内容包括电动机及其特性、电机拖动与基本电气控制线路、典型机床电气控制线路、可编程控制器控制线路、变频器等。本教材根据高职教育的特点，合理分配各个模块的内容，并采用项目引导、任务驱动的教学模式编写。全书分为四个模块，共八个项目，每个项目下面分为若干个学习任务，每个学习任务将基础知识和实践操作紧密结合，构成一个相对独立的学习单元，增强知识的易学性，方便实践教学环节操作。本书可作为高职高专机电、电气、机器人、数控维修、汽车电子等专业的教材，也可作为自学用书。

图书在版编目（CIP）数据

电机与电气控制/刘江彩主编. —北京：化学工业出版社，2018.8

高职高专机电类专业规划教材

ISBN 978-7-122-32608-9

Ⅰ.①电… Ⅱ.①刘… Ⅲ.①电机学-高等职业教育-教材 ②电气控制-高等职业教育-教材 Ⅳ.①TM3 ②TM921.5

中国版本图书馆CIP数据核字（2018）第149276号

责任编辑：潘新文　　装帧设计：韩　飞

责任校对：秦　姣

出版发行：化学工业出版社（北京市东城区青年湖南街13号　邮政编码100011）

印　　装：中煤（北京）印务有限公司

787mm×1092mm　1/16　印张12¾　字数313千字　2018年10月北京第1版第1次印刷

购书咨询：010-64518888（传真：010-64519686）　售后服务：010-64518899

网　　址：http://www.cip.com.cn

凡购买本书，如有缺损质量问题，本社销售中心负责调换。

定　　价：34.00元

前言

本教材以培养高级应用型技能人才为目标，遵循“以就业为导向，以能力为本位”的教育理念，从基本技能和工程应用能力的培养出发，结合多年教学经验编写而成。

电机与电气控制是一门实践性较强的课程，知识点多，内容综合性强，既包括电动机、变压器和传统的继电器-接触器控制，也包括可编程控制器和变频器控制的内容。本教材根据高职教育的特点，合理分配各个模块的内容，并采用项目引导、任务驱动的教学模式编写。全书分为四个模块，共八个项目，每个项目下面分为若干个学习任务，每个学习任务将基础知识和实践操作紧密结合，构成一个相对独立的学习单元，这种模式不但增加了知识的易学性，而且方便了实践教学环节。

本书在知识点的选取上，以适应高职高专学生的实际需要为准绳，够用为度，不过多选取，讲授尽量做到直观易懂、具体，由浅入深。部分学习任务中安排了知识拓展内容，并注以星号，供学有余力的读者阅读。

本教材在编写过程中注重学练结合，“做中学”“学中做”，在给学生传授必要的基础知识的基础上，强化对学生电气控制电路的安装、分析和维修等基本技能的培养，提高他们解决生产实际问题的能力，凸显课程的职业特色。

本书可作为高职高专机电、电气、机器人、数控维修、汽车电子等专业的教材，也可作为自学用书。

本书由刘江彩担任主编，张新岭、石利云担任副主编，卢永霞、罗肖培和赵浩明参编。书中项目一由石利云编写，项目二由罗肖培和赵浩明共同编写，项目三由刘江彩编写，项目四由赵浩明编写，项目五和项目六由卢永霞编写，项目七和项目八由张新岭编写。全书由耿惊涛主审。

由于时间仓促，我们水平有限，书中难免有不妥之处，敬请各位读者批评指正。

编者

2018 年 6 月

目录

模块一 电动机及变压器

模块二 电机拖动与控制

模块一

电动机及变压器

项目一

认识三相异步电动机

任务一 认识三相异步电动机的原理与结构

电动机的工作原理是建立在电磁感应定律基础上的。三相异步电动机定子和转子气隙内有一个旋转磁场，转子绕组中的感应电流与旋转磁场相互作用，产生电磁转矩，驱动转子转动，从而使电动机工作。

如图 1.1 所示，当磁铁旋转时，转子导体做切割磁力线的相对运动，在转子导体中产生感应电动势，从而产生感应电流，转子导体受到磁场力的作用，在电磁转矩作用下与磁铁同方向旋转。

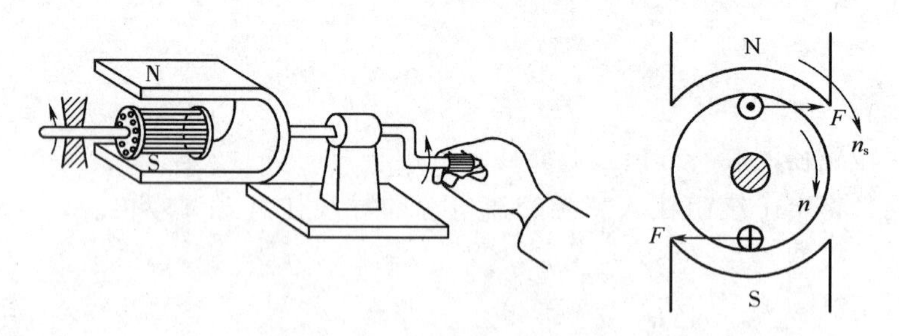

图 1.1 转子跟随旋转磁铁转动

三相定子绕组通入三相对称交流电流 i_u、i_v、i_w，在空间产生的磁场如图 1.2 所示。

由图 1.2 可知，三相绕组在空间位置上互差 120°，三相交流电流在转子空间产生的旋转磁场具有 1 对磁极（N 极、S 极各 1 个），若电流相位变化 120°，磁场在空间旋转 120°，三相交流电流变化一个周期，2 极（1 对磁极）旋转磁场旋转 360°，三相交流电流产生的合成磁场随电流变化在转子空间不断旋转。改变定子绕组的连接方式，可改变磁场的磁极对数。当旋转磁场具有 4 极即 2 对磁极时，旋转磁场的转速仅为 1 对磁极时的一半。所以，旋转磁

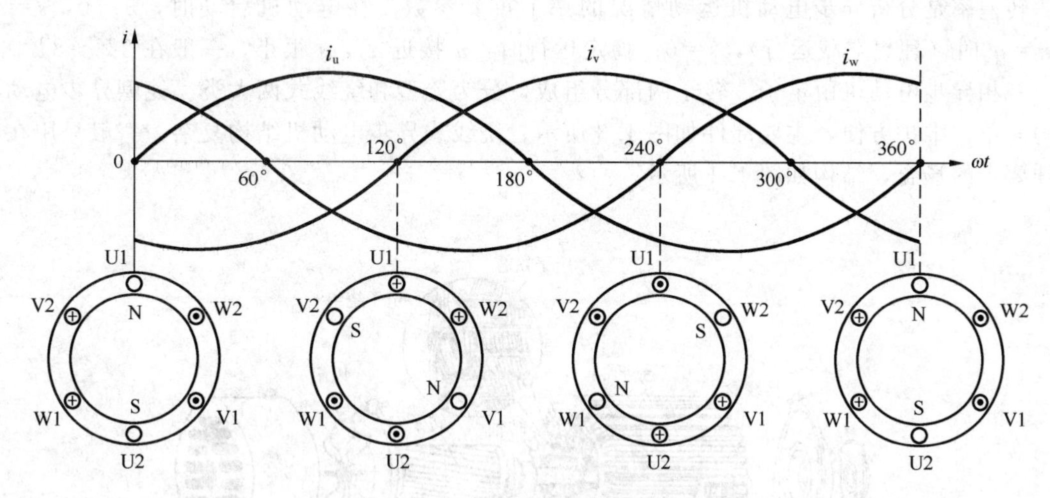

图 1.2　三相电流产生的旋转磁场

场的转速与电源频率和旋转磁场的磁极对数有关。三相交流电产生的旋转磁场的转速叫做同步转速，它与电流的频率成正比，与电动机的磁极对数 p 成反比，用 n_0 表示，可由下式确定：

$$n_0=60f_1/p$$

式中　n_0——电动机同步转速（即旋转磁场的转速），r/min；

f_1——定子电流频率，Hz；

p——磁极对数（由三相定子绕组的布置和连接决定）。

磁极对数与同步转速的关系如表 1.1 所示。

表 1.1　磁极对数与同步转速的关系

磁极对数	1	2	3	4	5	6
同步转速	3000	1500	1000	750	600	500

电动机转子的转动方向与旋转磁场的旋转方向相同，如果需要改变电动机转子的转动方向，必须改变旋转磁场的旋转方向。旋转磁场的旋转方向与通入定子绕组的三相交流电流的相序有关，因此，将定子绕组接入三相交流电源的导线任意对调两根，则旋转磁场改变转向，电动机也随之换向。

三相异步电动机的定子绕组在空间上对称，通入三相对称的交流电流后会在电动机内部建立起一个恒速旋转磁场，转子在电磁转矩作用下与旋转磁场同向转动，转速始终小于旋转磁场的转速，如果两者速度相等，则转子与旋转磁场之间便没有相对运动，转子导体不切割磁力线，不能产生感应电动势和感应电流，转子就不会受到电磁力矩的作用，这就是异步电动机名称的由来。转子的速度小于旋转磁场的速度是异步电动机工作的必要条件。由于异步电动机定子和转子之间的能量传递是靠电磁感应作用的，因此异步电动也称为感应电动机。

电动机的同步转速 n_0 与转子的转速 n 之差称为转差，转差与同步转速 n_0 的比值称为转差率。用 s 表示，即

$$s=(n_0-n)/n_0\times100\%$$

转差率是分析异步电动机运动情况的一个重要参数。在电动机启动时，$n=0$，$s=1$；当 $n=n_0$ 时（理想空载运行），$s=0$；稳定运行时，n 接近 n_0，s 很小，一般在 2%～8%。

三相异步电动机由定子、转子两部分组成，分为笼型和绕线式两大类。笼型异步电动机结构简单，维护方便，主要部件如图 1.3 所示；绕线式异步电动机结构复杂，一般只用在有特殊要求的场合，结构如图 1.4 所示。

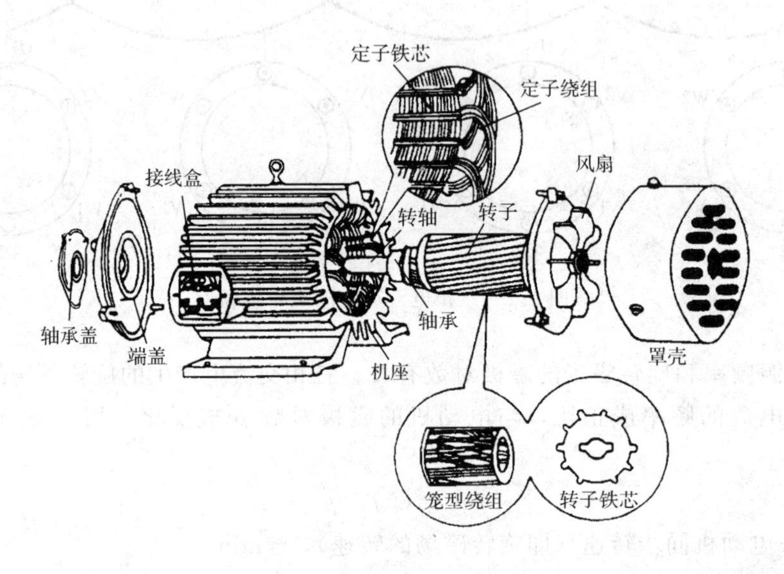

图 1.3　笼型异步电动机的主要部件

1. 定子

三相异步电动机的定子由定子铁芯、定子绕组、机座、端盖等部件组成。机座一般由铸铁制成。

(1) 定子铁芯

定子铁芯有良好的导磁性能，剩磁小，一般用 0.5mm 厚的表面覆盖绝缘层的硅钢片叠压而成。定子铁芯内圆冲有冲均匀分布的槽，用于嵌放三相定子绕组。

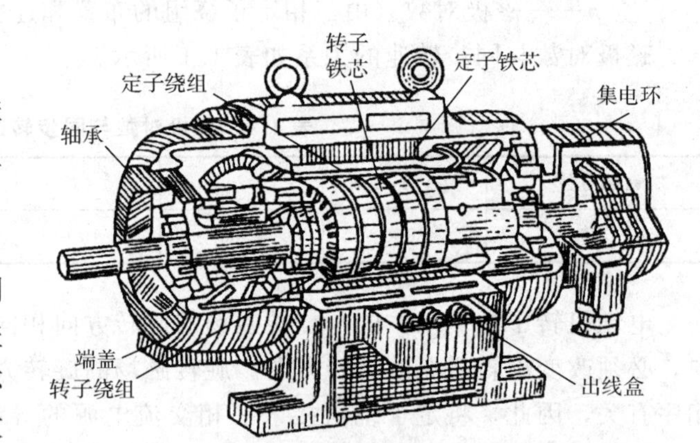

图 1.4　三相绕线式异步电动机结构

(2) 定子绕组

三相绕组用铜线或铝线绕制成，按一定的规则嵌放在定子槽中。小型异步电动机定子绕组一般采用高强度漆包圆铜线绕制，大中型异步电动机则用漆包扁铜线或玻璃丝包扁铜线绕制。三相定子绕组之间及绕组与定子铁芯之间均垫有绝缘材料。

定子三相绕组的结构完全对称，一般有 6 个出线端，始端标以 U1、V1、W1，末端标以 U2、V2、W2，六个端子均引出至机座外部的接线盒，并根据需要接成星形或三角形。如图 1.5 所示。

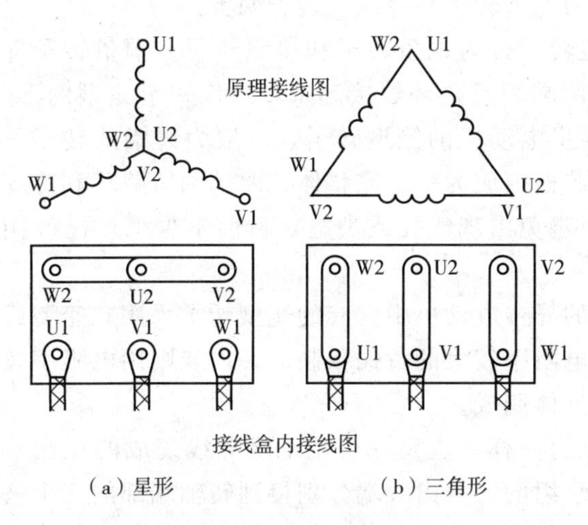

(a) 星形　　(b) 三角形

图 1.5　三相绕组连接

(3) 机座

机座的作用是固定定子绕组和定子铁芯，并通过两侧的端盖和轴承来支撑电动机转子，同时构成电动机的电磁通路，并发散电动机运行中产生的热量。

机座通常为铸铁件，大型异步电动机机座一般用钢板焊成，而微型电动机的基座则采用铸铝件。封闭式电动机的基座外面有散热筋，以增加散热面积，防护式电动机的机座两端端盖开有通风孔，使电动机内外的空气可以直接对流，以利于散热。

(4) 端盖

端盖对内部起保护作用，并借助滚动轴承将电动机转子和机座联成一个整体。

2. 转子

转子由转子铁芯和转子绕组组成。转子铁芯也是由相互绝缘的硅钢片叠成的。铁芯外圆冲有槽，槽内安装转子绕组。

(1) 转子铁芯

作为电动机磁路的一部分，并放置转子绕组。转子铁芯一般用 0.5mm 厚的硅钢片叠压而成，硅钢片外圆冲有均匀分布的孔，用来安置转子绕组。一般小型异步电动机的转子铁芯直接压装在转轴上，而大中型异步电动的转子铁芯则借助于转子支架压在转轴上。为了改善电动机的启动和运行性能，减少谐波，笼型异步电动机转子铁芯一般都采用斜槽结构，如图 1.6 所示。

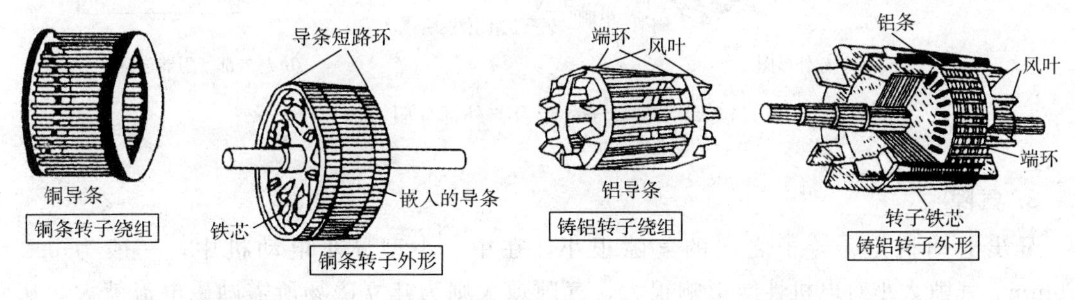

(a) 铜条转子　　(b) 铸铝转子

图 1.6　笼型转子

转子部分是由转子铁芯和转子绕组组成的。转子铁芯也是由相互绝缘的硅钢片叠成的。转子冲片如图 1.7 所示。铁芯外圆冲有槽，槽内安装转子绕组。根据转子绕组结构不同可分为两种形式：笼型转子和绕线型转子。

(2) 转子绕组

转子绕组用来切割定子旋转磁场，产生感应电动势和电流，并在旋转磁场的作用下受力而使转子旋转，按绕组不同，异步电动机分为笼型转子和绕线式转子两类。

① 笼型转子。根据导体材料不同，笼型转子分为铜条转子和铸铝转子。铜条转子即在转子铁芯槽内放置没有绝缘的铜条，铜条的两端用短路环焊接起来，形成一个笼型的形状，如图1.6（a）所示。另一种结构为中小型异步电动机的笼型转子，一般为铸铝式转子，采用离心铸铝法，将熔化了的铝浇铸在转子铁芯槽内成为一个完整体，两端的短路环和冷却风扇叶子也一并铸成，如图1.6（b）所示，为避免出现气孔或裂缝，目前不少工厂已改用压力铸铝工艺代替离心铸铝。

为提高电动机的启动转矩，在容量较大的异步电动机中，有的笼型转子采用双笼型或深槽结构，笼型转子有内外两个笼，外笼采用电阻率较大的黄铜条制成，内笼则用电阻率较小的紫铜条制成。而深槽转子绕组则用狭长的导体制成。

② 绕线转子。绕线型转子绕组和定子绕组一样，也是一个用绝缘导线绕成的三相对称绕组，被嵌放在转子铁芯槽中，接成星形。绕组的三个出线端分别接到转轴端部的三个彼此绝缘的铜制滑环上。通过滑环与支持在端盖上的电刷构成滑动接触，转子绕组的三个出线端引到机座上的接线盒内，以便与外部变阻器连接，故绕线式转子又称滑环式转子，其外形如图1.7所示。调节变阻器的电阻值可达到调节转速的目的。而笼型异步电动机的转子绕组由于本身通过端环直接短接，故无法调节。因此在某些对启动性能及调速性能有特殊要求的设备中，如起重设备、卷扬机械、鼓风机、压缩机和泵类等较多采用绕线转子异步电动机。

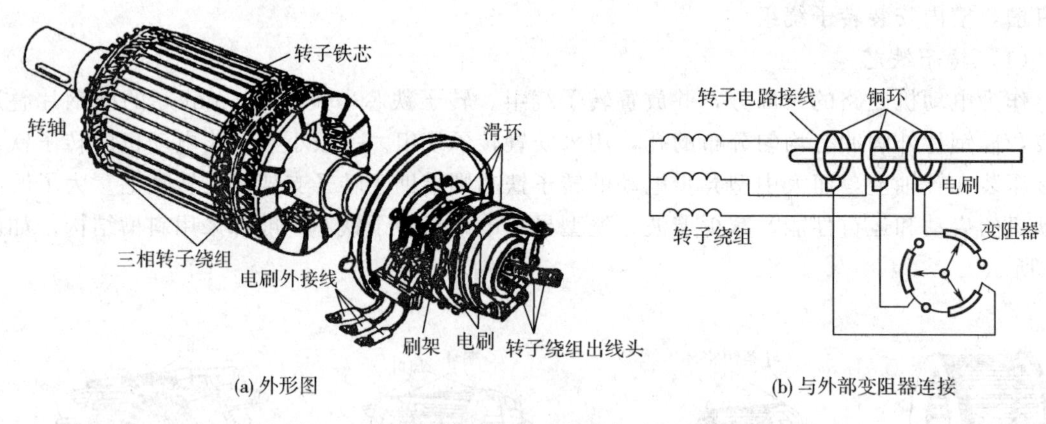

图1.7 绕线型转子外形及与外部变阻器的连接

3. 气隙

异步电动机定、转子之间的气隙很小，在中、小型异步电动机中，一般为0.2～1.5mm。气隙大小对电机性能影响很大，气隙愈大则为建立磁场所需励磁电流就大，从而降低了电机的功率因数。如果把异步电机看成变压器，显然，气隙愈小则定子和转子之间的相互感应（即耦合）作用就愈好。因此应尽量让气隙小些，但也不能太小，否则会给加工和装配困难，运行时定转子之间易发生摩擦，而使电动机运行不可靠。

任务二 认识三相异步电动机的铭牌

要想正确地使用三相异步电动机，首先必须了解三相异步电动机铭牌数据。三相异步电动机的铭牌数据如表 1.2 所示。

表 1.2　三相异步电动机的铭牌数据

三相异步电动机					
型号	Y132M-4	功率	7.5kW	频率	50Hz
电压	380V	电流	15.4A	接法	△
转速	1440r/min	绝缘等级	B	工作方式	连续
	年　月　日			×××电机厂	

1. 型号

三相异步电动机的型号是表示三相异步电动机的类型、用途和技术特征的代号。用大写拼音字母和阿拉伯数字组成，各有一定含义。如 Y132M-4：

Y——三相鼠笼型异步电动机；

132——机座中心高 132mm；

M——机座长度代号（L 为长机座，M 为中机座，S 为短机座）；

4——磁极数（磁极对数 $p=2$）。

常用三相异步电动机产品名称代号及汉字意义如表 1.3 所示。

表 1.3　常用三相异步电动机产品名称代号及汉字意义

产 品 名 称	新代号(旧代号)	汉 字 意 义	适 用 场 合
鼠笼式异步电动机	Y,Y-L(J,JO)	异步	一般用途
绕线式异步电动机	YR(JR,JRO)	异步 绕线	小容量电源场合
防爆型异步电动机	YB(JB,JBS)	异步 防爆	石油、化工、煤矿井下
防爆安全型异步电动机	YA(JA)	异步 安全	石油、化工、煤矿井下
高启动转矩异步电动机	YQ(JQ,JQO)	异步 启动	静负荷、惯性较大的机器

注：表中 Y、Y-L 系列是新产品，Y 系列定子绕组是铜线，Y-L 系列定子绕组是铝线。

2. 电压及接法

铭牌上的电压是指电动机额定运行时，加在定子绕组出线端的线电压，即额定电压，用 U_N 表示。电源电压值的变动一般不应超过额定电压的±5%。电压过高，电动机容易烧毁；电压过低，电动机难以启动，即使启动后电动机也可能带不动负载，容易烧坏。三相异步电动机的额定电压有 380V、3000V、6000V 等。

Y 系列三相异步电动机的额定电压统一为 380V。电动机如标有两种电压值，如 220/380V，则表示当电源电压为 220V 时，电动机应作三角形连接；当电源电压为 380V 时，电动机应作星形连接。铭牌上的接法是指电动机在额定运行时定子绕组的连接方式。通常，Y 系列 4kW 以上的三相异步电动机运行时均采用三角形接法，以便于采用Y-△换接启动。

3. 电流

铭牌上的电流指电动机在输出额定功率时，定子绕组允许通过的线电流，即额定电流，用 I_N 表示。由于电动机启动时转速很低，转子与旋转磁场的相对速度差很大，因此，转子绕组中感应电流很大，引起定子绕组中电流也很大，所以，电动机的启动电流约为额定电流的4～7倍。通常由于电动机的启动时间很短（几秒），所以尽管启动电流很大，也不会烧坏电动机。

4. 功率、功率因数和效率

铭牌上的功率指电动机在额定运行状态下，电动机轴上输出的机械功率，即额定功率，用P_N表示。对电源来说电动机为三相对称负载，则电源输出的功率P_{1N}为

$$P_{1N}=\sqrt{3}U_N I_N\cos\varphi$$

式中，$\cos\varphi$是定子的功率因数，即定子相电压与相电流相位差的余弦。

鼠笼式异步电动机在空载或轻载时，$\cos\varphi$很低，为0.2～0.3。随着负载的增加，$\cos\varphi$迅速升高，额定运行时功率因数约为0.7～0.9。为了提高电路的功率因数，要尽量避免电动机轻载或空载运行。因此，必须正确选择电动机的容量，防止“大马拉小车”，并力求缩短空载运行时间。

电动机的效率η为

$$\eta=P_N/P_{1N}\times100\%$$

通常情况下，电动机额定运行时的效率为72%～93%。

5. 频率

铭牌上的频率是指定子绕组外加的电源频率，即额定频率，用f_1或f_N表示。我国电网的频率（工频）为50Hz。

6. 转速

铭牌上的转速是指电动机在额定电压、额定频率及输出额定功率时的转速，用n_N表示。额定状态下s_N很小，故可根据额定转速判断出电动机的磁极对数。例如，若$n_N=1440$r/min，则其n_0应为1500 r/min，从而推断出磁极对$p=2$。

7. 绝缘等级

绝缘等级是根据电动机绕组所用的绝缘材料、按使用时的最高允许温度而划分的不同等级。常用绝缘材料的等级及其最高允许温度如表1.4所示。

表1.4　常用绝缘材料的等级及其最高允许温度

绝缘等级	A	E	B	F	H	C
最高允许温度/℃	105	120	130	155	180	>180

上述最高允许温度为环境温度（40℃）和允许温升之和。

8. 工作方式

工作方式是对电动机在铭牌规定的技术条件下持续运行时间的限制，电动机的工作方式可分为以下3种。

(1) 连续工作方式

在额定状态下可长期连续工作，用S1表示，如机床、水泵、通风机等设备所用的异步电动机的工作方式都是连续工作方式。

(2) 短时工作

在额定情况下，持续运行时间不允许超过规定的时限，否则会使电动机过热，用S2表

示。短时工作分为 10，30，60，90（min）4 种。

（3）断续工作

可按与系列相同的工作周期、以间歇方式运行，用 S3 表示，如吊车、起重机的电动机运行方式为断续工作方式。

9. 防护等级

防护等级是指外壳防护型电动机的分级，用 IP××表示。其后面的两位数字分别表示电动机防护体和防水能力。数字越大，防护能力越强，如 IP 44 中第一位数字“4”表示电机能防止直径或厚度大于 1mm 的固体进入电机内壳；第二位数字“4”表示能承受任何方向的溅水。

在铭牌上除了给出以上主要数据外，有时还要了解其他一些数据，一般可从产品资料和有关手册中查到。

任务三　认识三相异步电动机的运行

1. 空载运行

三相异步电动机定子绕组接在对称的三相电源上，转子轴上不带机械负载时的运行，称为空载运行。空载时，定子绕组中的电流称为空载电流，用 I_0 表示。由于空载运行时转子转速几乎与同步转速相等，转子导体切割磁场的速度很小，可认为转子的感应电动势 $\dot{E}_2 \approx 0$，转子电流 $\dot{I}_2 \approx 0$。

与变压器相比，相同容量的电动机，空载电流要比变压器大得多。大型电动机的空载电流约为额定电流的 20%，小型电动机甚至能达到为额定电流值的 50%，因此电动机的空载电流不可忽略。

由于旋转磁场的磁通要经过定子与转子之间的空气隙，使磁路的磁阻增大，另一方面，电动机空载时，除有一定的铁损耗和部分铜损耗外，还要产生一定的电磁转矩去克服摩擦阻力，根据能量守恒原理，定子绕组必须向电源取用一定的功率，所以，电动机空载电流也要相应增大。

三相异步电动机的空载电流主要用来产生励磁电流，励磁电流基本是无功电流，这就使空载时电动机功率因数很低，约为 0.2；另外，空载时没有向外输出功率，而电动机自身却有各种损耗，所以效率也很低。空载时，电动机轴上没有任何机械负载，所以空载转速接近于同步转速 n_0。

注意不要用大容量的电动机去拖动小功率的机械负载，因为电动机长期处于空载或轻载状态工作时功率因数和效率都很低。

2. 负载运行

所谓负载运行，是指异步电动机带上机械负载时的运行状态。电动机加上负载后，转子的转速将有所降低，转子与旋转磁场之间的相对转速增大，使转子绕组感应电流增大。根据能量守恒原理，定子的输入电流也增大，电动机的转速和电流都随负载变化的。

任务四 认识三相异步电动机的机械特性

1. 电磁转矩

异步电动机的转矩是由载流导体在磁场中受电磁力的作用而产生的，转矩的大小与旋转磁场的磁通 Φ、转子导体中的电流 I_2及转子功率因数 $\cos\varphi_2$ 有关，即有

$$T=C_T\Phi I_2\cos\varphi_2$$

式中，C_T为电动机的转矩常数，仅与电机结构有关。

对一台三相异步电动机而言，它的结构常数及转子参数是固定不变的，电动机轴上输出的转矩 T 仅与电动机的转差率 s 有关。在实际应用中，为了更形象地表示转矩与转差率之间的相互关系，常用 T 与 s 间的关系曲线来描述，如图 1.8 所示，该曲线称为三相异步电动机的转矩特性曲线。

在电力拖动系统中，为了便于分析，有时希望能直接表示出电动机的转速与转矩之间的关系，因此常把图 1.8 顺时针转过 90°，并把转差率 s 变换成转速 n，变成图 1.9 所示的 n 与 T 之间的关系曲线，称为三相异步电动机的机械特性曲线，它的形状与转矩特性曲线是一样的。

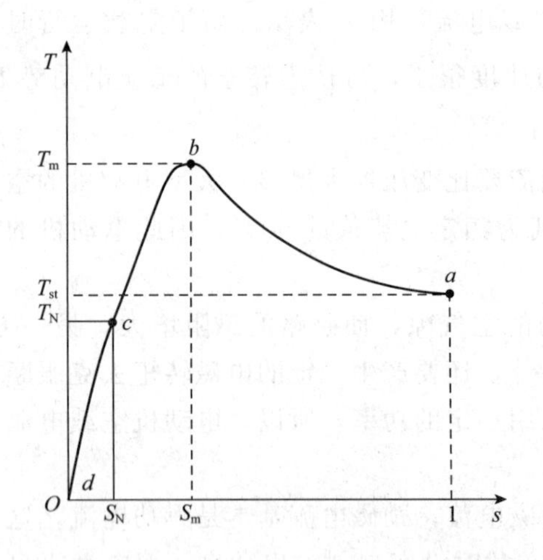

图 1.8 三相异步电动机的转矩特性曲线

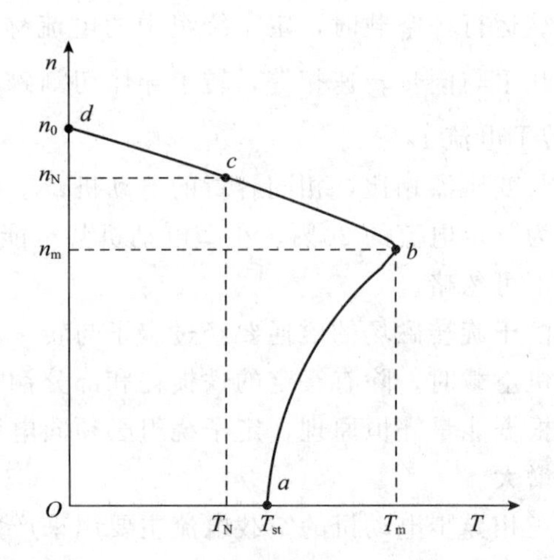

图 1.9 三相异步电动机的机械特性曲线

2. 固有机械特性

由电动机本身固有结构参数决定的机械特性曲线称为固有机械特性。由机械特性可以看到，当 $s=0$，即 $n=n_0$时，转子电流 I_2为 0，$T=0$，由于电动机转速不可能达到同步转速 n_0，因此称 d 点为理想空载运行点；随着 s 的增大，T 也开始增大，但到达最大值 T_m以后，随着 s 的增大，T 反而减小。最大转矩 T_m也称临界转矩，对应于 T_m的 s_m称为临界转差率。

从图 1.9 可以看到，当电动机的负载转矩从理想空载增加到额定转矩 T_N时，它的转速相应地从 n_0下降到 n_N。以最大转矩 T_m为界，可以将机械特性曲线分为两个区，上部为稳定区，称为硬特性，下部为不稳定区。当电动机工作在稳定区内某一点时，电磁转矩与负载

转矩相平衡，而保持匀速转动。如果负载转矩变化，电磁转矩将自动随之变化，达到新的平衡，而稳定运行。当电动机工作在不稳定区时，电磁转矩将不能自动适应负载转矩的变化，因而电动机不能稳定运行。

（1）额定转矩 T_N

电动机在额定电压下，加上额定负载、以额定转速运行、输出额定功率时的转矩称为额定转矩，用 T_N 表示，即

$$T_N = 9.550 P_N / n_N$$

式中　P_N——额定功率，kW；

n_N——额定转速，r/min；

T_N——额定转矩，N·m。

（2）最大转矩 T_m

电动机转矩的最大值称为最大转矩，用 T_m 表示（或称为临界转矩，对应于图 1.9 特性曲线上 b 点）。最大转矩对应的转差率称为临界转差率。

电动机正常运行时，最大负载转矩不可超过最大转矩 T_m。当负载转矩超过 T_m 时，电动机将停车，俗称“堵转”，此时电动机的电流（堵转电流）立即增大到额定电流值的 6～7 倍，将引起电动机严重过热，甚至烧坏。因此，电动机在运行中一旦发生堵转，应立即切断电源，并卸去过重的负载。如果负载转矩只是短时间接近最大转矩而使电动机过载，电动机不会立即过热。通常额定转矩 T_N 要选得比最大转矩 T_m 小，这样电动机便具有短时过载运行的能力。过载能力通常用过载系数 λ 来表示，过载系数 λ 为最大转矩 T_m 与额定转矩 T_N 的比值，即

$$\lambda = T_m / T_N$$

一般三相异步电动机的过载系数为 1.8～2.2。

（3）启动转矩 T_{st}

电动机在接通电源的瞬间，$n=0$，$s=1$，此时的转矩称为启动转矩，用 T_{st} 表示（图 1.9 特性曲线上 a 点）。为了保证电动机能够启动，启动转矩 T_{st} 必须大于电动机静止时的负载转矩 T_L。电动机一旦启动，会迅速进入机械特性的稳定区运行。启动能力通常用 T_{st}/T_N 来表示。一般 T_{st}/T_N 取 1.3～2.2。

当 $T_{st} < T_L$ 时，电动机无法启动，造成堵转，电动机会烧坏。

3. 人为机械特性

人为机械特性是指人为地改变电动机参数或电源参数所得到的机械特性。

（1）转子回路串电阻的人为机械特性

转子回路串电阻只适用于绕线式转子。当电源电压为定值时，临界转差率与转子电阻 R_2 成正比，R_2 越大，s_m 就越小。在转子电路中串入不同的附加电阻，电动机的工作点可沿图 1.10 中的 a、b、c 点移动，使转差率 s 逐渐变大，转速 n 变小，故异步电动机可以通过在转子电路中串接不同的电阻来实现调速。

（2）降低定子电压的人为机械特性

由于最大转矩 T_m 与 U_1^2 成正比，与转子电阻 R_2 的大小无关，因此当电源电压有波动时，电动机最大转矩也随之变化。图 1.11 所示为定子降压时的人为机械特性。

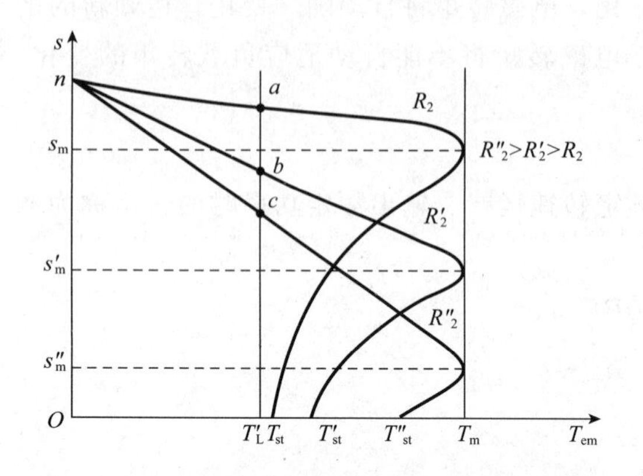

图 1.10　转子串入不同附加电阻时的人为机械特性

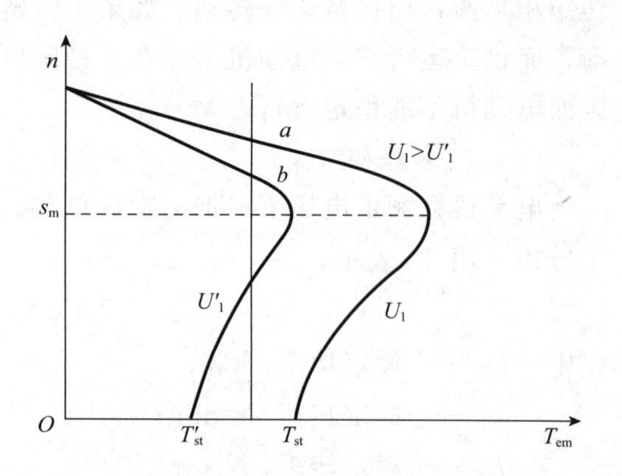

图 1.11　定子降压时的人为机械特性

任务五　认识三相异步电动机的运行特性

异步电动机是通过电磁感应作用把电能转化为轴上输出的机械能的，轴上输出的机械功率 P_2 总是小于从电网输入的电功率 P。从气隙传递到转子的电磁功率分为两部分，一小部分变为转子铜损耗，绝大部分转变为总机械功率。转差率越大，转子铜损耗就越多，电机效率越低。因此正常运行时电机的转差率均很小。

电磁转矩从转子方面看，等于总机械功率除以转子机械角速度；从定子方面看，它又等于电磁功率除以同步机械角速度。

三相异步电动机在额定电压和额定频率下，电动机的转速 n（或转差率 s）、电磁转矩 T（或输出转矩 T_2）、定子电流 I_1、效率 η、功率因数 $\cos\varphi_1$ 与输出功率 P_2 之间的关系曲线见图 1.12，称为三相异步电动机的工作特性曲线。

1. 转速特性

因为 $n=(1-s)n_0$，电机空载时，负载转矩小，转子转速 n 接近同步转速 n_0，s 很小。随着负载的增加，转速 n 略有下降，s 略微上升，这时转子感应电势 E_2 增大，转子电流 I_2 增大，以产生更大的电磁转矩。转速特性是一条稍微下降的曲线，$s=f(P_2)$ 曲线则是稍微上翘的。为减少转子铜耗，一般异步电动机额定负载时的转差率 $s_N=0.02\sim0.06$。

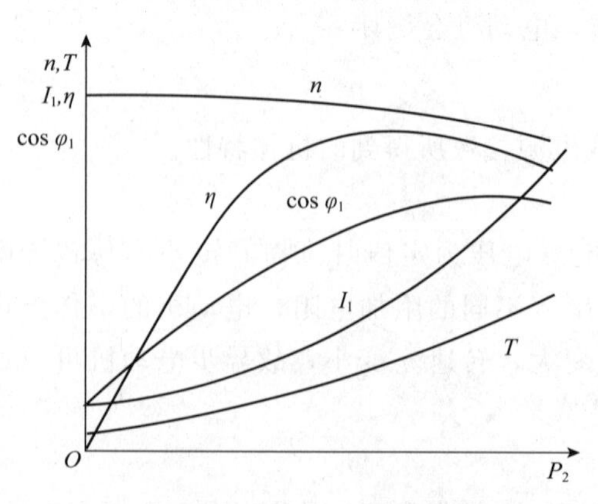

图 1.12　三相异步电动机的工作特性曲线

2. 转矩特性

由于 $T=T_2+T_0$，$T_L=T_2=9.55\,P_2/n$，随着 P_2 增大，电机转速 n 变化很小，而空载转矩 T_0 又近似不变，所以 T 随 P_2 的增大而增大，近似呈直线关系，如图 1.12 所示。

3. 定子电流特性

空载时，转子电流 $I_2 \approx 0$，定子电流几乎全部是励磁电流 I_0。随着负载的增大，转速下降，I_2增大，相应定子电流 I_1也增大，如图 1.12 所示。

4. 效率特性

三相异步电动机的损耗分为不变损耗和可变损耗两部分。电动机从空载到满载运行时，由于主磁通和转速变化很小，铁耗 P_{Fe}和机械损耗 P_j近似不变，称为不变损耗。而定、转子铜耗 P_{Cu1}、P_{Cu2}和附加损耗 P_s是随负载而变的，称为可变损耗。空载时，$P_2=0$，随着 P_2增加，可变损耗增加较慢，效率逐渐提高，当可变损耗等于不变损耗时，效率最高。若负载继续增大，铜耗增加很快，效率反而下降。中小型三相异步电动机最高效率出现在 $0.75P_N$左右，额定负载下的效率为 74%～94%。

5. 功率因数特性

异步电动机对电源来说相当于一个感性阻抗，运行时必须从电网吸取感性无功功率，$\cos\varphi_1<1$。空载时，定子电流几乎全部是无功电流，因此 $\cos\varphi_1$很低，通常小于 0.2；随着负载增加，定子电流中的有功分量增加，功率因数提高，在接近额定负载时，功率因数最高。超过额定负载后，转速降低，转差率 s 增大，转子功率因数角 $\varphi_2=\arctan\dfrac{X_2}{R_2}$ 变大，$\cos\varphi_2$和 $\cos\varphi_1$又开始减小。

选用三相异步电动机时应使电动机容量与负载相匹配。如果选得过小，电动机运行时过载。其温升过高，影响寿命甚至损坏电机。如果选得太大，不仅电机价格较高，而且电机长期在低负载下运行，其效率和功率因数都较低，不经济。

【知识拓展】

三相异步电动机定子绕组是由三组互成 120°的线圈绕组组成的，当通入三相交流电后，就会产生一个旋转磁场。按图 1.13（a）所示将这 3 个绕组 U1U2，V1V2，W1W2 作星形连接。

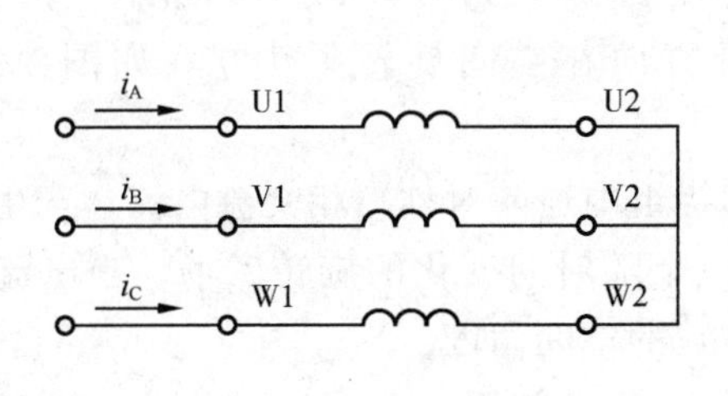

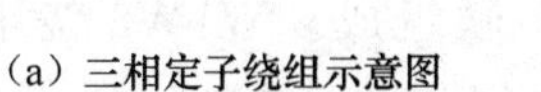
（a）三相定子绕组示意图

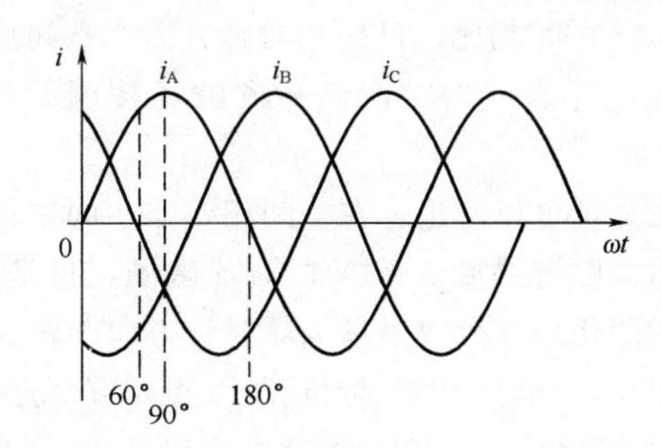

（b）三相对称电流的波形

图 1.13　三相定子绕组及其波形

根据图 1.13，有如下关系式：

$$i_A = I_m \sin\omega t$$
$$i_B = I_m \sin(\omega t - 120°)$$
$$i_C = I_m \sin(\omega t + 120°)$$

式中，I_m 为电流的幅值。定子绕组中三相对称电流的波形如图 1.13（b）所示。假定由绕组首端流入、从末端流出的电流为正，反之为负。用“⊕”表示电流沿垂直纸面方向流入，“⊙”表示电流沿垂直纸面方向流出。

在 $\omega t=0°$时，$i_A=0$，i_B为负，表明电流的实际方向与参考方向相反，即从末端 V2 流入，从首端 V1 流出；i_C为正，表明电流的实际方向与参考方向一致，即从首端 W1 流入，从末端 W2 流出。三相电流在该瞬间所产生的磁场叠加成一个两极合成磁场（磁极对数 $p=1$），上为 N 极，下为 S 极，如图 1.14（a）所示。

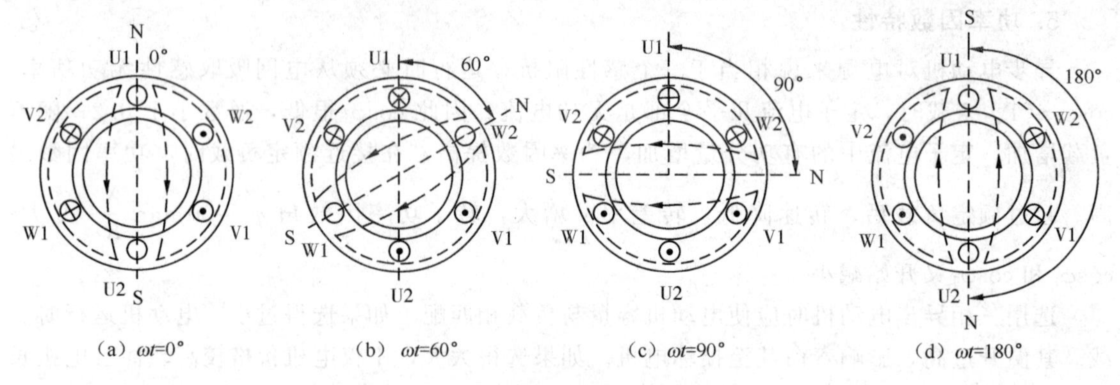

（a）ωt=0°（b）ωt=60°（c）ωt=90°（d）ωt=180°

图 1.14　三相电流产生的旋转磁场

在 $\omega t=60°$时，i_A为正，电流从首端 U1 流入，从末端 U2 流出；i_B为负，电流从末端 V2 流入，从首端 V1 流出；$i_C=0$。其合成的两极磁场方位与 $\omega t=0°$时相比，已按顺时针方向在空间旋转了 60°，如图 1.14（b）所示。

在 $\omega t=90°$时，i_A为正，电流从首端 U1 流入，从末端 U2 流出；i_B为负，电流从末端 V2 流入，从首端 V1 流出；i_C为负，电流末端 W2 流入，从首端 W1 流出，合成的两极合成磁场与 $\omega t=0°$时相比，已按顺时针方向在空间旋转了 90°，如图 1.14（c）所示。

同理，当 $\omega t=180°$时，合成磁场按顺时针方向在空间旋转了 180°，如图 1.14（d）所示。

综上分析可以看出：在空间相差 120°的三相绕组中通入对称三相交流电流，产生的是一对磁极（即磁极对数 $p=1$）的合成磁场，且是一个随时间变化的旋转磁场。当电流经过一个周期的变化后，合成磁场也顺时针方向旋转 360°的空间角度。

如果将三相异步电动机的每相定子绕组分成两部分，即 U1U2 绕组由 U1U2 和 U′1U′2串联组成，V1V2 绕组由 V1V2 和 V′1V′2 串联组成，W1W2 绕组由 W′1W′2 和 W1W2 串联组成，如图 1.15（a）所示，绕组始端之间相差 60°空间角，则形成的合成磁场是四极，产生两个 N 极和两个 S 极，如图 1.15（b）、（c）所示，磁极对数 $p=2$。其合成的四极旋转磁场在空间转过的角度是定子电流电角度的一半，即电流变化一周，旋转磁场在空间只转了半周，证明旋转磁场的转速与电动机的合成磁极对数有关，且与磁极对数成反比。

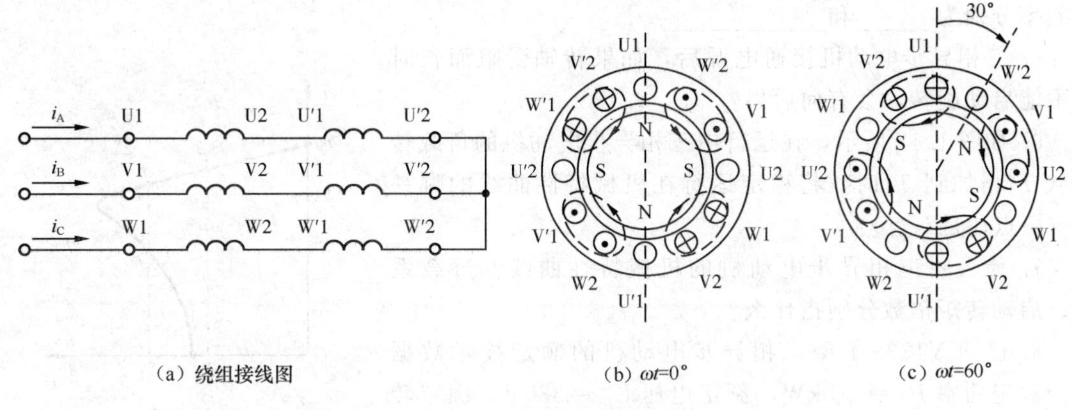

(a) 绕组接线图　(b) ωt=0°　(c) ωt=60°

图 1.15　四极旋转磁场

如图 1.15 所示，三相电流的相序是 A—B—C，即 U1U2 绕组通入电源的 A 相电流，V1V2 绕组通入电源的 B 相电流，W1W2 绕组通入电源的 C 相电流，此时产生的旋转磁场是顺时针方向。若将通入三相绕组中电流相序任意调换其中的两相，如 B、C 相互换，即将电流 i_B通入 W1W2 绕组，电流 i_C通入 V1V2 绕组，如图 1.16（a）所示，旋转磁场的转向变为逆时针方向，如图 1.16（b）、（c）所示。因此，把通入三相绕组中的电流相序任意调换其中的两相，就可改变旋转磁场的方向，也就改变了电动机的旋转方向。

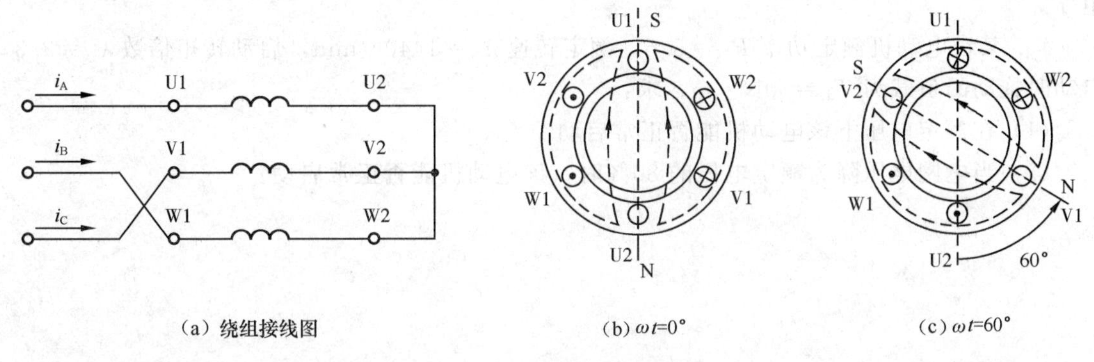

(a) 绕组接线图　(b) ωt=0°　(c) ωt=60°

图 1.16　改变旋转磁场的转向

【思考与练习】

1. 说明三相鼠笼式异步电动机的主要结构。

2. 简述三相异步电动机的工作原理

3. 什么是转差率？电动机启动过程中转差率怎样变化？

4. 某三相交流异步电动机部分铭牌数据为 1.5kW ，380/220V ，Y/△ 。

（1）解释铭牌数据的含义。

（2）当电源线电压为 380V 时，定子绕组应作何种连接？当电源线电压为 220V 时，定子绕组应作何种连接？

（3）如果将定子绕组连接成星形，接在 220V 的三相电源上，会发生什么现象？

（4）某三相异步电动机，其电源频率为 50Hz，额定转速为 2850 r/min，则其极对数及转差率分别为______和____________。

5. 三相异步电动机接通电源后，如果转轴受阻而长时间不能启动旋转，会有何后果？

6. 如图1.17所示，在运行中三相异步电动机的负载转矩从T_1增加到T_2时，将稳定运行在机械特性曲线的哪一点（d点还是b点）？

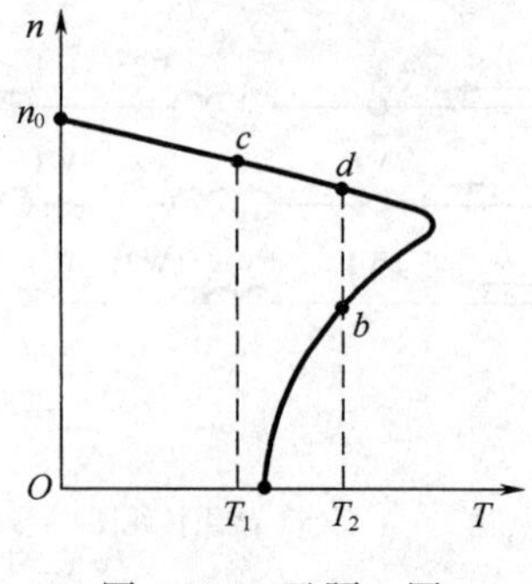

图1.17　习题6图

7. 什么叫三相异步电动机的机械特性曲线？过载系数、启动转矩倍数分别指什么？

8. 已知Y132S-4型三相异步电动机的额定技术数据为：额定功率$P_N=5.5$kW，额定电压$U_N=380$V，额定转速$n_N=1440$r/min，额定工作时的效率$\eta=85\%$，定子功率因数$\cos\varphi=0.84$，启动能力$T_{st}/T_N=1.5$，过载系数$\lambda=2.2$，工频$f_1=50$Hz，启动电流比$I_{st}/I_N=7.0$。试求：

（1）额定转差率s_N；

（2）额定电流I_N；

（3）额定转矩T_N。

9. 某台三相异步电动机，额定功率$P_N=20$kW，额定转速$n_N=970$r/min，过载系数$\lambda_m=2.0$，启动转矩倍数$\lambda_{st}=1.8$，求该电动机的额定转矩T_N，最大转矩T_m，启动转矩T_{st}。

10. 某台电动机额定功率$P_N=5.5$，额定转速$n_N=1440$r/min，启动转矩倍数$\lambda_{st}=2.3$，启动时拖动的负载为$T_L=50$N·m，求：

（1）在额定电压下该电动机能否正常启动？

（2）当电网电压降为额定电压的80%时，该电动机能否正常启动？

项目二

认识变压器和其他类型电动机

任务一 认识变压器

变压器在电力系统中应用广泛。由于发电动机本身不可能直接发出很高的电压，因此在输电时必须利用变压器将电压升高后将电能输送到用电区。为了保证用电安全和符合用电设备电压的等级，还必须再利用变压器将高电压降低，图 2.1 所示为电力输送过程。

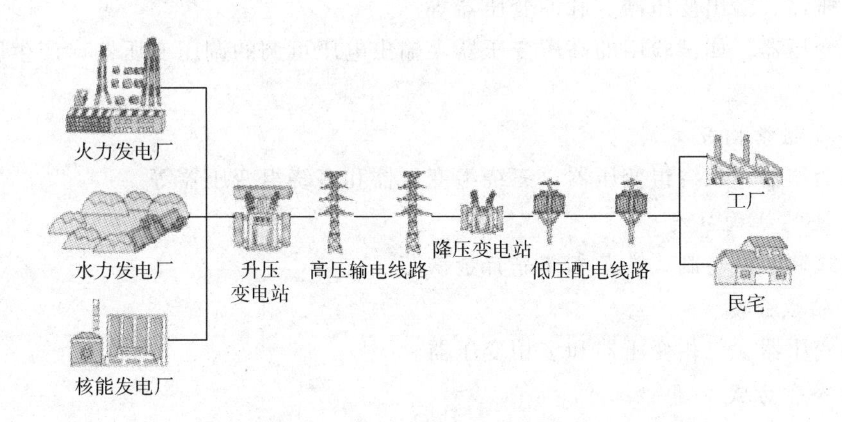

图 2.1 电力输送过程示意图

一、认识变压器原理

变压器是利用电磁感应原理工作的，图 2.2 为其工作原理示意图。变压器的主要部件是铁芯和绕组。两个互相绝缘且匝数不同的绕组分别套装在铁芯上，两绕组间只有磁的耦合而没有电的联系，其中接电源的绕组称为一次绕组（或原绕组），用于接负载的绕组称为二次绕组（或副绕组）。

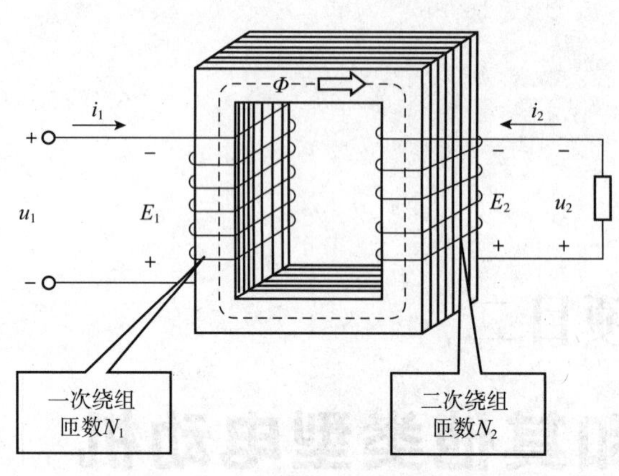

图 2.2　变压器基本工作原理图

一次绕组加上交流电压后，绕组中便有电流通过，在铁芯中产生同频率的交变磁通，根据电磁感应原理，将分别在两个绕组中感应出电动势。感应电动势总是阻碍磁通的变化。若把负载接在二次绕组上，则有电流流过负载，实现了电能的传递。一、二次绕组感应电动势的大小（近似于各自的电压 u_1 及 u_2）与绕组匝数成正比，故只要改变一、二次绕组的匝数，就可达到改变电压的目的，这就是变压器的基本工作原理。

二、认识变压器的种类

（1）按用途分类

①电力变压器。用作电能的输送与分配，是生产数量最多、使用最广泛的变压器。按其功能不同又可分为升压变压器、降压变压器、配电变压器等。

②特种变压器。在特殊场合使用的变压器，如作为焊接电源的电焊变压器，专供大功率电炉使用的电炉变压器，将交流电整流成直流电时使用的整流变压器等。

③仪用互感器。用于电工测量，如电流互感器、电压互感器等。

④控制变压器。容量一般比较小，用于小功率电源系统和自动控制系统，如电源变压器、输入变压器、输出变压器、脉冲变压器等。

⑤其他变压器。如试验用的高压变压器，输出电压可调的调压变压器，产生脉冲信号的脉冲变压器等。

（2）按绕组结构分类

有自耦变压器、双绕组变压器、三绕组变压器和多绕组变压器等。

（3）按铁芯结构分类

有叠片式铁芯、卷制式铁芯和非晶合金铁芯。

（4）按相数分类

有单相变压器、三相变压器和多相变压器。

（5）按冷却方式分类

有干式变压器、油浸自冷变压器、油浸风冷变压器、强迫油循环变压器、充气式变压器等。

三、认识变压器的结构

根据用途不同，变压器的结构也有所不同。多数电力变压器是油浸式的，由绕组和铁芯组成，为了散热、绝缘、密封、安全等，还附有油箱、绝缘套管、储油柜、冷却装置、压力释放阀、安全气道、湿度计和气体继电器等附件。图 2.3 所示为油浸式电力变压器。

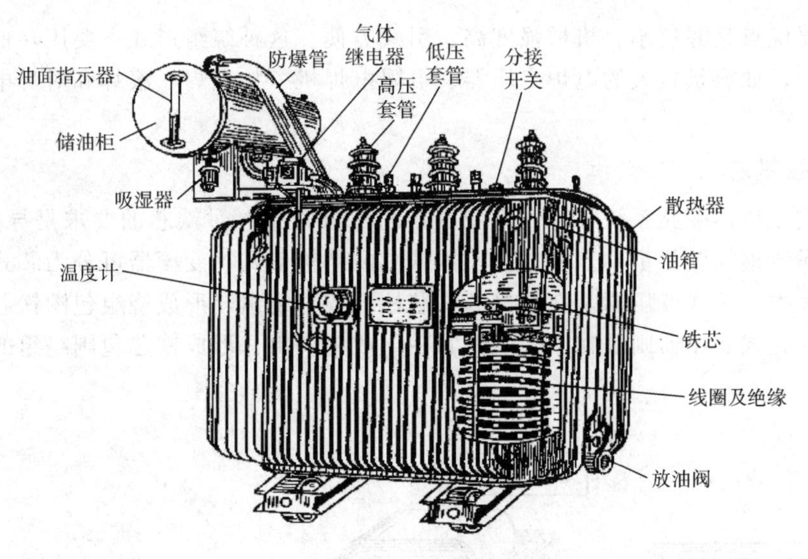

图 2.3　油浸式电力变压器

1. 变压器绕组

变压器的线圈通常称为绕组，它是变压器中的电路部分，小型变压器一般用具有绝缘的漆包圆铜线绕制而成，对容量稍大的变压器则用扁铜线或扁铝线绕制。变压器中接到高压电网的绕组称高压绕组，接到低压电网的绕组称低压绕组。按高压绕组和低压绕组的相互位置和形状不同，绕组可分为同芯式和交叠式两种。

(1) 同芯式绕组

同芯式绕组是将高、低压绕组同心地套装在铁芯柱上，如图 2.4 所示。为了便于与铁芯绝缘，把低压绕组套装在里面，高压绕组套装在外面。

同芯式绕组的结构简单、制造容易，常用于芯式变压器中，这是一种最常见的绕组结构形式，国产电力变压器基本上均采用这种结构。

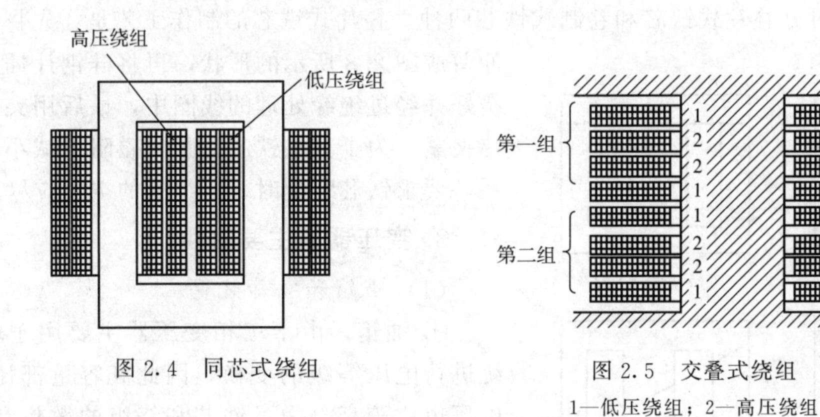

图 2.4　同芯式绕组

图 2.5　交叠式绕组

1—低压绕组；2—高压绕组

(2) 交叠式绕组

交叠式绕组又称饼式绕组，它是将高压绕组及低压绕组分成若干个线饼，沿着铁芯柱的高度交替排列着。为了便于绝缘，一般最上层和最下层安放低压绕组，如图 2.5 所示。交叠式绕组的主要优点是漏抗小、机械强度高、引线方便。这种绕组形式主要用在低电压、大电流的变压器上，如容量较大的电炉变压器、电阻电焊机（如点焊、滚焊和对焊电焊机）变压器等。

2. 变压器铁芯

铁芯构成变压器磁路系统，并作为变压器的机械骨架。对铁芯的要求是导磁性能要好，磁滞损耗及涡流损耗要尽量小。根据变压器铁芯的结构形式，变压器可分为芯式变压器和壳式变压器两大类。芯式变压器是在两侧的铁芯柱上放置绕组，形成绕组包围铁芯的形式，如图 2.6 所示。壳式变压器则是在中间的铁芯柱上放置绕组，形成铁芯包围绕组的形状，如图 2.7 所示。

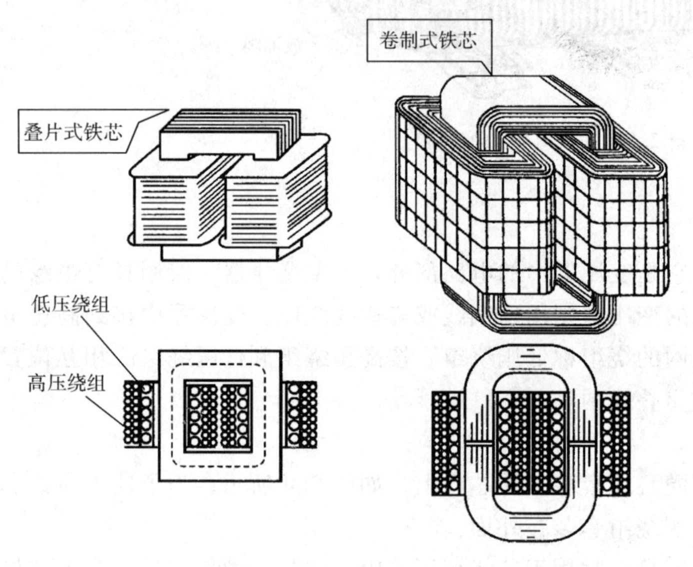

图 2.6　芯式变压器结构

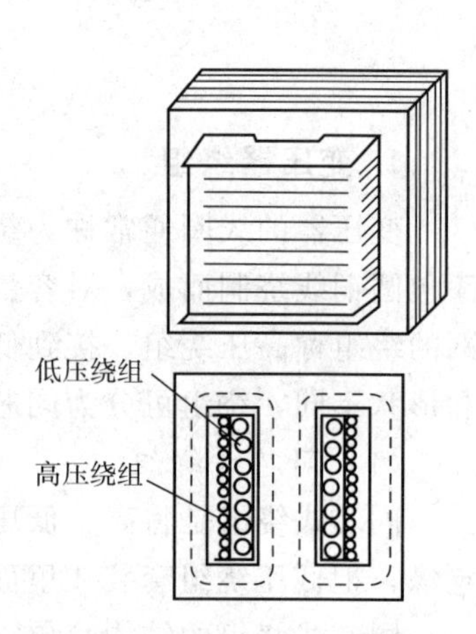

图 2.7　壳式变压器结构

变压器铁芯可分叠片式铁芯和卷制式铁芯两种。叠片式铁芯的制作工艺是：先将硅钢片冲剪成图 2.8 所示的形状，再将硅钢片插入事先绕好并经过绝缘处理的线圈中，最后用夹件将铁芯夹紧。为了减小铁芯磁路的磁阻以减小铁芯损耗，要求铁芯装配时，接缝处的空隙应尽量小。

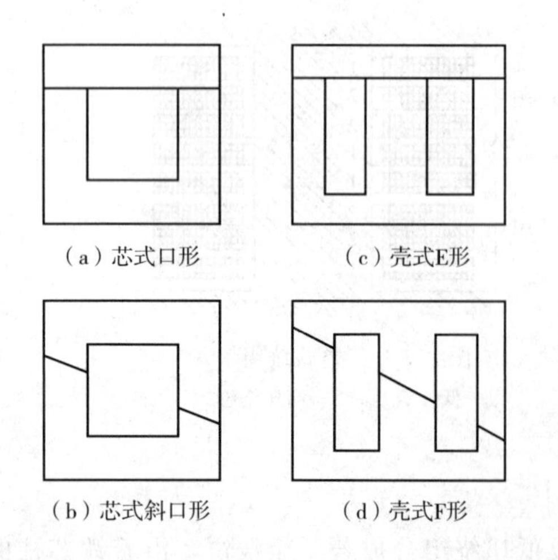

图 2.8　叠片式铁芯形式

3. 变压器的主要附件

（1）油箱和冷却装置

① 油箱。由于三相变压器主要用于电力系统进行电压等级的变换，因此其容量都比较大，电压也比较高。为了铁芯和绕组的散热和绝缘，均将其置于绝缘的变压器油内，而油则盛放在油箱内。为了增加散热面积，一般在油箱四周加装散热装置。

② 储油柜（又称油枕）。较多的变压器在油

箱上部还安装有储油柜，它通过连接管与油箱相通。储油柜内的油面高度随变压器油的热胀冷缩而变动。储油柜使变压器油与空气的接触面积大为减小，从而减缓了变压器油的老化速度。

（2）保护装置。

① 气体继电器。在油箱和储油柜之间的连接管中装有气体继电器，当变压器发生故障时，内部绝缘物汽化，使气体继电器动作，发出信号或使开关跳闸。

② 防爆管（安全气道）。装在油箱顶部，它是一个长的圆形钢筒，上端用酚醛纸板密封，下端与油箱连通。当变压器发生故障，油箱内压力骤增时，油流冲破酚醛纸板，以免造成变压器箱体爆裂。

（3）导管和调压装置

导管用来将变压器绕组从油箱内部引到箱外，绝缘导管由瓷质的绝缘导筒和导电杆构成，导管外形做成多级伞形，级数越多耐压越高。

油箱上还装有分接开关，可调节高压绕组匝数，用以调节副边输出电压的高低。

4. 变压器的铭牌和额定值

为了使用户对变压器的性能有所了解，制造厂家对每一台变压器都安装了铭牌，上面标明了变压器型号及各种额定数据，只有理解铭牌上各种数据的意义，才能正确使用变压器，并在运行、维护时减少失误。图 2.9 所示为三相变压器的铭牌，上面标明了变压器是配电站用的降压变压器，将 10000V 的高压降为 400V 的低压，供三相负载使用，变压器的额定电压是 10kV，额定容量 500kVA，一次绕组作星形连接，二次绕组作带有中性线的星形连接，在额定电流运行时变压器阻抗压降的大小占额定电压的 4%。

电力变压器

产品型号	S7-500/10	标准代号	×××
额定容量	500kVA	产品代号	×××
额定电压	10kV	出厂序号	×××
额定频率	50Hz 3相		
连接组标号	Yyn0		
阻抗电压	4%		
冷却方式	油冷		
使用条件	户外		

开关位置	高压		低压	
	电压/V	电流/A	电压/V	电流/A
Ⅰ	10500	27.5	—	—
Ⅱ	10000	28.9	400	721.7
Ⅲ	9500	30.4	—	—

×××变压器厂　　××年××月

图 2.9　三相变压器铭牌

四、认识变压器的空载运行与负载运行

变压器一次绕组接电网上，二次绕组开路的运行方式称变压器的空载运行。图 2.10 所示为单相变压器空载运行示意图。

空载时，在外加交流电压 u_1 作用下，一次绕组中通过的电流称为空载电流 i_0。在电流

i_0的作用下，铁芯中产生交变磁通 Φ（称为主磁通），磁通的参考方向与电流的参考方向之间符合右手螺旋定则。主磁通 Φ 同时穿过一、二次绕组，分别在其中产生感应电动势 E_1和 E_2，方向如图 2.11 所示。

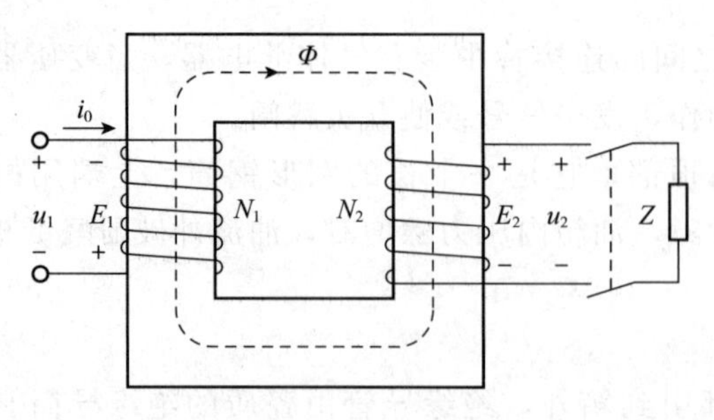

图 2.10　单相变压器空载运行

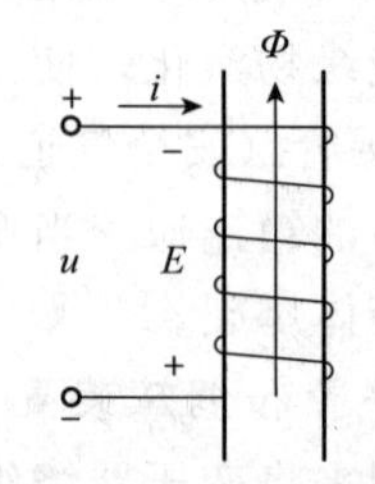

图 2.11　参考方向的规定

按电磁感应定律，有

$$E_1=4.44fN_1\Phi_m$$
$$E_2=4.44fN_2\Phi_m$$

式中，Φ_m 为交变磁通的最大值，N_1为一次绕组匝数，N_2为二次绕组匝数，f 为交流电的频率。

如略去一次绕组中的阻抗不计，则外加电源电压 u_1与一次绕组中的感应电动势 E_1可近似看作相等，即 $u_1\approx E_1$，而 u_1与 E_1的参考方向正好相反，即电动势 E_1与外加电压 u_1相平衡。

在空载情况下，由于二次绕组开路，故端电压 u_2与电动势正好相等，即 $u_2=E_2$.则有

$$u_1\approx E_1=4.44fN_1\Phi_m$$
$$u_2=E_2=4.44fN_2\Phi_m$$

变压器一次绕组与二次绕组的电动势之比称为变压器的变压比，简称变比，用 K 表示，它是变压器中最重要的参数之一。

变压器空载运行时，空载电流一方面用来产生主磁通，另一方面用来补偿变压器空载时的损耗。为此，将空载电流分解成两部分，一部分为无功分量，用来建立磁场，起励磁作用，与主磁通同相位；另一部分为有功分量，用来供给变压器铁芯损耗，相位超前主磁通90°。空载电流一般只占额定电流的（2～10）%，主要用来建立主磁通，故近似称作励磁电流。变压器空载时没有输出功率，它从电源获取的全部功率都消耗在其内部，称为空载损耗。空载损耗绝大部分是铁芯损耗，故可认为变压器的空载损耗就是变压器的铁芯损耗。变压器空载运行时功率因数很低，应尽量避免变压器空载运行。

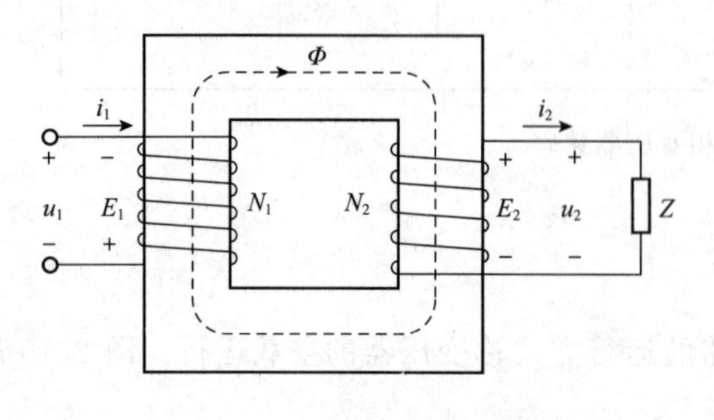

图 2.12　单相变压器负载运行

变压器一次绕组接额定电压，二次绕组与负载相连的运行状态称为变压器的负载运行，如图 2.12 所示。此时二次绕组中有电流 I_2通过，该电流是由一次绕组产生的磁通变化而引起的。

二次绕组中的电流 I_2 所产生的磁通势 N_2I_2 将在铁芯中产生磁通 Φ_2，它力图改变铁芯中的主磁通 Φ_m，由于加在一次绕组上的电压有效值 U_1 不变，因此主磁通 Φ_m 基本不变，故随着 I_2 的出现，一次绕组中通过的电流将从 I_0 增加到 I_1，一次绕组的磁通势也将由 N_1I_0 增加到 N_1I_1，它所增加的部分正好与二次绕组的磁通势 N_2I_2 相抵消，从而维持铁芯中的主磁通 Φ_m 的大小不变。于是可得变压器一、二次绕组磁通势的有效值关系为

$$N_1I_1 \approx N_2I_2$$

I_1 与 I_2 之比称为变压器的变流比，用 K_L 表示。

变压器一、二次绕组中的电流与一、二次绕组的匝数成反比，即变压器也有变换电流的作用，且电流的大小与匝数成反比。

变压器的高压绕组匝数多，而通过的电流小，因此绕组所用的导线细；低压绕组匝数少，通过的电流大，所用的导线较粗。

当一次绕组电压 U_1 和负载的功率因数 $\cos\varphi_2$ 一定时，二次绕组电压 U_2 与负载电流 I_2 的关系，称为变压器的外特性，见图 2.13，可以看出，当 $\cos\varphi_2=1$ 时，U_2 随 I_2 的增加而下降得并不多；当 $\cos\varphi_2$ 降低时，即在感性负载时，U_2 随 I_2 增加而下降的程度加大，这是因为滞后的无功电流对变压器磁路中的主磁通的去磁作用更为显著，而使 E_1 和 E_2 有所下降；当 $\cos\varphi_2$ 为负值时，即在容性负载时，超前的无功电流有助磁作用，主磁通会有所增加，E_1 和 E_2 亦相应加大，使得 U_2 会随 I_2 的增加而提高。

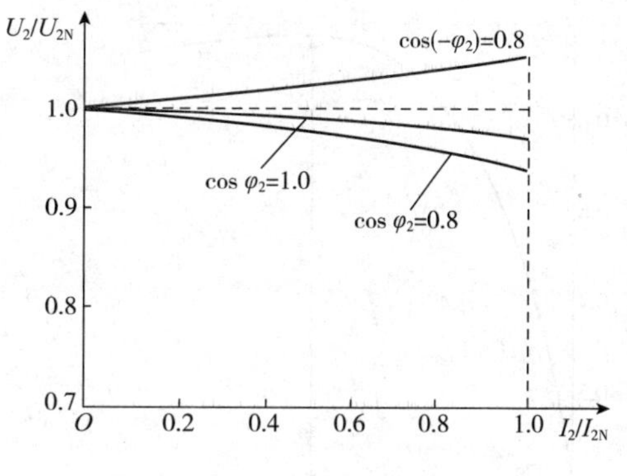

图 2.13　变压器外特性

一般情况下，变压器的负载大多数是感性负载，因而当负载增加时，输出电压 U_2 总是下降的，其下降的程度常用电压变化率来描述。当变压器从空载到额定负载（$I_2=I_{2N}$）运行时，二次绕组输出电压的变化值 ΔU 与空载电压（额定电压）U_{2N} 之比的百分值 $\Delta U\%$ 称为变压器的电压变化率，电压变化率反映了供电电压的稳定性，是变压器的一个重要性能指标。$\Delta U\%$ 越小，说明变压器二次绕组输出的电压越稳定，因此要求变压器的 $\Delta U\%$ 越小越好。常用的电力变压器从空载到满载时电压变化率约为 3%～5%。

变压器在能量传递过程中不可避免地要产生各种损耗，使得输出功率 P_2 小于输入功率 P_1，如图 2.14 所示。

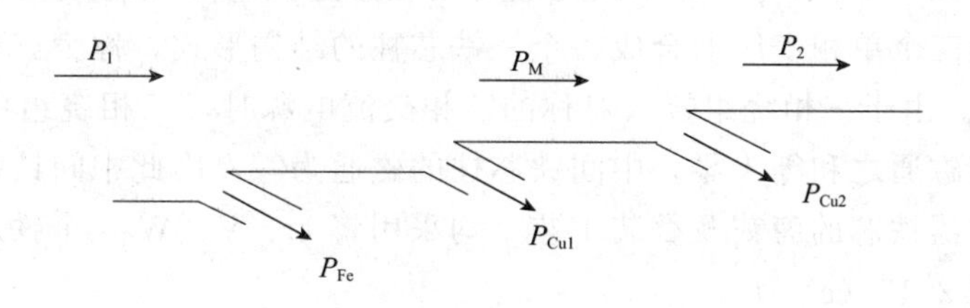

图 2.14　变压器能流图

图中，P_M称为电磁功率，表示一次绕组通过电磁耦合传递到二次绕组的功率。变压器从电源输入的有功功率 P_1和向负载输出的有功功率 P_2可分别用下式计算：

$$P_1 = U_1 I_1 \cos\varphi_1$$

$$P_2 = U_2 I_2 \cos\varphi_2$$

变压器的损耗 ΔP 即为 P_1和 P_2之差，包括铜损耗 P_{Cu}和铁损耗 P_{Fe}两部分，即：

$$\Delta P = P_{Cu} + P_{Fe}$$

变压器的铁损耗包括铁芯中的磁滞损耗和涡流损耗，它决定于铁芯中的磁通密度的大小、磁通交变的频率和硅钢片的质量等。变压器的铁损耗与一次绕组上所加的电源电压大小有关，而与负载电流的大小无关。当电源电压一定时，铁芯中的磁通基本不变，故铁损耗也就基本不变，因此铁损耗又称“不变损耗”。

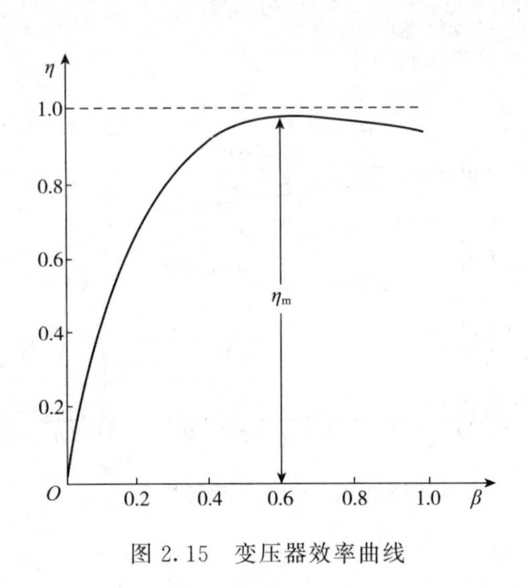

图 2.15　变压器效率曲线

变压器的铜损耗是由电流在一次、二次绕组电阻上产生的损耗。在变压器中铜损耗与负载电流的平方成正比，所以铜损耗又称为“可变损耗”

变压器的输出功率 P_2与输入功率 P_1之比称为变压器的效率，由于变压器没有旋转的部件，不像电动机那样有机械损耗存在，因此变压器的效率一般都比较高，中小型电力变压器效率在 95%以上，大型电力变压器效率可达 99%以上。

变压器在不同的负载电流 I_2时，输出功率 P_2及铜损耗 P_{Cu}都在变化，因此变压器的效率 η 也随负载电流 I_2的变化而变化，其变化规律通常用变压器的效率特性曲线来表示，如图 2.15所示。

通过数学分析可知：当变压器的不变损耗等于可变损耗时，变压器达到效率最高点 η_m。

五、认识三相变压器

(一) 三相变压器的磁路系统

现代的电力系统都采用三相制供电，因而广泛采用三相变压器来实现电压的转换。三相变压器可以由三台同容量的单相变压器组成，再按需要将一次绕组及二次绕组分别接成星形或三角形连接。图 2.16 所示为一、二次绕组均用星形连接的三相组式变压器。三相变压器的另一种结构是把三个单相变压器合成一个三铁芯柱的结构形式，称为三相芯式变压器，如图 2.17 (a) 所示。由于三相绕组接入对称的三相交流电源时，三相绕组中产生的主磁通也是对称的，故三相磁通之和等于零，中间铁芯柱的磁通为零，因此中间铁芯柱可以省略。实际中为了简化变压器铁芯的剪裁及叠装工艺，均采用将 U、V、W 三个铁芯柱置于同一个平面上的结构，如图 2.17 (c) 所示。

(二) 三相变压器连接组

当电流从两个同极性端流入（或流出）时，铁芯中所产生的磁通方向是一致的。如

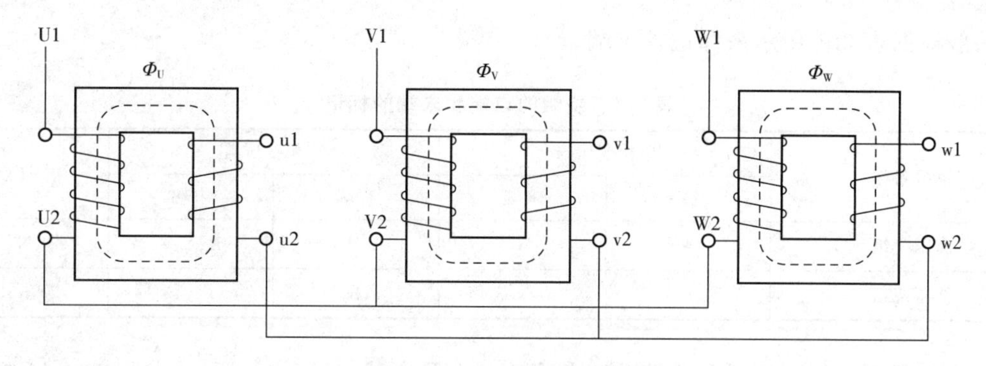

图 2.16　三相组式变压器

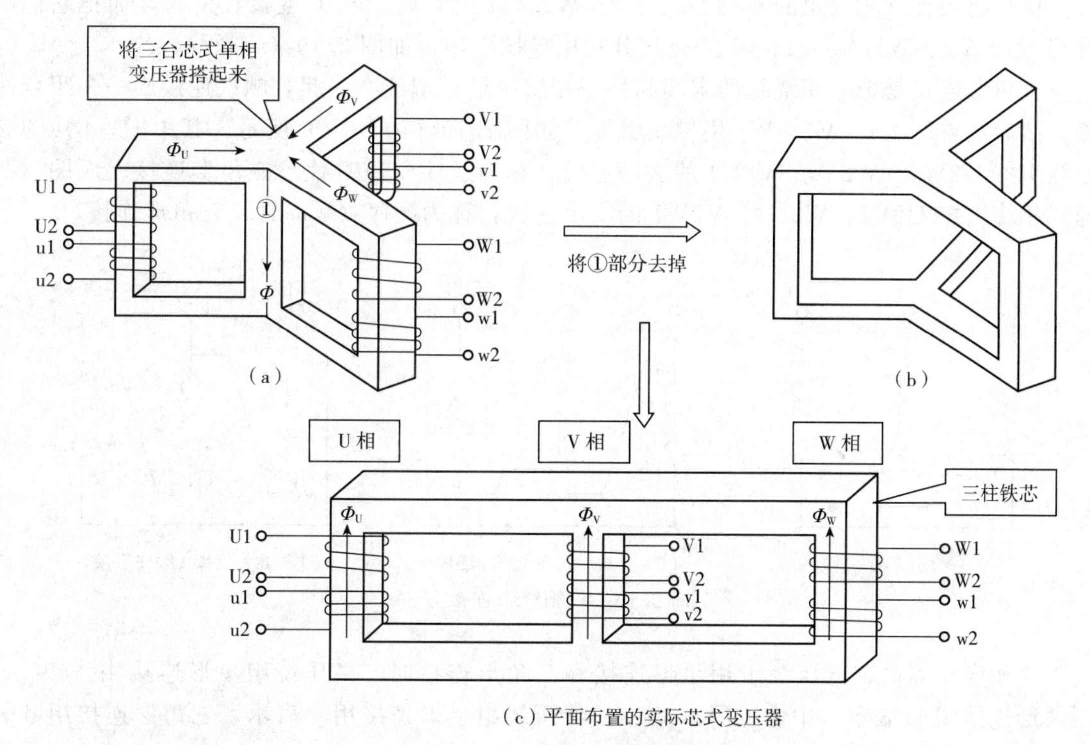

（c）平面布置的实际芯式变压器

图 2.17　三相芯式变压器

图 2.18所示，1 端和 4 端为同名端，电流从这两个端点流入时，它们在铁芯中产生的磁通方向相同。

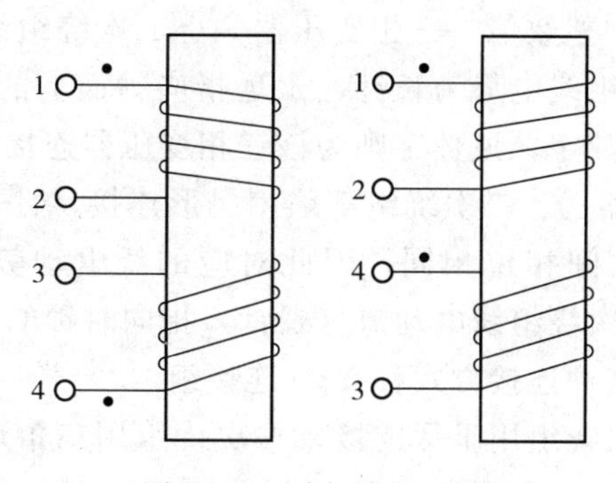

图 2.18　同名端的判定

一般根据表 2.1 所示来标记首末端。

表 2.1　绕组的首端和末端的标记

绕组名称	单相变压器		三相变压器		中性点
	首端	末端	首端	末端	
高压绕组	A	X	A、B、C	X、Y、Z	N
低压绕组	a	x	a、b、c	x、y、z	n

三相变压器一般采用星形连接及三角形连接两种方法。

星形连接把三相绕组的末端 U2、V2、W2（或 u2、v2、w2）连接在一起，而把它们的首端 U1、V1、W1（或 u1、v1、w1）分别用导线引出，如图 2.19（a）所示。

三角形连接是把一相绕组的末端和另一相绕组的首端连在一起，顺次连接成一个闭合回路，然后从首端 U1、V1、W1 用导线引出，如图 2.19（b）、（c）所示。其中图（b）的三相绕组按 U2W1、W2V1、V2U1 的次序连接，称为逆序（逆时针）三角形连接。而图（c）的三相绕组按 U2V1、W2U1、V2W1 的次序连接，称为顺序（顺时针）三角形连接。

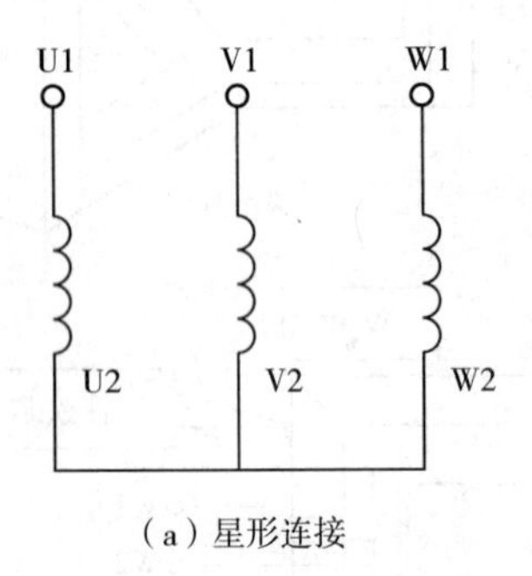

（a）星形连接

（b）三角形连接（逆序连接）

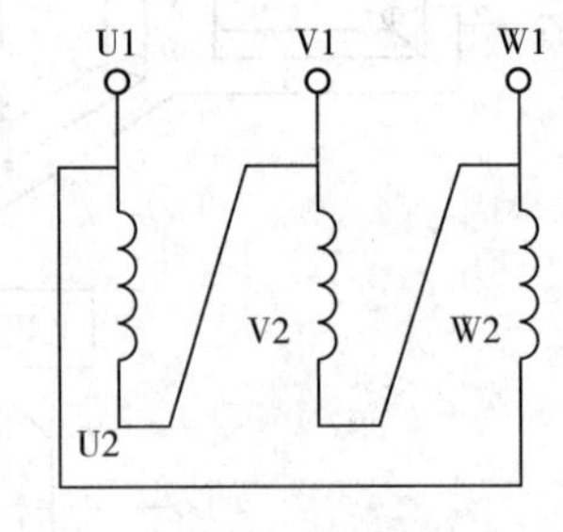

（c）三角形连接（顺序连接）

图 2.19　三相绕组连接方法

三相变压器高、低压绕组用星形连接和三角形连接时，高压绕组星形连接用 Y 表示，三角形连接用 D 表示，中性线用 N 表示。低压绕组星形连接用 y 表示，三角形连接用 d 表示，中性线用 n 表示。

三相变压器一、二次绕组不同接法的组合形式有 Yy、YNd、Yd、Yyn、Dy、Dd 等，其中最常用的组合形式有三种，即 Yyn；YNd 和 Yd。不同形式的组合各有优缺点。

三相变压器一次绕组线电压与二次绕组线电压之间的相位关系是不同的，一、二次绕组线电动势的相位差总是 30°的整数倍。三相变压器一、二次绕组线电动势的相位关系一般用时钟表示法，即规定一次绕组线电势为长针，永远指向钟面上的“12”，二次绕组线电势为短针，它指向钟面上的哪个数字，该数字则为该三相变压器连接组别的标号。

图 2.20（a）中，变压器一、二次绕组都采用星形连接，且首端为同名端，故一、二次绕组相互对应的相电动势之间相位相同，因此对应的线电动势之间的相位也相同，如图 2.20（b）、（c）所示，当一次绕组线电动势（长针）指向时钟的“12”时，二次绕组线电动势（短针）也指向“12”，这种连接方式称 Yy0 连接组。

图 2.21 中，变压器一次绕组用星形连接，二次绕组用三角形连接，且二次绕组 u 相的首端 u1 与 v 相的末端 v2 相连，即逆序连接。这种连接方式称为 yd11 连接组。

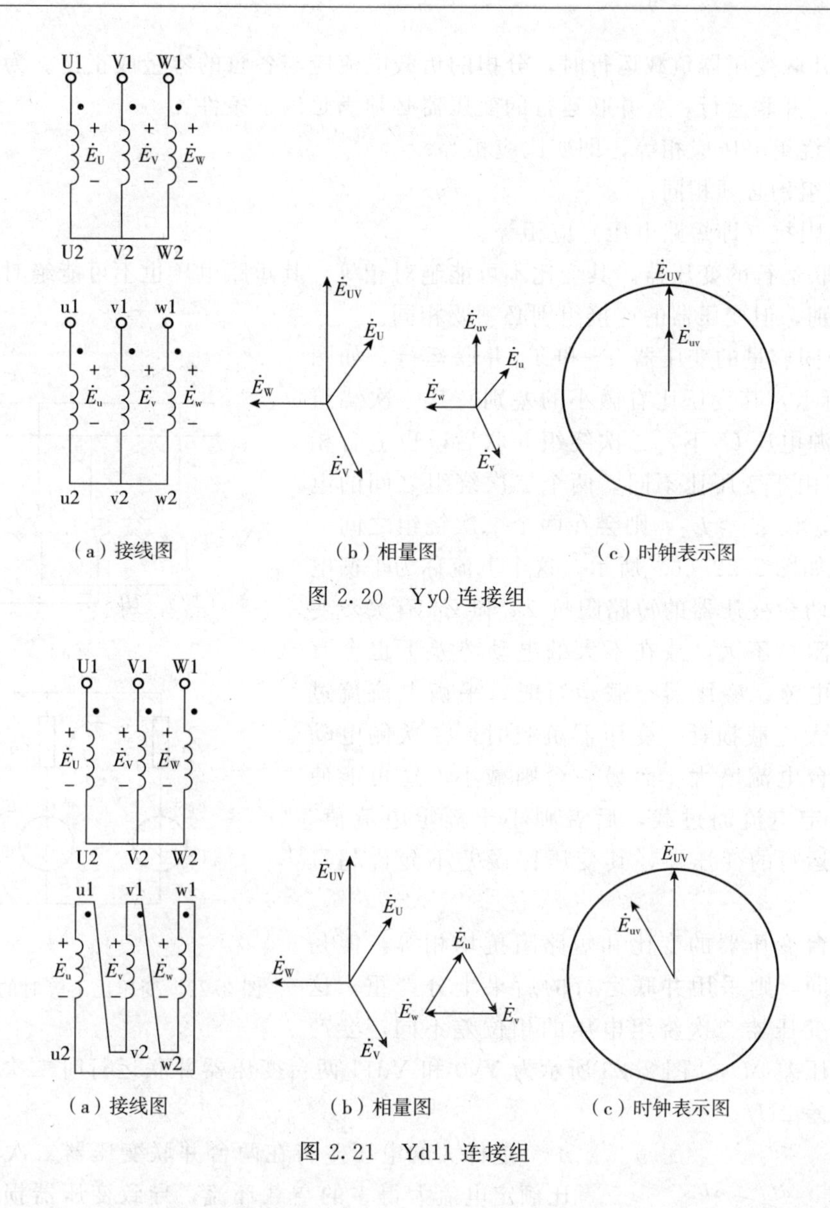

图 2.20　Yy0 连接组

图 2.21　Yd11 连接组

三相电力变压器的连接组别还有许多种，但实际上为了制造及运行方便的需要，国家标准规定了三相电力变压器只采用五种标准连接组，即 Yyn0、YNd11、YNy0、Yy0 和 Yd11，其中 Yyn0 连接组用于容量不大的三相配电变压器，最大容量为 1800kV·A，高压侧的额定电压不超过 35kV。此外，Yy0 连接组不能用于三相变压器组，只能用于三铁芯的三相变压器。

（三）三相变压器并联运行

三相变压器的并联运行是指几台三相变压器的高压绕组及低压绕组分别连接到高压电源及低压电源母线上，共同向负载供电。

在变电站中，总的负载经常由两台或多台三相电力变压器并联供电。当变电站所供的负载有较大的波动时，可以根据负载的变动情况随时调整投入并联运行的变压器台数，以提高变压器的运行效率。当某台变压器需要检修时，可以切换下来，而用备用变压器投入并联运行，以提高供电的可靠性。

各并联变压器空载运行时，只存在原边空载电流，副边电流为零，即各并联变压器之间无环流。各并联变压器负载运行时，分担的负载电流应与各自的容量成正比。为了使变压器能正常地投入并联运行，各并联运行的变压器必须满足以下条件：

- 两侧绕组电压应相等，即变比应相等；
- 连接组别必须相同；
- 短路阻抗（即短路电压）应相等。

实际并联运行的变压器，其变比不可能绝对相等，其短路电压也不可能绝对相等，允许有极小的差别，但变压器的连接组别必须要相同。

设两台同容量的变压器 T_1 和 T_2 并联运行，如图 2.22（a）所示，其变压比有微小的差别。其一次绕组接在同一电源电压 U_1 下，二次绕组并联后，也应有相同的 U_2，但由于变压比不同，两个二次绕组之间的电动势有差别，设 $E_1>E_2$，则会在两个二次绕组之间形成环流 I_c，如图 2.22（b）所示，这个电流称为平衡电流，其值与两台变压器的短路阻抗 Z_{S1} 和 Z_{S2} 有关。变压器的短路阻抗不大，故在不大的电动势差下也会有很大的平衡电流。变压器空载运行时，平衡电流流过绕组，会增大空载损耗。变压器负载时，二次侧电动势高的那一台电流增大，而另一台则减小，这可能使前者超过额定电流而过载，后者则小于额定电流值。所以，并联运行的变压器，其变压比误差不允许超过 ±0.5%。

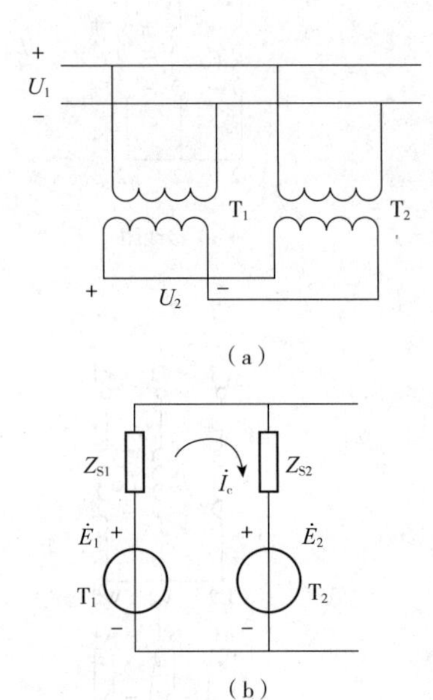

图 2.22　变压比不等时的并联运行

如果两台变压器的变比和短路阻抗均相等，但是连接组别不同，则采用并联运行的后果十分严重，这是因为两台变压器二次绕组电压的相位差不同，会产生很大的电压差 ΔU_2。图 2.23 所示为 Yy0 和 Yd11 两台变压器并联运行时二次绕组线电压之间的电压差 ΔU_2。

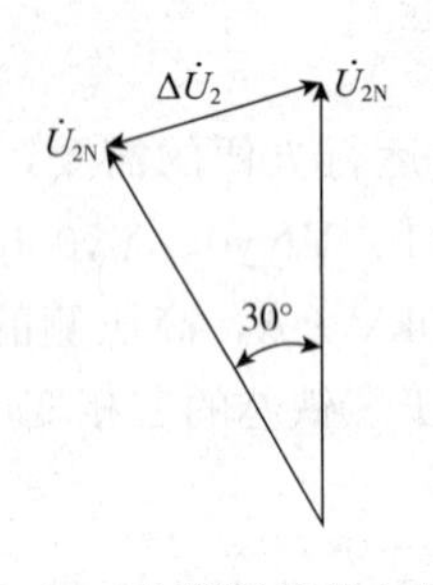

图 2.23　并联运行的电压差

这样大的电压差将在两台并联变压器二次绕组中产生比额定电流大得多的空载环流，导致变压器损坏，故连接组别不同的变压器绝对不允许并联运行。

并联运行时，负载电流的分配与各台变压器的短路阻抗成反比，短路阻抗大的输出电流较小，其容量得不到充分利用。因此并联运行的变压器，其短路电压比不应超过 10%。

并联运行的各变压器的最大容量与最小容量之比不宜超过 3。

六、认识其他用途的变压器

（一）自耦变压器

把变压器一、二次绕组合二为一，使二次绕组成为一次绕组的一部分，这种变压器称为自耦变压器，如图 2.24 所示。自耦变压器的一、二次绕组之间除了有磁的耦合外，还有电的直接联系。自耦变压器可节省铜和铁的消耗量，降低制造成本。在高压输电系统中，自耦变压器主要用来连接两个电压等级相近的电力网。自耦变压器常用作异步电动机的启动补偿器，以对电动机进行降压启动。

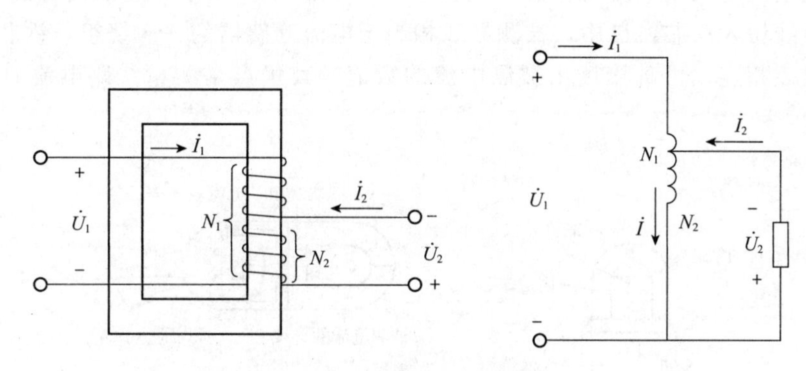

图 2.24　自耦变压器工作原理

自耦变压器一、二次绕组中的电流大小与匝数成反比，在相位上互差 180°，流经公共绕组中的电流 I 的大小为

$$I=I_2-I_1$$

可见流经公共绕组中的电流总是小于输出电流 I_2。自耦变压器输出的视在功率为

$$S_2=U_2I_2=U_2(I+I_1)=U_2I+U_2I_1$$

从上式可看出，自耦变压器的输出功率由两部分组成，其中 U_2I 部分是依据电磁感应原理从一次绕组传递到二次绕组的视在功率，而 U_2I_1 则是通过电路的直接联系从一次绕组直接传递到二次绕组的视在功率。由于 I_1 只在一部分绕组的电阻上产生铜损耗，因此自耦变压器的损耗比普通变压器要小，效率较高。

（二）电流互感器

电流互感器的基本结构形式及工作原理与单相变压器相似，它也有两个绕组：一次绕组串联在被测的交流电路中，流过的是被测电流 I_1，它一般只有一匝或几匝，用粗导线绕制；二次绕组匝数较多，与交流电流表相接，如图 2.25 所示。

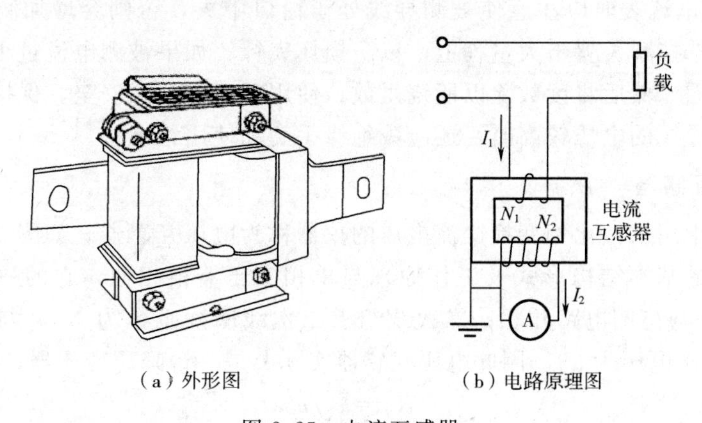

（a）外形图　　（b）电路原理图

图 2.25　电流互感器

电流互感器的额定电流比标在电流互感器的铭牌上，在实际应用中，与电流互感器配套使用的电流表已根据额定电流比换算成一次电流，可以直接读数，不必再进行换算。

根据误差的大小，电流互感器分下列等级：0.2、0.5、1.0、3.0、10.0。如 0.5 级的电流互感器在额定电流时测量误差最大不超过±0.5%。

钳形电流表就是利用电流互感器原理制造的，如图 2.26 所示。它的闭合铁芯可以张开，将被测载流导线钳入铁芯窗口中，被测导线相当于电流互感器的一次绕组，铁芯上绕二次绕组，与测量仪表相连，可直接读出被测电流的数值。其优点是测量线路电流时不必断开电路，使用方便。

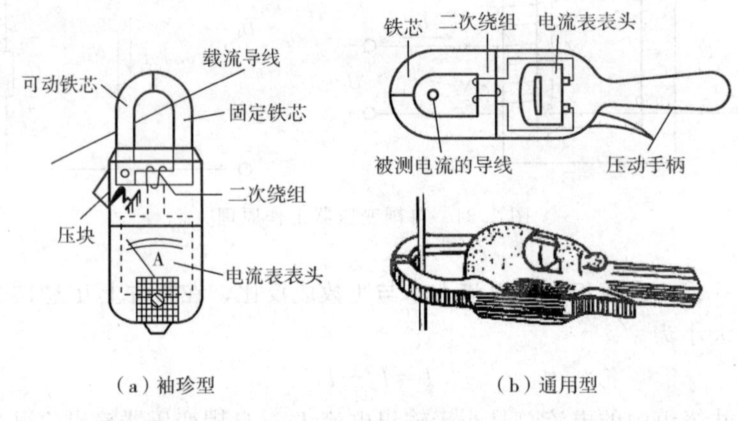

图 2.26 钳形电流表

使用电流互感器时必须注意以下事项。

① 电流互感器的二次绕组绝对不允许开路。因为二次绕组开路时，电流互感器处于空载运行状态，此时一次绕组流过的电流（被测电流）全部为励磁电流，铁芯中的磁通急剧增大，一方面使铁芯损耗急剧增加，造成铁芯过热，烧损绕组，另一方面将在二次绕组感应出很高的电压，可能使绝缘击穿，并危及测量人员和设备的安全。因此在一次电路工作时，必须先将电流互感器的二次绕组短接。

② 电流互感器的铁芯及二次绕组一端必须可靠接地，以防止绝缘击穿后，电力系统的高压危及工作人员及设备的安全。

③ 使用钳形电流表时应注意使被测导线处于窗口中央，否则会增加测量误差；不知电流大小时，应将选挡开关置于大量程上，以防损坏表针；如果被测电流过小，可将被测导线在钳口内多绕几圈，然后将读数除以所绕匝数；使用时还要注意安全，保持与带电部分的安全距离，如被测导线的电压较高时，还应戴绝缘手套和使用绝缘垫。

（三）电压互感器

在电工测量中用来按比例变换交流电压的仪器称为电压互感器。如图 2.27 所示。

电压互感器的基本结构形式及工作原理与单相变压器很相似，它的一次绕组（一次线圈）匝数为 N_1，与待测电路并联；二次绕组（二次线圈）匝数为 N_2，与电压表并联。一次电压为 u_1，二次电压为 u_2，因此电压互感器实际上是一台降压变压器，其变压比 K_u 为

$$K_u = u_1/u_2$$

K_u 常标在电压互感器的铭牌上，只要读出二次电压表的读数，一次电路的电压即可由

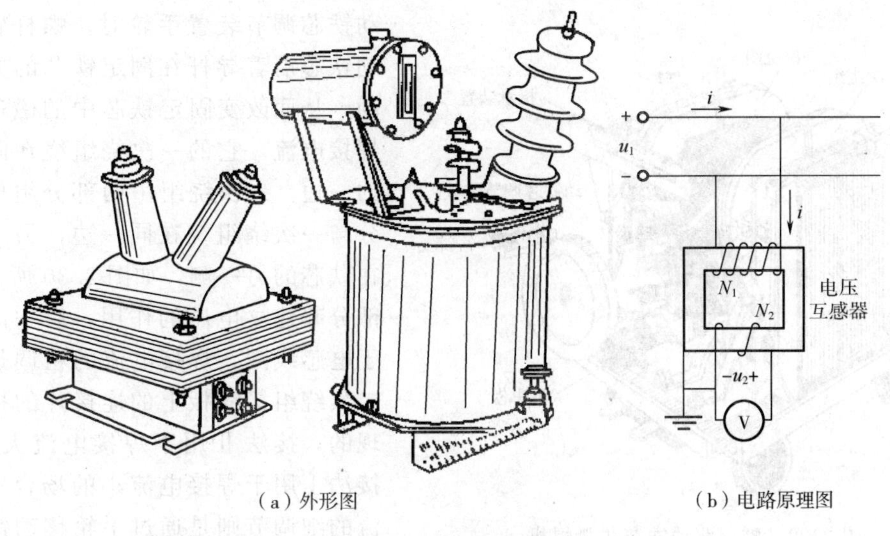

(a) 外形图　　(b) 电路原理图

图 2.27　电压互感器

上式得出。只要改变接入的电压互感器的变压比，就可测量高低不同的电压。在实际应用中，与电压互感器配套使用的电压表的读数已换算成一次电压，可以直接读数，不必再进行换算。

使用电压互感器时必须注意以下事项。

① 电压互感器的二次绕组在使用时绝不允许短路。如二次绕组短路，将产生很大的短路电流，导致电压互感器烧坏。

② 电压互感器的铁芯及二次绕组的一端必须可靠地接地，以保证工作人员及设备的安全。

③ 电压互感器有一定的额定容量，使用时二次绕组回路不宜接入过多的仪表，以免影响电压互感器的测量精度。

（四）电焊变压器

电焊变压器是交流弧焊机的主要组成部分，它实质上是一台特殊的降压变压器。

电焊变压器空载电压 $U_O=60\sim75$V，起弧容易。在负载时，电压随负载的增大而急剧下降，如图 2.28 所示。通常在额定负载时输出电压约 30V。

为了适应不同的焊接需要，电焊变压器输出的电流能在一定范围内进行调节。

电焊变压器铁芯的气隙比较大，一次、二次绕组分装在不同的铁芯柱上，改变二次绕组的接法可调节焊接电流。图 2.29 是磁分路动铁芯式弧焊机的结构图。

磁分路动铁芯式弧焊机的铁芯由固定铁芯和活动铁芯两部分组成。固定铁芯为“口”字形，在固定铁芯两边的方柱上绕有一次绕组和二次绕组。活动铁芯装在固定铁芯中间的螺杆上，当摇

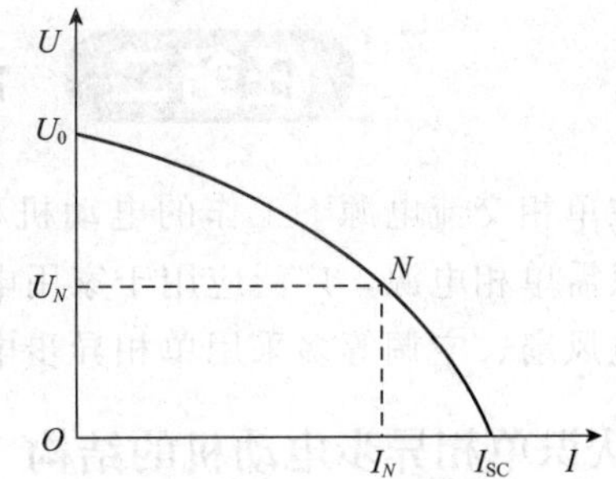

图 2.28　焊接电流与电弧电压的关系曲线

U_0—空载电压；I_{SC}—短路电流；

I_N，U_N—曲线上任一点 N 的焊接电流与电压

图 2.29 磁分路动铁芯式弧焊机

动铁芯调节装置手轮时，螺杆转动，活动铁芯沿着导杆在固定铁芯的方口中移动，从而改变固定铁芯中的磁通，调节焊接电流。它的一次绕组绕在固定铁芯的一边。二次绕组由两部分组成，一部分与一次绕组绕在同一边，另一部分绕在铁芯的另一侧，如图 2.30 所示。前一部分起建立电压的作用，后一部分相当于电感线圈。焊接电流的粗调是靠变更二次绕组接线板上的连接片的接法来实现的，接法Ⅱ用于焊接电流大的场合，接法Ⅰ用于焊接电流小的场合。焊接电流的细调节则是通过手轮移动铁芯的位置，改变漏抗，从而得到均匀的电流调节。

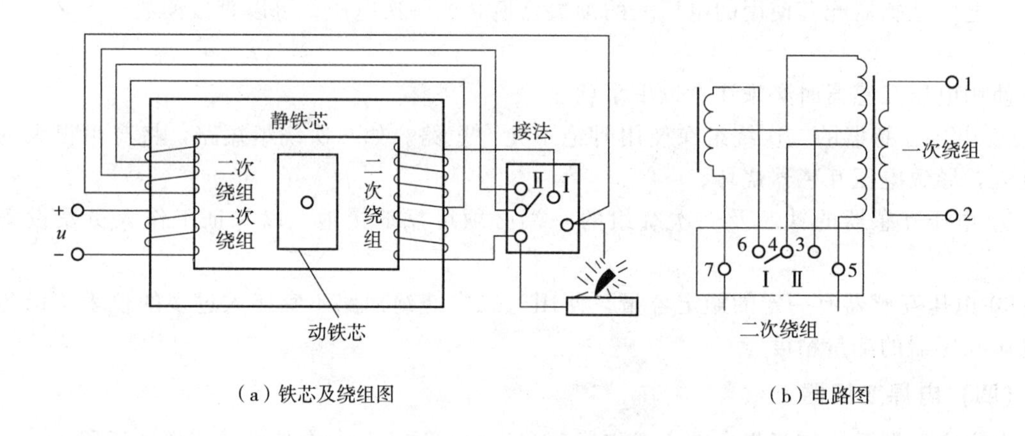

（a）铁芯及绕组图　　（b）电路图

图 2.30 磁分路动铁芯式弧焊机原理示意图

任务二 认识单相异步电动机

在单相交流电源下工作的电动机称为单相电动机。单相异步电动机结构简单、成本低廉，只需单相电源，广泛应用于家用电器、电动工具、医疗器械等方面。家用的冰箱、洗衣机、电风扇、空调等多采用单相异步电动机驱动。

一、认识单相异步电动机的结构

图 2.31 所示为水泵电动机和抽油烟电动机的外形，它们都属于单相异步电动机。

单相异步电动机的结构和三相异步电动机大体相似，也由定子和转子两大部分组成，见图 2.32、图 2.33。

1. 定子

单相异步电动机的定子部分由定子铁芯、定子绕组、机座、端盖等部分组成，其主要作用是通入交流电，产生旋转磁场。

(1) 定子铁芯

定子铁芯大多用0.35mm硅钢片冲槽后叠压而成，片与片之间涂有绝缘漆，槽形一般为半闭口槽，槽内则用以嵌放定子绕组。

(a) 水泵电动机　(b) 抽油烟机电动机

图2.31　单相异步电动机示例

(2) 定子绕组

单相异步电动机定子绕组一般都采用两相绕组的形式，互差90°电角度，一相为主绕组，又称为运行绕组；另一相为副绕组，又称启动绕组。两相绕组的槽数和绕组匝数可以相同，也可以不同。

(3) 机座与端盖

机座一般由铸铁、铸铝或钢板制成，其作用是固定定子铁芯，并借助两端端盖与转子连成一个整体。

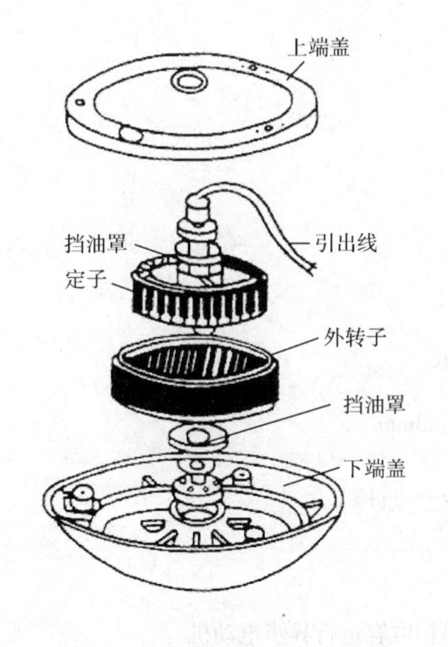

图2.32　电容运行台扇电动机

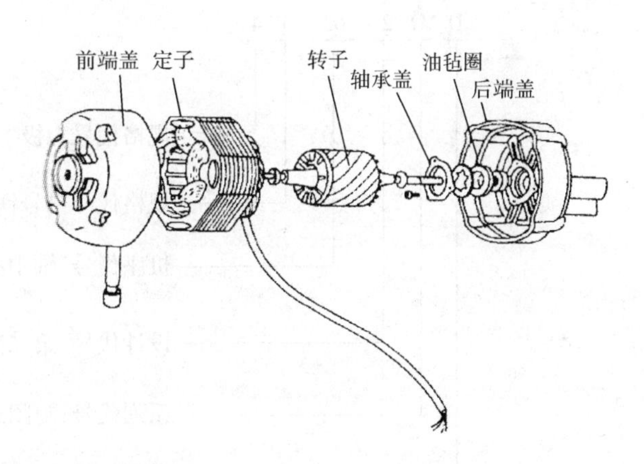

图2.33　电容运行吊扇电动机

2. 转子

转子由转子铁芯、转子绕组、转轴等组成，其作用是在旋转磁场中产生电磁转矩，拖动机械负载工作。

(1) 转子铁芯

转子铁芯与定子铁芯一样用0.35mm硅钢片冲槽后叠压而成，槽内置放转子绕组，最后整体压入转轴。

(2) 转子绕组

转子绕组均采用笼型结构，一般用铝或铝合金压铸而成。

(3) 转轴

用碳钢或合金钢加工而成，轴上压装转子铁芯，两端压上轴承。常用的有滚动轴承和含油滑动轴承。

3. 单相异步电动机的铭牌

单相异步电动机的铭牌标记着电动机的型号、各种额定值等，见表 2.2。下面以单相电容运行异步电动机 DO2—6314 的铭牌为例来说明各数据的含义。

表 2.2 单相电容运行异步电动机铭牌

单相电容运行异步电动机			
型号	DO2—6314	电流	0.94A
电压	220V	转速	1400r/min
频率	50Hz	工作方式	连续
功率	90W	标准号	
编号、出厂日期	××××		×××电动机厂

(1) 型号

DO2—6314 型号意义如下：

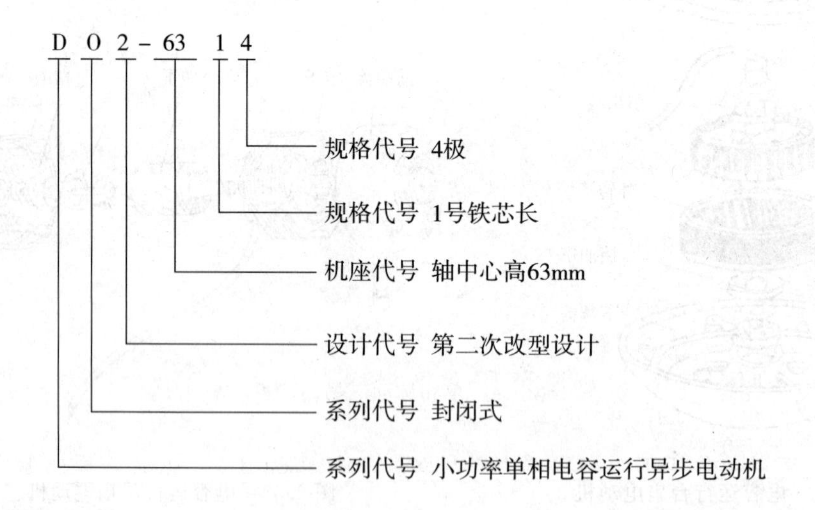

(2) 电压

是指在额定状态下运行时加在定子绕组上的电压，我国单相异步电动机的标准电压有 12V、24V、36V、42V、220V 等几种。

(3) 频率

是指加在电动机上的交流电源的频率，单位为 Hz。电动机应接在铭牌上规定频率的交流电源上使用。

(4) 功率

是指单相异步电动机轴上输出的机械功率，单位为 W。铭牌上标出的功率是指电动机在额定电压、额定频率和额定转速下运行时输出的功率，即额定功率。我国常用的单相异步电动机的标准额定功率为 6W、10W、16W、25W、40W、60W、90W、120W、180W、250W、370W、550W 及 750W 等。

(5) 电流

是指在额定电压、额定功率和额定转速下运行时流过定子绕组的电流值，为额定电流，单位为 A。电动机在长期运行时电流不允许超过该电流值。

(6) 转速

电动机在额定状态下运行时的转速，单位为 r/min。每台电动机在额定运行时的实际转速与铭牌规定的额定转速有一定的偏差。

(7) 工作方式

工作方式是指电动机的工作是连续式还是间断式。连续运行的电动机可以间断工作，但间断运行的电动机不能连续工作，否则会烧损电动机。

二、认识单相异步电动机的工作原理

如图 2.34 所示，假设在单相交流的正半周时，电流从单相定子绕组的左半侧流入，从右半侧流出，则产生的磁场如图 2.34 (b) 所示，该磁场的大小随电流的大小而变化，方向则保持不变。当电流为零时，磁场也为零。当电流变为负半周时，则产生的磁场方向也随之发生变化，如图 2.34 (c) 所示，产生的磁场大小及方向在不断地变化，这种磁场为脉动磁场。

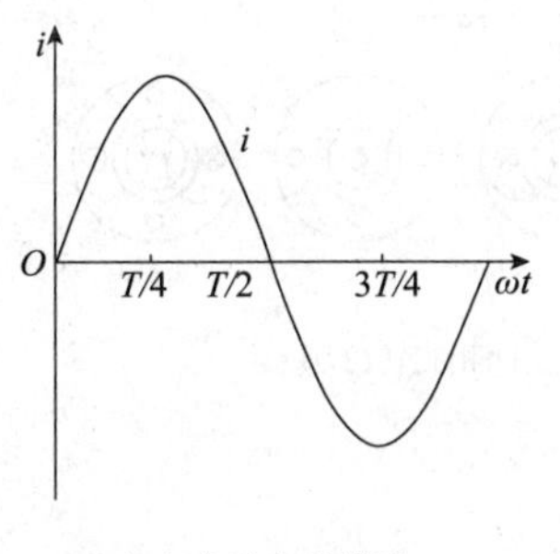

(a) 交流电流波形

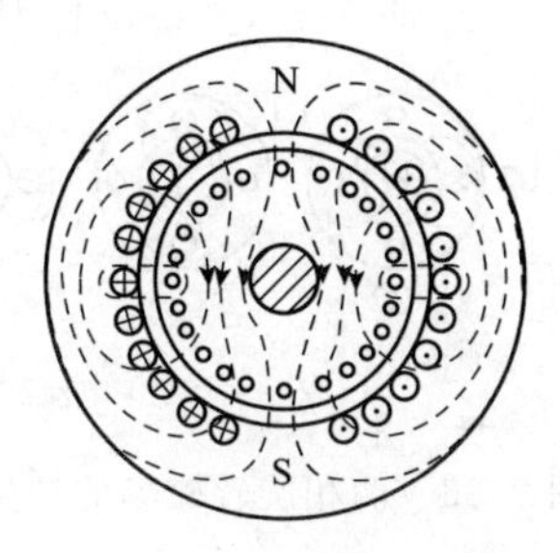

(b) 电流正半周产生的磁场

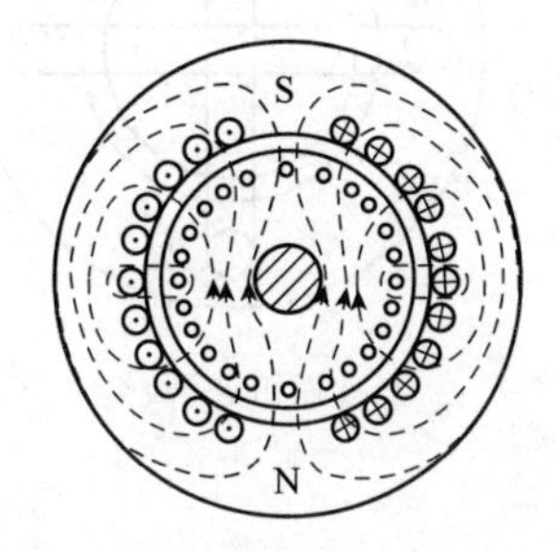

(c) 电流负半周产生的磁场

图 2.34　单相脉动磁场的产生

设在正转磁动势作用下单相异步电动机的电磁转矩为 T_+，机械特性如图 2.35 中的曲线 3 所示，同步转速为 n_1。在反转磁动势作用下单相异步电动机的电磁转矩为 T_-，机械特性如图 2.35 中的曲线 2 所示，同步转速为 $-n_1$。两条特性曲线是对称的，合成后机械特性曲线如图 2.35 中的曲线 1 所示。

当转速 $n=0$ 时，电磁转矩 $T_{em}=0$，亦即一相绕组单独通电时，没有启动转矩，不能自行启动。

当 $n>0$ 时，$T_{em}>0$。即只要电动机已经正转，而且在此转速下的电磁转矩大于轴上的负载转矩，就能在电磁转矩的作用下升速至接近于同步转速的某点稳定运行。因此，单相异

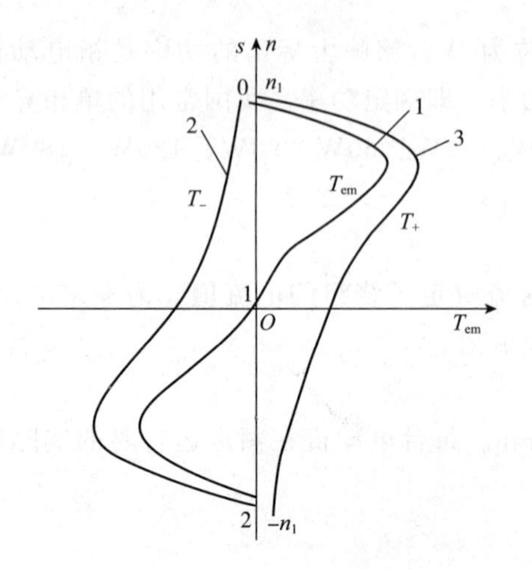

图 2.35　单相绕组通电时的机械特性

步电动机如果只有一相绕组，可以运行，但不能自行启动。由于合成转矩是对称的，因此单相异步电动机没有固定的转向，在两个方向都可以旋转，运行时的旋转方向由启动时的转动方向而定。只要外力把转子向任一方向驱动，转子就将沿着该方向继续旋转，直到接近同步转速。

为了解决启动问题，应该加强正向磁场，抑制反向磁场，使电动机在启动时气隙中能够形成一个旋转磁场。为达此目的，可在定子上另装一个空间上与工作绕组不同相、阻抗不同的启动绕组。

如图 2.36 所示，在单相异步电动机定子上放置在空间相差 90°的两相定子绕组 U1U2 和 Z1Z2，向这两相定子绕组中通入在时间上相差约 90°的两相交流电 i_Z 和 i_U，此时也产生旋转磁场。

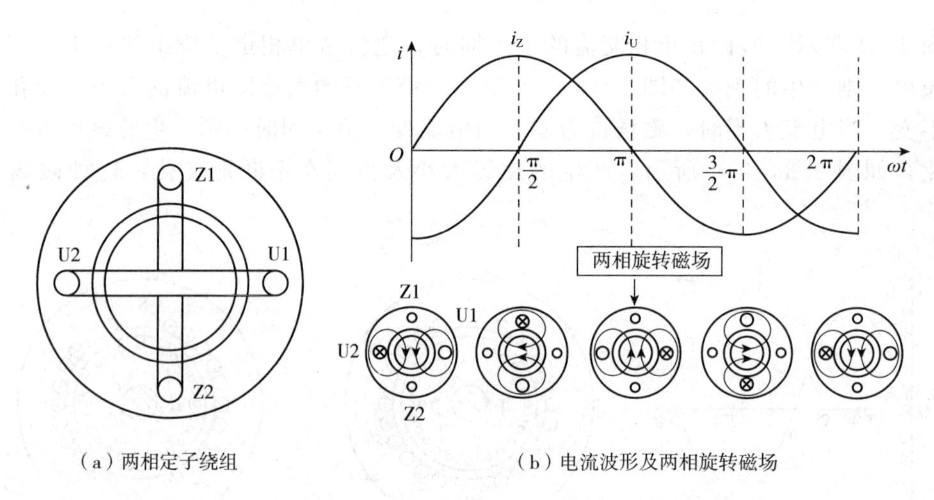

图 2.36　两相旋转磁场的产生

三、认识单相分相异步电动机

单相分相异步电动机一般可分为电阻分相式、电容分相式和罩极式，下面分别进行介绍。

1. 电阻分相式

电阻分相单相异步电动机的定子铁芯上嵌放有两套绕组，即运行绕组和启动绕组，如图 2.37所示。启动绕组的匝数较少，导线截面较小，与运行绕组相比其电抗小而电阻大。启动绕组和运行绕组连接电源时，启动绕组电流超前一个电角度，从而产生椭圆旋转磁动势，使电动机能够自行启动。启动绕组只在启动过程中接入电路，当转速上升到接近稳定转速时，自动断开，由运行绕组维持运行。为了增加启动时运行绕组和启动绕组之间电流相位差，可在启动绕组回路中串联电阻 R 或增加启动绕组本身的电阻（启动绕组用细导线绕制)。这种电动机只能用于空载和轻载启动的场合，如小型机床、鼓风机、电冰箱压缩机、医疗器械等设备中。

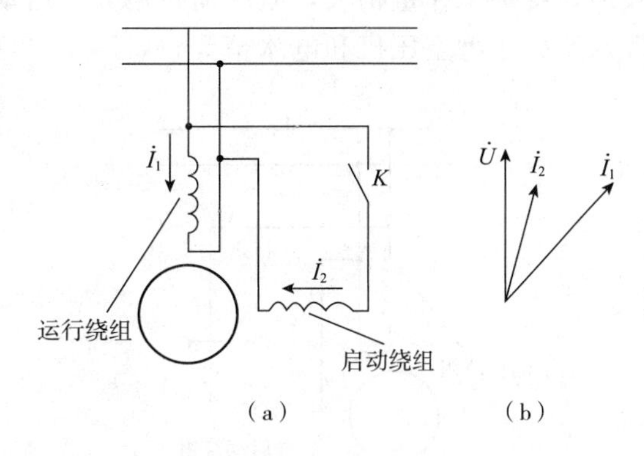

图 2.37　电阻分相单相异步电动机原理图

2. 电容分相式

电容分相异步电动机是在启动绕组回路中串接电容器，使启动绕组中的电流超前于电压，分为以下几种。

① 电容启动式。图 2.38 是电容启动单相异步电动机的原理图，启动绕组串联一个电容器 C 和一个启动开关 S，再与运行绕组并联。电容大小合适时，启动绕组的电流相位差接近 90°电角度，可使启动时的磁动势接近圆形。这种电动机的机械特性见图 2.39，其中曲线 1 为接入启动绕组启动时的机械特性，曲线 2 的实线部分为启动开关断开，启动绕组切除以后的机械特性。

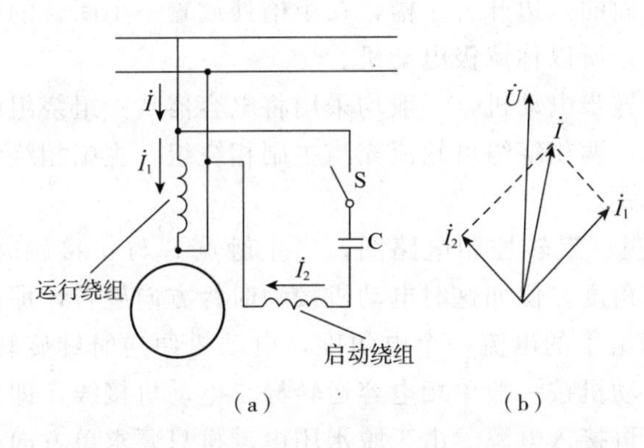

图 2.38　电容启动单相异步电动机的原理图

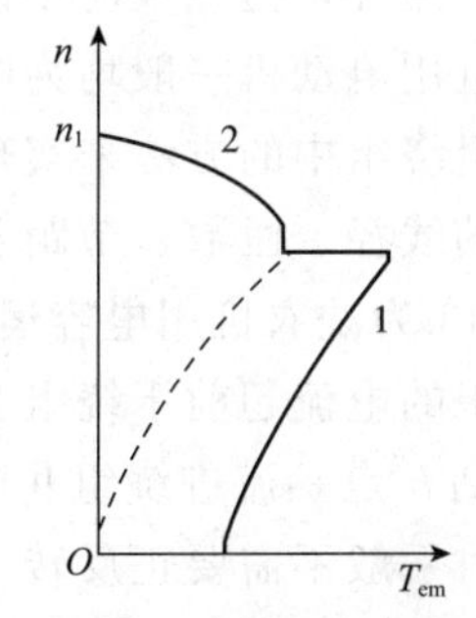

图 2.39　电容启动单相异步电动机的机械特性

启动绕组是按短时运行方式设计的，如果长期通过电流，会因过热而烧坏。因此当电动机的转速达到同步转速的 75%～85%时，由离心开关 S 把启动绕组从电源断开，电动机便作为单绕组异步电动机运行。

电容启动单相异步电动机有较大的启动转矩，但启动电流也较大，适用于满载启动的机械，如小型空气压缩机，在部分电冰箱压缩机中也使用。

② 电容运转式。电容运转单相异步电动机的启动绕组及电容始终参与工作，其电路如图 2.40 所示。这种电动机的功率因数和效率高，运行性能优于电容启动式。

这种电动机结构比较简单，价格比较便宜，使用维护方便，只要任意改变启动绕组（或运行绕组）首端和末端与电源的接线，即可改变旋转磁场的转向，从而实现电动机的反转。常用于吊扇、台扇、洗衣机、复印机、吸尘器、通风机等。

③ 电容启动运转式。图 2.41 为电容启动运转单相异步电动机电路图，在启动绕组回路中串入两个并联的电容器 C_1 和 C_2，其中电容器 C_2 串接启动开关 S。启动时，S 闭合，两个电容器同时作用，电容量为两者之和。当转速上升到一定程度，S 自动打开，切除电容器 C_2，电容器 C_1 与启动绕组参与运行，确保良好的运行性能。这种电动机结构复杂一些，成

本较高，维护工作量稍大，但启动转矩大，启动电流小，功率因数和效率较高，适用于空调机、水泵、小型空压机和电冰箱等。

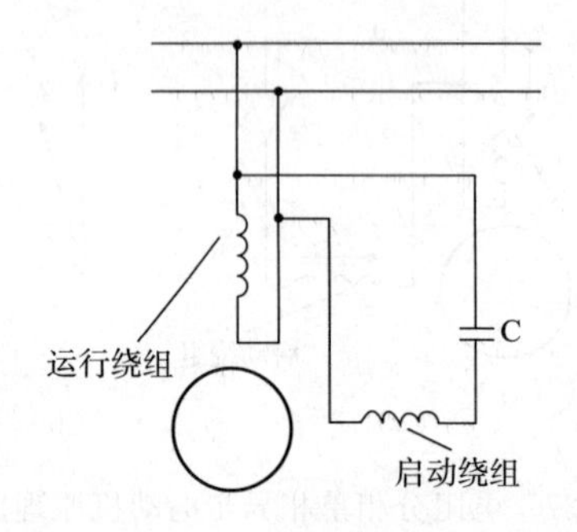

图 2.40 电容运转单相异步电动机电路

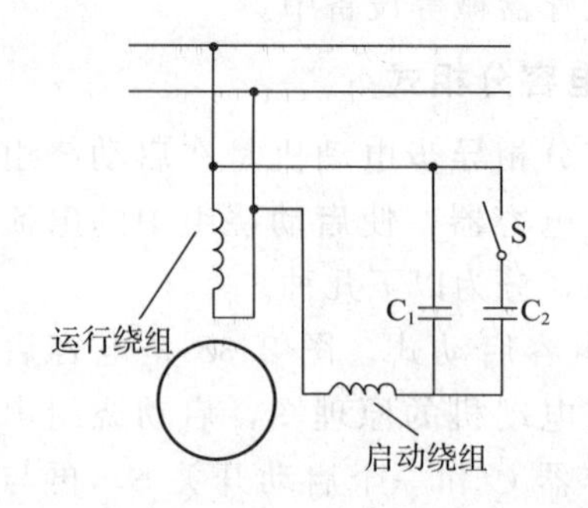

图 2.41 电容启动运转单相异步电动机电路

④ 罩极式。罩极式单相异步电动机的转子为鼠笼式，如图 2.42 所示，定子铁芯部分通常由 0.5mm 厚的硅钢片叠压而成，按磁极形式的不同可分为凸极式和隐极式两种，定子每个磁极上套有集中绕组，作为运行绕组，极面的一边开有小槽，在小槽处放置一个闭合的铜环，称为短路环，把磁极的小部分罩在环中，所以称罩极电动机。

洗衣机用电动机一般均为电容运转单相异步电动机，一般均采用将电容器从一组绕组改接到另一组绕组中的方法来实现正反转控制，两相绕组可轮流充当主副相绕组，主副相绕组具有相同的线径、匝数、节距及绕组分布形式。

图 2.43 为洗衣机用电容运转电动机的正、反转控制电路图，当主触点 S 与 a 接触时，流进绕组Ⅰ的电流超前于绕组Ⅱ的电流某一角度。假如这时电动机按顺时针方向旋转，那么当 S 切换到 b 点，流进绕组Ⅱ的电流超前绕组Ⅰ的电流一个电角度，电动机便逆时针旋转。由于脱水时一般不需要正反转，故脱水用电动机按一般单相电容运转异步电动机接线，即主绕组直接接电源，副绕组和移相电容串联后再接入电源。由于脱水用电动机只要求单方向运转，所以主副绕组采用不同的线径和匝数绕制。

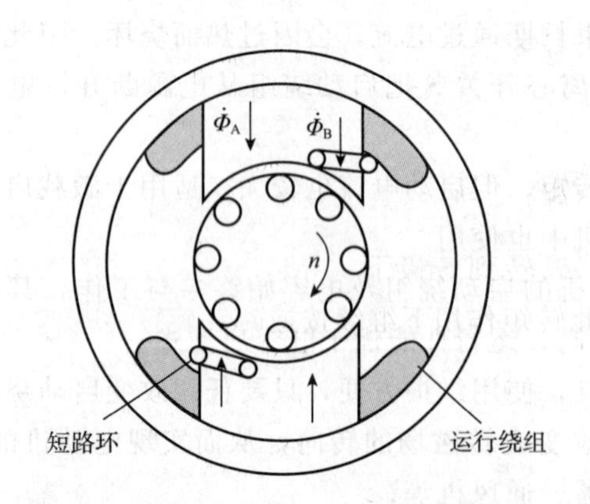

图 2.42 罩极式单相异步电动机转子

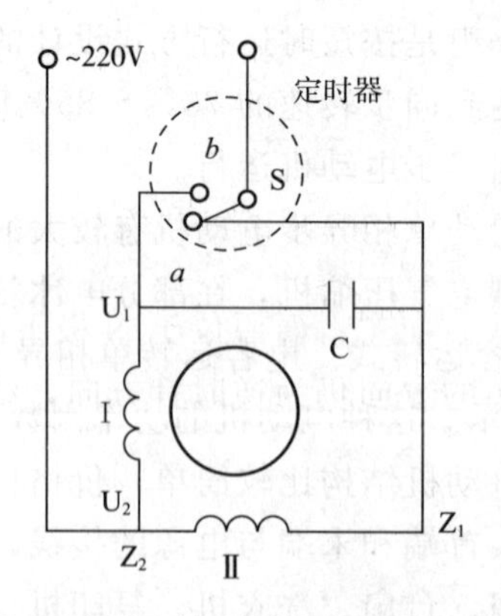

图 2.43 洗衣机用电容运转电动机的正、反转控制电路

任务三 认识直流电动机

直流电动机在工业生产和日常生活中也被广泛使用，如龙门刨床工作台、电力机车、玩具、电动剃须刀等，都采用直流电动机。

一、认识直流电动机原理与结构

图 2.44 所示为直流电动机的工作原理图。电刷 A、B 接到直流电源上，电刷 A 接电源的正极，电刷 B 接电源的负极，此时在电枢线圈中将有电流流过。线圈的 ab 边位于 N 极下，线圈的 cd 边位于 S 极下，根据电磁力定律可知导体每边所受电磁力的大小为

$$f = B_x l I$$

式中，B_x 为导体所在处的磁通密度，Wb/m^2；l 为导体 ab 或 cd 的有效长度，m；I 为导体中流过的电流，A；f 为电磁力，N。

导体受力方向由左手定则确定。在图 2.44（a）的情况下，位于 N 极下的导体 ab 受力方向为从右向左，而位于 S 极下的导体 cd 受力方向为从左向右。该电磁力和转子半径之积即为电磁转矩，该转矩的方向为逆时针。

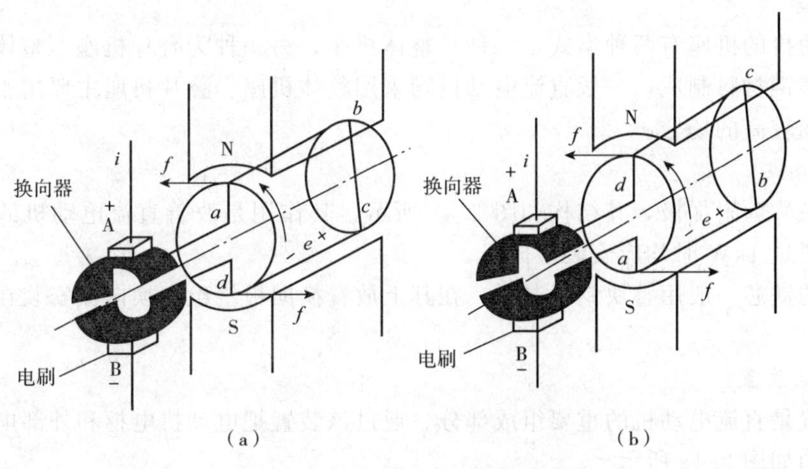

图 2.44 直流电动机原理

当电枢旋转到图 2.44（b）所示位置时，原位于 S 极下的导体 cd 转到 N 极下，其受力方向变为从右向左；而原位于 N 极下的导体 ab 转到 S 极下，导体 ab 受力方向变为从左向右，该转矩的方向仍为逆时针方向，线圈在此转矩作用下继续按逆时针旋转。这样虽然导体中流通的电流为交变的，但 N 极下的导体受力方向和 S 极下导体所受力的方向并未发生变化，电动机在方向不变的转矩作用下转动。

小型直流电动机的结构如图 2.45 所示。

1. 定子

定子主要由主磁极、机座、换向磁极、电刷装置和端盖组成。

（1）主磁极

主磁极的作用是产生气隙磁通。主磁极一般由主磁极铁芯和放置在铁芯上的励磁绕组构

成。主磁极上的线圈称为励磁绕组。主磁极的结构如图 2.46 所示。

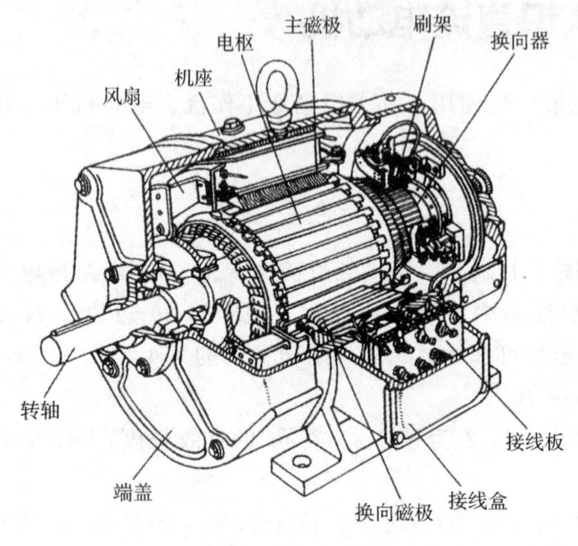

图 2.45 小型直流电动机的结构图

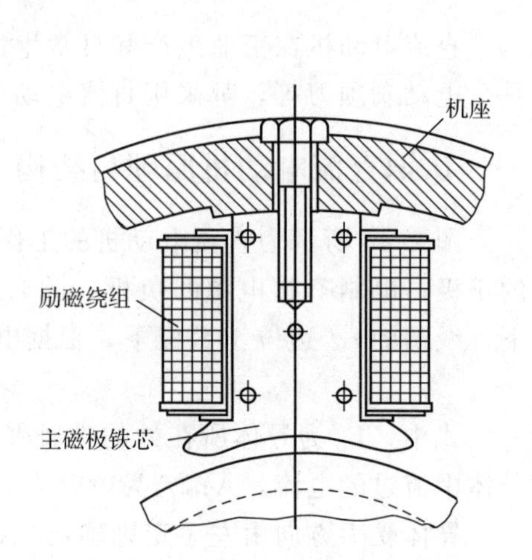

图 2.46 直流电动机的主磁极

(2) 机座

直流电动机的机座有两种型式，一种是整体机座，另一种为叠片机座。整体机座用导磁效果较好的铸钢材料制成，一般直流电动机均采用整体机座。叠片机座主要用于主磁通变化快，调速范围较高的场合。

(3) 换向极

换向极又称为附加极，其结构如图 2.47 所示，其作用是改善直流电动机的换向，一般电动机容量超过 1kW 时均应安装换向极。

换向极的铁芯一般用整块钢板制成，在其上放置换向极绕组。换向极安装在相邻的两主磁极之间。

(4) 电刷装置

电刷装置是直流电动机的重要组成部分。通过该装置把电动机电枢和外部电路相连。电刷装置的结构如图 2.48 所示。

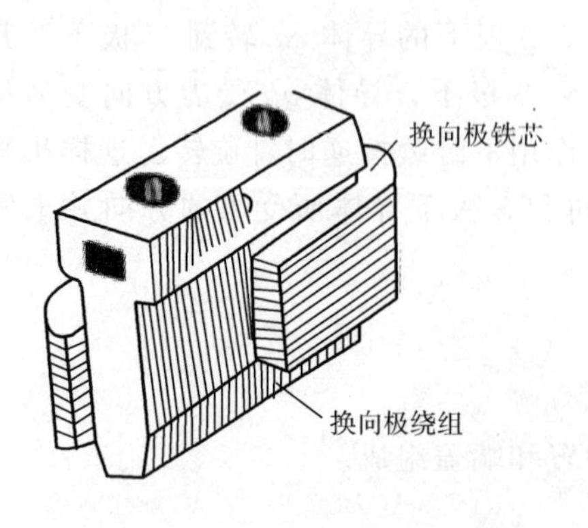

图 2.47 换向极结构

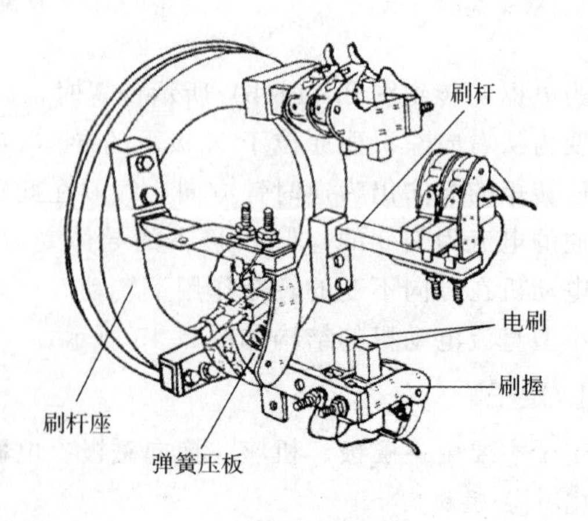

图 2.48 电刷的结构

(5) 端盖

电动机中的端盖主要起支撑作用。端盖固定于机座上。其上放置轴承，支撑直流电动机的转轴，使直流电动机能够旋转。

2. 转子

直流电动机的转子是电动机的转动部分，由电枢铁芯、电枢绕组、换向器、转轴等部分组成，见图 2.49。

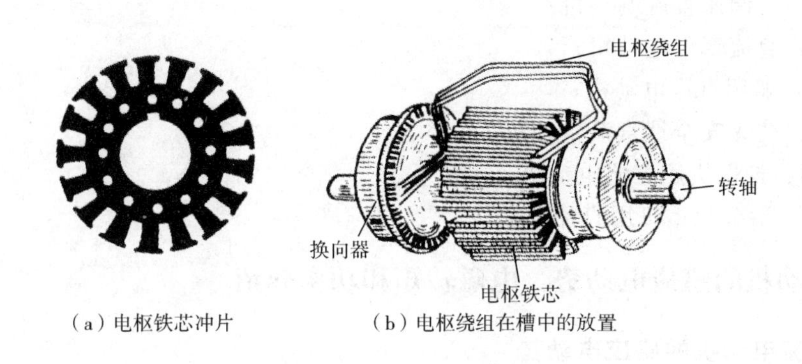

(a) 电枢铁芯冲片 (b) 电枢绕组在槽中的放置

图 2.49 直流电动机的转子

(1) 电枢铁芯

电枢铁芯是主磁路的一部分，同时对放置在其上的电枢绕组起支撑作用。铁芯通常用 0.5mm 厚的硅钢片冲压成型后叠装而成。

(2) 电枢绕组

电枢绕组由带绝缘体的导体绕制而成，对于小型电动机，常采用铜导线绕制，对于大中型电动机，常用成型线圈。

(3) 换向器

换向器又称为整流子，对于电动机，它把外界供给的直流电流转变为绕组中的交变电流，以使电动机旋转。换向器结构如图 2.50 所示。换向器是由换向片组合而成，是直流电动机的关键部件，也是最薄弱的部分。

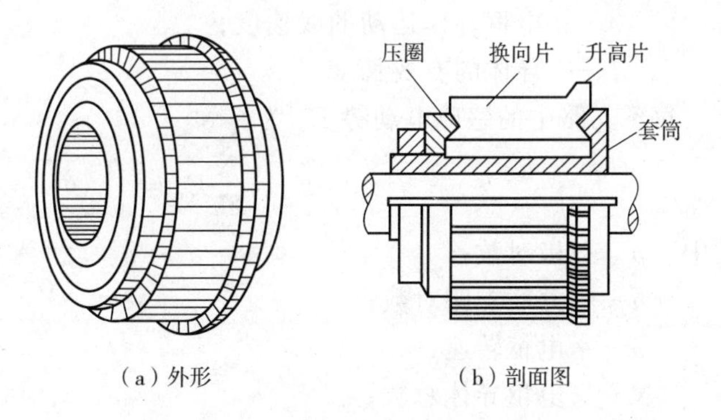

(a) 外形 (b) 剖面图

图 2.50 换向器结构

3. 直流电动机的铭牌

铭牌装在电动机机座的外表面，其上标明电动机主要参数等，供使用者使用时参考。铭牌数据主要包括电动机型号、额定功率、额定电压、额定电流、额定转速和励磁方式等，此外还有电动机的出厂编号、出厂日期等。

国产直流电动机的型号一般采用大写的汉语拼音字母和阿拉伯数字表示，其格式为：第一部分用大写的汉语拼音表示产品代号，第二部分用阿拉伯数字表示设计序号，第三部分用阿拉伯数字表示机座代号，第四部分用阿拉伯数字表示电枢铁芯长度代号。例如：

$Z_2 - 9\ 2$

Z系列一般用途直流电动机——┘（Z）

设计序号，第二次改型设计——┘（$_2$）

电枢铁芯长度序号（2）

机座序号（9）

直流电动机包含以下系列：

Z 系列：一般用途直流电动机；

ZJ 系列：精密机床用直流电动机；

ZT 系列：广调速直流电动机；

ZQ 系列：直流牵引电动机；

ZH 系列：船用直流电动机；

ZA 系列：防爆安全性直流电动机；

ZKJ 系列：挖掘机用直流电动机；

ZZJ 系列：冶金起重机用直流电动机。

二、直流电动机的感应电动势、电磁转矩和功率介绍

（一）直流电动机的感应电动势

电枢绕组中的感应电动势也叫电枢电动势，是指直流电动机正、负电刷之间的感应电动势，也是每个支路里的感应电动势。

每条支路所含的元件数是相等的，而且每个支路里的元件都是分布在同极性磁极下的不同位置上。这样，先求出一根导体在一个极距范围内切割气隙磁通密度的平均感应电动势，再乘上一个支路里总的导体数，就是感应电动势。

一根导体中的感应电动势可通过电磁感应定律求得，其表达式为

$$E_{av} = B_{av} l v$$

式中 B_{av}——一个主磁极下的平均气隙磁通密度；

v——电枢导体运动的线速度；

l——导体的有效长度。

每条支路中的感应电动势 E_a 为

$$E_a = \frac{N}{2a} E_{av} = \frac{pN}{60a} \Phi n = C_e \Phi n$$

式中 p——极对数；

a——并联支路对数；

n——电枢转速；

N——电枢导体总数；

Φ——每极磁通；

C_e——电动势常数，仅与电动机结构有关。

直流电动机的感应电动势与电动机结构、气隙磁通和电动机转速有关。当电动机制造好以后，常数 C_e 不再变化，因此感应电动势仅与气隙磁通和转速有关，改变转速和磁通均可改变感应电动势的大小。

（二）直流电动机的电磁转矩

根据电磁力定律，当电枢绕组中有电枢电流流过时，在磁场内将受到电磁力的作用，该

力与电动机电枢铁芯半径之积称为电磁转矩。导体在磁场中所受电磁力的大小可用下式计算

$$f_{av}=B_{av}li_a$$

式中，$i_a=\dfrac{I_a}{2a}$为导体中流过的电流，其中 I_a 为电枢电流。

每根导体的电磁转矩为

$$T_c=f_{av}\frac{D}{2}$$

总的电磁转矩为

$$T_{em}=B_{av}l\frac{I_a}{2a}\cdot\frac{DN}{2}=\frac{pN}{2\pi a}\Phi I_a=C_T\Phi I_a$$

式中，$C_T=\dfrac{pN}{2\pi a}$ 为转矩常数，仅与电动机结构有关；$D=\dfrac{2p\tau}{\pi}$ 为电枢铁芯直径。

(三) 直流电动机的功率

电动机是进行能量转换的装置，在进行能量转换的过程中，电动机内部产生各种损耗。

1. 电动机的损耗

(1) 铜耗 P_{Cu}

铜耗包括电枢绕组、励磁绕组、换向极绕组、补偿绕组的铜耗和电刷与换向器接触电阻产生的损耗。铜耗的大小与电流、绕组电阻及电刷的接触电阻有关。铜耗将引起绕组及换向器发热。铜耗与电流平方成正比，并随着电动机的负载变化而变化，称为可变损耗。

(2) 机械损耗 P_{mec}

机械损耗是指电动机旋转时摩擦所引起的损耗，主要有轴承摩擦损耗、电刷摩擦损耗和电枢与周围空气的摩擦损耗等，其大小和电动机转速有关。机械损耗将引起轴承和换向器发热。

(3) 铁耗 P_{Fe}

交变磁通在铁芯中产生的磁滞和涡流损耗称为铁耗。铁耗大小与电动机的转速、磁通密度及铁芯冲片的厚度、材料有关。铁耗将引起铁芯发热。

机械损耗和铁耗与负载（电枢电流）的大小无关，因此这两项损耗之和称为不变损耗。

(4) 空载损耗 P_0

定义为：

$$P_0=P_{Fe}+P_{mec}$$

空载损耗 P_0与电动机的负载无关，也称不变损耗。

(5) 附加损耗 P_{ad}

除了上述各种损耗之外，电动机还存在着附加损耗。附加损耗很难精确计算，一般估计为电动机输出功率的（0.5～1）%，即 $P_{ad}=(0.5\sim1)\%P_2$

为计算方便，常把附加损耗和空载损耗归为一类。电动机的总损耗 P 为：

$$P=P_{Cu}+P_{Fe}+P_{ad}+P_{mec}=P_{Cu}+P_0$$

2. 电磁功率

在电动机中，把通过电磁作用传递的功率称为电磁功率，用 P_{em}表示。电磁功率既可看成是机械功率，又可看成是电功率。从机械功率的角度看 P_{em}，它是电磁转矩 T 和旋转角

速度Ω的积，即$P_{em}=\Omega T$。

从电功率角度看P_{em}，它是电枢电势E_a和电枢电流I_a的积，即$P_{em}=E_aI_a$。

根据能量守恒定律，$P_{em}=\Omega T=E_aI_a$。

因此电磁功率指电动机利用电磁感应原理进行能量转换的这部分功率，可以表示为机械功率的形式，也可以表示为电功率的形式。

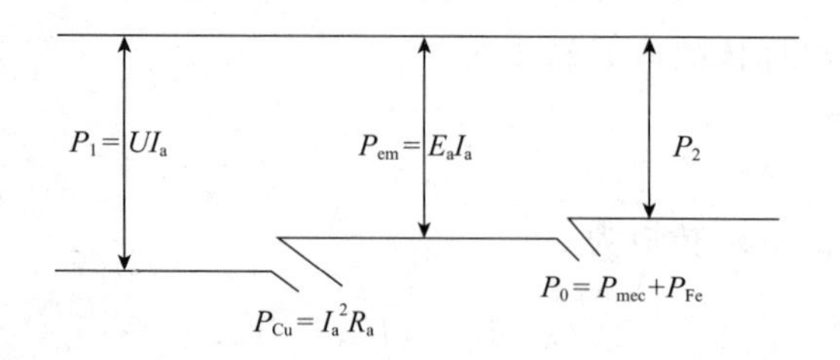

图 2.51　直流电动机功率流程图

3. **功率平衡方程式**

电动机的输入功率为P_1，输出功率为P_2，总损耗为P，根据能量守恒定律，可得功率平衡方程式：

$$P_1=P_2+P$$

图 2.51 是直流电动机的功率流程图。

三、直流电动机的工作特性与机械特性介绍

（一）直流电动机的工作特性

1. 直流电动机的基本方程

如图 2.52 所示，T_2是电动机转轴上的输出机械转矩，即负载转矩。根据图中的参考方向，电动机的基本方程如下：

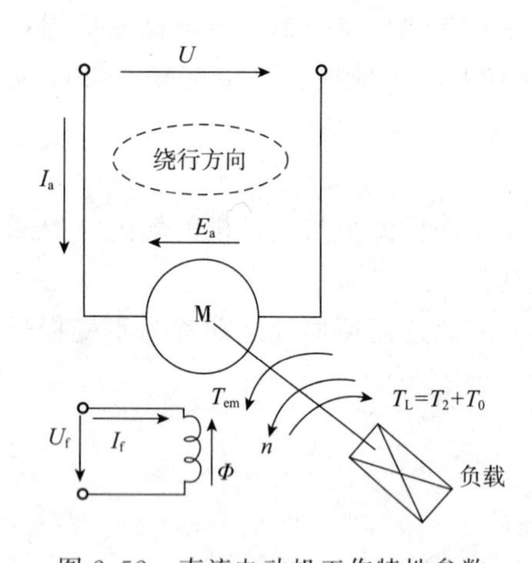

图 2.52　直流电动机工作特性参数

$$U=E_a+R_aI_a$$

$$T_{em}=T_2+T_0$$

式中，T_0为空载转矩。

由功率流程图有$P_1=P_{em}+P_{Cua}=P_2+P_{mec}+P_{Cua}+P_{Fe}+P_{ad}=P_2+\sum P$，因此直流电动机的效率可通过下式进行计算：

$$\eta=\frac{P_2}{P_1}=1-\frac{\sum P}{P_2+\sum P}$$

式中，$\sum P$为总的损耗。

2. 直流电动机的工作特性

直流电动机的工作特性是指电动机在额定电压U_N、额定励磁电流I_{fN}下的转速、转矩及效率与负载电流之间的关系。这三个关系分别称为电动机的转速特性、转矩特性和效率特性。

（1）并励直流电动机的工作特性

① 转速特性。并励直流电动机的转速特性可表示为$n=f(I_a)$，即

$$n=\frac{U_N}{C_e\Phi_N}-\frac{R_a}{C_e\Phi_N}I_a$$

如果忽略电枢反应的去磁效应，则转速与负载电流按线性关系变化，当负载电流增加

时，转速有所下降。并励直流电动机的工作特性如图 2.53 所示。

② 转矩特性。当 $U=U_N$，$I_f=I_{fN}$ 时，函数 $T_{em}=f(I_a)$ 关系曲线称为转矩特性。电动机转矩特性表达式为

$$T_{em}=C_T\Phi_N I_a$$

在忽略电枢反应的情况下，电磁转矩与电枢电流成正比。

③ 效率特性。当 $U=U_N$，$I_f=I_{fN}$ 时，函数 $\eta=f(I_a)$ 的关系曲线称为效率特性。

$$\eta=\frac{P_1-\sum P}{P_1}=1-\frac{P_0+R_a I_a^2}{U_N I_a}$$

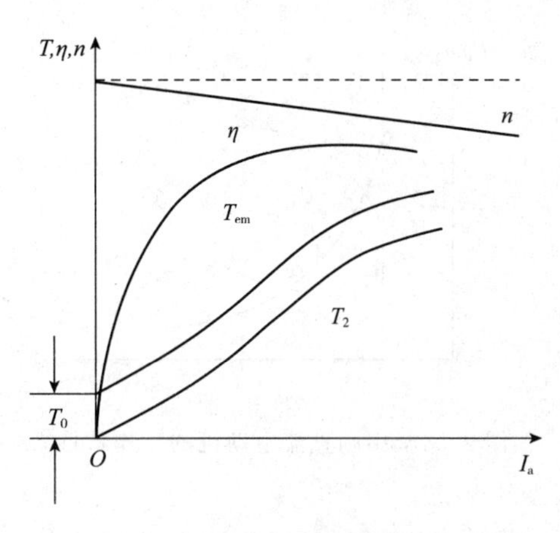

图 2.53 并励直流电动机的工作特性

由于空载损耗 P_0 是不随负载电流变化的，当负载电流较小时，效率较低，输入的功率大部分消耗在空载损耗上；当负载电流增大时，效率也增大，输入的功率大部分消耗在机械负载上；但当负载电流大到一定程度时，铜损快速增大，此时效率又开始变小。

(2) 串励电动机的工作特性

串励电动机的励磁绕组与电枢绕组串联，电枢电流即为励磁电流。串励电动机的工作特性与并励电动机有很大的区别。当负载电流较小时，磁路不饱和，主磁通与励磁电流（负载电流）按线性关系变化，而当负载电流较大时，磁路趋于饱和，主磁通基本不随电枢电流变化。

当负载电流较小时，电动机的磁路没有饱和，每极气隙磁通 Φ 与励磁电流 $I_f=I_a$ 呈直线变化关系，即

$$\Phi=k_f I_f=k_f I_a$$

式中，k_f 是比例系数。

串励电动机的转速特性可写为

$$N=\frac{U}{C_e\Phi}-\frac{RI_a}{C_e\Phi}=\frac{U}{k_f C_e I_a}-\frac{R}{k_f C_e}$$

式中，R 为串励电动机电枢回路总电阻，$R=R_a+R_f$。

串励电动机的机械特性可写为

$$T_{em}=C_T\Phi I_a=k_f C_T I_a^2$$

当负载电流较小时，转速较大，负载电流增加，转速快速下降，当负载电流趋于零时，电动机转速趋于无穷大。因此串励电动机不可以空载或在轻载下运行。

当负载电流较大时，磁路已经饱和，磁通 Φ 基本不随负载电流变化，串励电动机的工作特性与并励电动机相同。串励直流电动机的工作特性曲线如图 2.54 所示。

(二) 直流电动机的机械特性

直流电动机的机械特性是指在电动机的电枢电压、励磁电流、电枢回路电阻为恒值的条件下，即电动机处于稳态运行时，电动机的转速 n 与电磁转矩 T_{em} 之间的关系。由于转速和转矩都是机械量，所以把它称为机械特性。

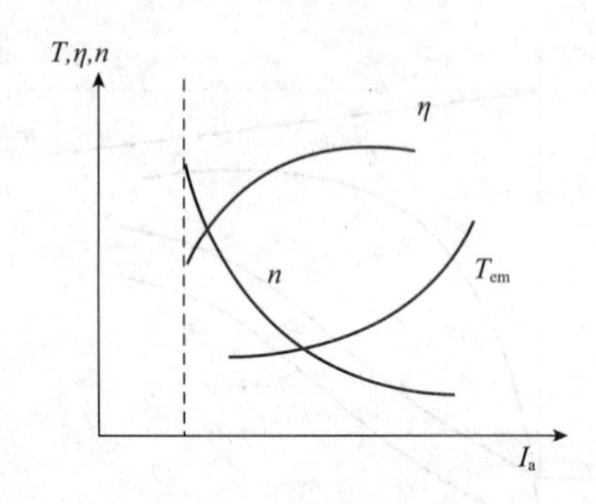

图 2.54　串励直流电动机的工作特性

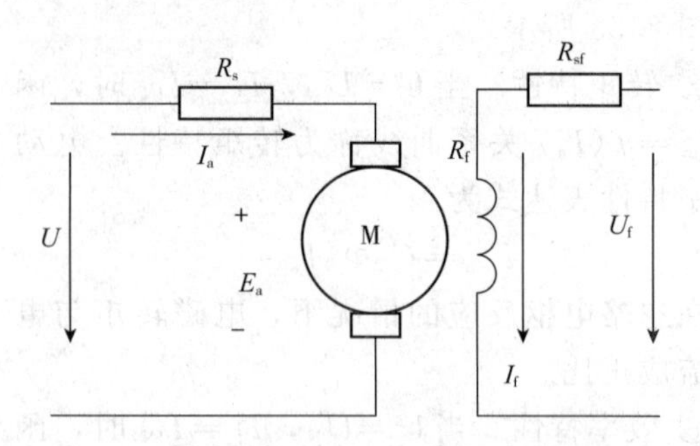

图 2.55　并励直流电动机电路原理图

图 2.55 所示是并励直流电动机的电路原理图。图中 U 为外加电源电压，E_a 是电枢电动势，I_a 是电枢电流，R_S 是电枢回路串联电阻，I_f 是励磁电流，Φ 是励磁磁通，R_f 是励磁绕组电阻，R_{sf} 是励磁回路串联电阻。按图中标明的各个量的正方向可列出电枢回路的电压平衡方程式

$$U=E_a+RI_a$$

式中，$R=R_a+R_s$，为电枢回路总电阻，R_a 为电枢电阻。将电枢电动势 $E_a=C_e\Phi n$ 和电磁转 $T_{em}=C_T\Phi I_a$ 代入上式，可得并励直流电动机的机械特性方程式

$$n=\frac{U}{C_e\Phi}-\frac{R}{C_eC_T\Phi^2}T_{em}=n_0-\beta T_{em}=n_0-\Delta n$$

式中，C_e、C_T 分别为电动势常数和转矩常数（$C_T=9.55C_e$）；$n_0=\frac{U}{C_e\Phi}$ 为电磁转矩 $T_{em}=0$ 时的转速，称为理想空载转速；$\beta=\frac{R}{C_eC_T\Phi^2}T$ 为机械特性的斜率；$\Delta n=\beta T_{em}$ 为转速降。

由公式 $T_{em}=C_T\Phi I_a$ 可知，电磁转矩 C_T 与电枢电流 I_a 成正比，所以只要励磁磁通 Φ 保持不变，则机械特性方程式也可用转速特性代替，即

$$n=\frac{U}{C_e\Phi}-\frac{R}{C_e\Phi}I_a$$

当 U、Φ、R 为常数时，并励直流电动机的机械特性是一条以 β 为斜率向下倾斜的直线，如图 2.56 所示。

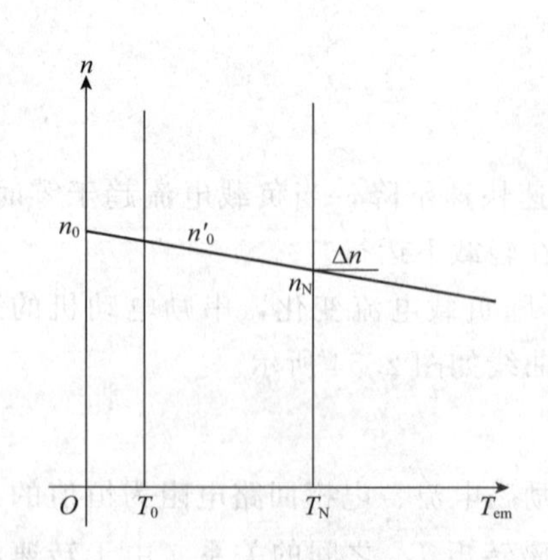

图 2.56　并励直流电动机的机械特性

电动机的实际空载转速 n'_0 比理想空载转速 n_0 略低。这是因为电动机由于摩擦等原因存在一定的空载转矩 T_0，空载运行时电磁转矩不可能为零，它必须克服空载转矩，即 $T_{em}=T_0$，故实际空载转速应为

$$n'_0=\frac{U}{C_e\Phi}-\frac{R}{C_eC_T\Phi^2}T_0$$

转速降 Δn 是理想空载转速与实际转速之差，转矩一定时，它与机械特性的斜率 β 成正比。β 越大，特性曲线越陡，Δn 越大；特性曲线越平，Δn 越小。通常称 β 大的机械特性为软特性，而 β 小的机械特性

为硬特性。

1. 固有机械特性

当$U=U_N$，$\Phi=\Phi_N$，$R=R_a$（$R_S=0$）时的机械特性称为固有机械特性，其方程式为

$$n=\frac{U_N}{C_e\Phi_N}-\frac{R}{C_eC_T\Phi_N^2}T_{em}$$

因为电枢电阻R_a很小，特性斜率β很小，通常额定转速降只有额定转速的百分之几到百分之几十，所以并励直流电动机的固有机械特性是硬特性，如图 2.57 中直线R_a所示。

2. 人为机械特性

（1）电枢串电阻时的人为特性

保持$U=U_N$，$\Phi=\Phi_N$不变，只在电枢回路中串入电阻R_S时的人为特性为

$$n=\frac{U_N}{C_e\Phi_N}-\frac{R_a+R_S}{C_eC_T\Phi_N^2}T_{em}$$

与固有特性相比，电枢串电阻时认为特性的理想空载转速n_0不变，但斜率β随串联电阻R_S的增大而增大，所以特性变软，改变R_S大小，可以得到一族通过理想空载点n_0并具有不同斜率的人为特性，如图 2.57 所示。

（2）降低电枢电压时的人为特性

保持$\Phi=\Phi_N$，$R=R_a$（$R_S=0$）不变，只改变电枢电压U时的人为特性为

$$n=\frac{U}{C_e\Phi_N}-\frac{R_a}{C_eC_T\Phi_N^2}T_{em}$$

由于电动势的工作电压以额定电压为上限，因此改变电压时，只能在低于额定电压的范围内变化。与固有特性比较，降低电压时人为特性的斜率β不变，但理想空载转速n_0随电压的降低而减小，因此降低电压时的人为特性是位于固有特性下方，且与固有特性平行的一组直线，如图 2.58 所示。

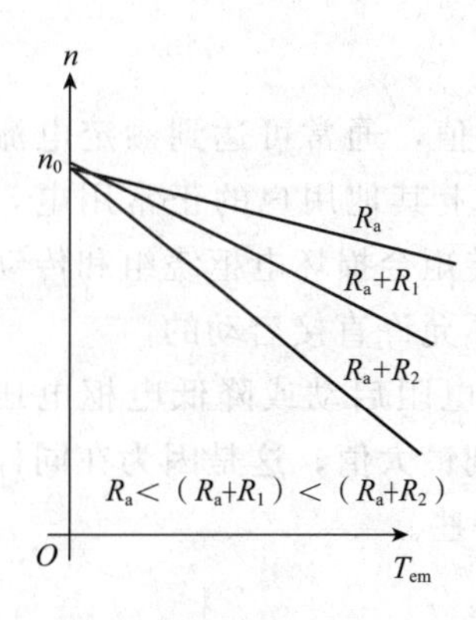

图 2.57　电枢串电阻时的人为特性

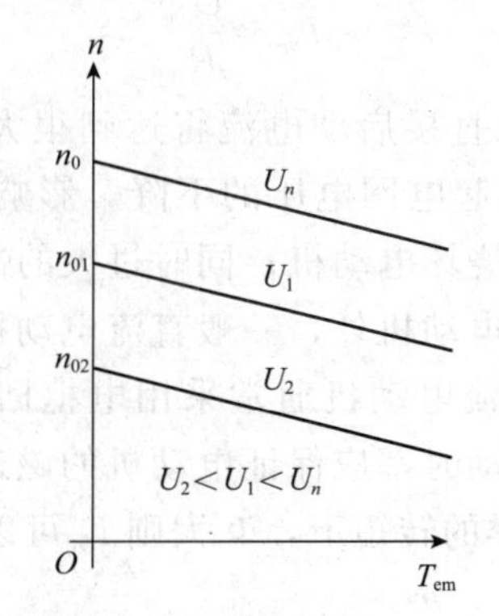

图 2.58　降低电枢电压时的人为特性

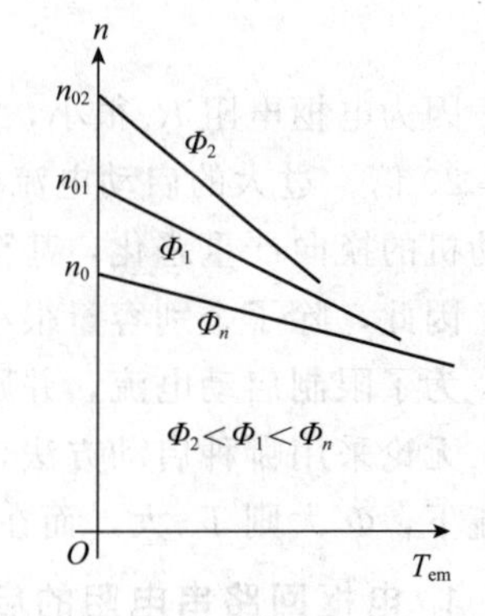

图 2.59　减弱励磁磁通时的人为特性

（3）减弱励磁磁通时的人为特性

在图 2.59 中，改变励磁回路调节电阻R_{sf}，就可以改变励磁电流，从而改变励磁磁通。由于电动机额定运行时，磁路已经开始饱和，即使再成倍增加励磁电流，磁通也不会有明显

增加，因此只能在额定值以下调节励磁电流，即只能减弱励磁磁通。

保持$U=U_N$，$R=R_a$（$R_S=0$）不变，只减弱磁通时的人为特性为

$$n=\frac{U_N}{C_e\Phi}-\frac{R_a}{C_eC_T\Phi^2}T_{em}$$

对应的转速特性为

$$n=\frac{U_N}{C_e\Phi}-\frac{R_a}{C_e\Phi}I_a$$

在电枢串电阻和降低电压的人为特性中，因为$\Phi=\Phi_N$不变，$T_{em}\propto I_a$，所以它们的机械特性$n=f(T_{em})$曲线也代表了转速特性$n=f(I_a)$曲线。但是在讨论减弱磁通的人为特性时，因为磁通Φ是个变量，所以$n=f(I_a)$与$n=f(T_{em})$两条曲线是不同的。

当$n=0$时，$I_K=U/R_a=$常数，而n_0随Φ的减小而增大。磁通Φ越小，理想空载转速n_0越高，特性越软。

当负载转矩不太大时，磁通减小使转速升高，只有当负载转矩特别大时，减弱磁通才会使转速下降，然而这时的电枢电流已经过大，超过电动机的电流限制。因此，实际运行条件下，可以认为磁通越小，稳定转速越高。

四、直流电动机的启动、调速、反转与制动

（一）直流电动机的启动

直流电动机的启动是指电动机接通电源后，由静止状态加速到稳定运行状态的过程。电动机在启动瞬间（$n=0$）的电磁转矩称为启动转矩，启动瞬间的电枢电流称为启动电流，分别用T_{st}和I_{st}表示。启动转矩为

$$T_{st}=C_T\Phi I_{st}$$

如果并励直流电动机在额定电压下直接启动，由于启动瞬间转速$n=0$，电枢电动势$E_a=0$，故启动电流为

$$I_{st}=\frac{U_N}{R_a}$$

因为电枢电阻R_a很小，所以直接启动电流将达到很大的数值，通常可达到额定电流的10～20倍。过大的启动电流会引起电网电压的下降，影响电网上其他用户的正常用电，使电动机的换向严重恶化，甚至会烧坏电动机；同时过大的冲击转矩会损坏电枢绕组和传动机构。因此，除了个别容量很小的电动机外，一般直流电动机是不允许直接启动的。

为了限制启动电流，并励直流电动机通常采用电枢回路串电阻启动或降低电枢电压启动。无论采用哪种启动方法，启动时都应保证电动机的磁通达到最大值，这是因为在同样的电流下，Φ大则T_{st}大，而在同样的转矩下，Φ大则I_{st}可以小一些。

1. 电枢回路串电阻的启动

电动机启动前，应使励磁回路调节电阻$R_{st}=0$，这样励磁电流I_f最大，磁通Φ最大。电枢回路串接启动电阻R_{st}在额定电压下的启动电流为

$$I_{st}=\frac{U_N}{R_a+R_{st}}$$

对于普通直流电动机，一般要求$I_{st}\leqslant$（1.5～2）I_N。

在启动电流产生的启动转矩作用下，电动机开始转动并逐渐加速，随着转速的升高，电

枢电动势（反电动势）E_a逐渐增大，使电枢电流逐渐减小，电磁转矩也随之减小，这样转速的上升速度就逐渐缓慢下来。为了缩短启动时间，保持电动机在启动过程中的加速度不变，应使启动过程中电枢电流维持不变，因此随着电动机转速的升高，应将启动电阻平滑地切除，最后使电动机转速达到运行值。

实际上平滑地切除电阻是不可能的，一般在电阻回路中串入多级（通常是 2～5 级）电阻，在启动过程中逐级加以切除。启动电阻的级数越多，启动过程就越快且越平稳，但所需要的控制设备也越多，投资也越大。

图 2.60 所示为并励直流电动机三级电阻启动过程及接线图。

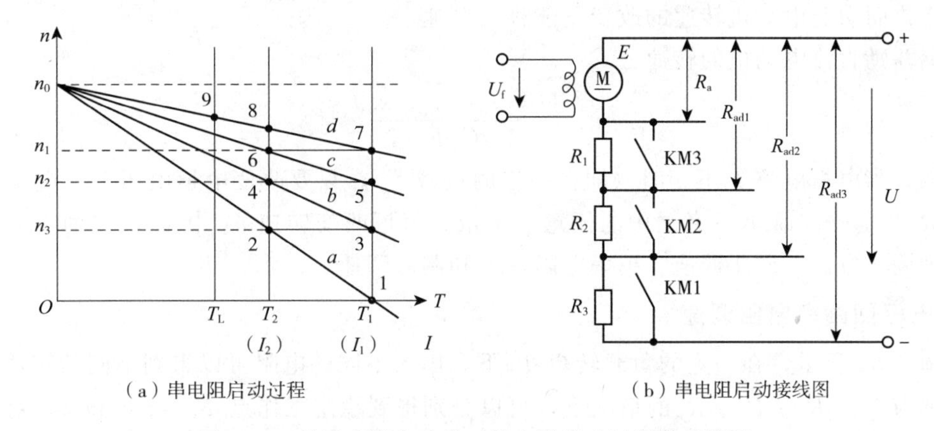

（a）串电阻启动过程　　（b）串电阻启动接线图

图 2.60　并励直流电动机三级电阻启动过程及接线图

电枢接入电网时，KM1、KM2 和 KM3 均断开，电枢回路串接外加电阻 $R_{ad3}=R_1+R_2+R_3$，此时电动机工作在特性曲线 a，在转矩 T_1的作用下，转速沿曲线 a 上升。

当速度上升使工作点到达 2 时，KM1 闭合，即切除电阻 R_3，此时电枢回路串外加电阻 $R_{ad2}=R_1+R_2$，电动机的机械特性变为曲线 b。由于机械惯性的作用，电动机的转速不能突变，工作点由 2 切换到 3，速度又沿着曲线 b 继续上升。

当速度上升使工作点到达 4 时，KM1、KM2 同时闭合，即切除电阻 R_1、R_3，此时电枢回路串外加电阻 $R_{ad1}=R_1$，电动机的机械特性变为曲线 c。由于机械惯性的作用，电动机的转速不能突变，工作点由 4 切换到 5，速度又沿着曲线 c 继续上升。

当速度上升使工作点到达 6 时，KM1、KM2、KM3 同时闭合，即切除电阻 R_1、R_2、R_3，此时电枢回路无外加电阻，电动机的机械特性变为固有特性曲线 d，由于机械惯性的作用，电动机的转速不能突变，工作点由 6 切换到 7，速度又沿着曲线 d 继续上升直到稳定工作点 8。

这种启动方法一般应用于中小型直流电动机，缺点是在启动过程中启动电阻上有能量消耗，而且变阻器较笨重。

2. 降压启动

当电源电压可调时，可以采用降压方法启动。启动时以较低的电源电压启动电动机，启动电流便随电压的降低而减小。随着电动机的转速上升，反电动势逐渐增大，再逐渐提高电源电压，使启动电流和启动转矩保持在一定的数值上，从而保证电动机按需要的加速度升速。

降压启动虽然需要专用电源，设备投资较大，但它启动平稳，启动过程中能量损耗少，因而得到了广泛应用。

（二）直流电动机的调速

电力拖动系统可以采用机械调速、电气调速或二者配合起来调速。通过改变传动机构速比进行调速的方法称为机械调速；通过改变电动机参数进行调速的方法称为电气调速。本节只介绍并励直流电动机的电气调速。

改变电动机的参数就是人为地改变电动机的机械特性，从而使负载工作点发生变化，转速随之变化。因此在调速前后，电动机必然运行在不同的机械特性上。如果机械特性不变，因负载变化而引起电动机转速的改变不能称为调速。

根据并励直流电动机的转速公式

$$n=\frac{U-I_a(R_a+R_s)}{C_e\Phi}$$

可知，当电枢电流 I_a不变时（即在一定的负载下），只要改变电枢电压 U、电枢回路串联电阻 R_s及励磁磁通 Φ 三者之中的任意一个量，就可改变转速 n。因此，并励直流电动机具有三种调速方法：调压调速、枢串电阻调速和调磁调速。

1. 电枢回路串电阻调速

如图 2.61 所示，在一定的负载转矩 T_L下，串入不同的电阻可以得到不同的转速。如在电阻分别为 R_a、R_1、R_2、R_3的情况下，可以分别得到稳定工作点 a、b、c 和 d，对应的转速为 n_a、n_b、n_c、n_d。

采用串电阻调速时，速度越低，要求串入的电阻越大，串入电阻上的能量损耗较大，运行经济性能不佳。而且由于电阻只能分段调节，所以调速的平滑性差，低速时特性曲线斜率大，转速的相对稳定性差；电枢串电阻调速的优点是设备简单，操作方便。

2. 降压调速

如图 2.62 所示，在一定的负载转矩 T_L下，电枢外加不同电压可以得到不同的转速。如在电压分别为 U_N、U_1、U_2、U_3的情况下，可以分别得到稳定工作点 a、b、c 和 d，对应的转速为 n_a、n_b、n_c、n_d。因此改变电枢电压可以达到调速的目的。

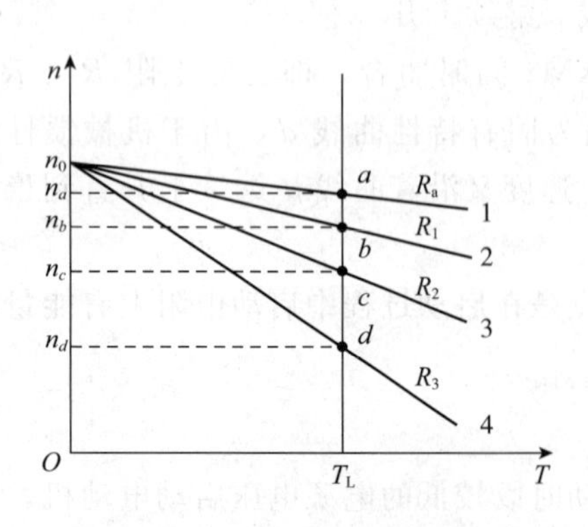

图 2.61 电枢回路串电阻调速

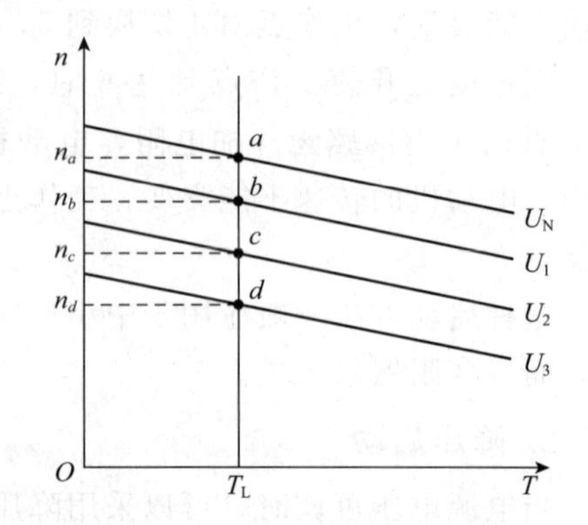

图 2.62 降压调速的机械特性

降压调速的优点是：

① 电源电压能够平滑调节，可以实现无级调速；

② 调速前后机械特性的斜率不变，硬度较高，负载变化时，速度稳定性好；

③ 无论轻载还是重载，调速范围相同，一般可达 $D=\frac{n_{\max}}{n_{\min}}=2.5\sim12$；

④ 电能损耗较小。

降压调速的缺点是需要一套电压可连续调节的直流电源，系统设备多、投资大。

3. 减弱磁通调速

如图 2.63 所示，在一定的负载功率 P_L 下，采用不同的主磁通 Φ_N、Φ_1、Φ_2，可以得到不同的转速 n_a、n_b、n_c。因此改变主磁通 Φ 可以达到调速的目的。

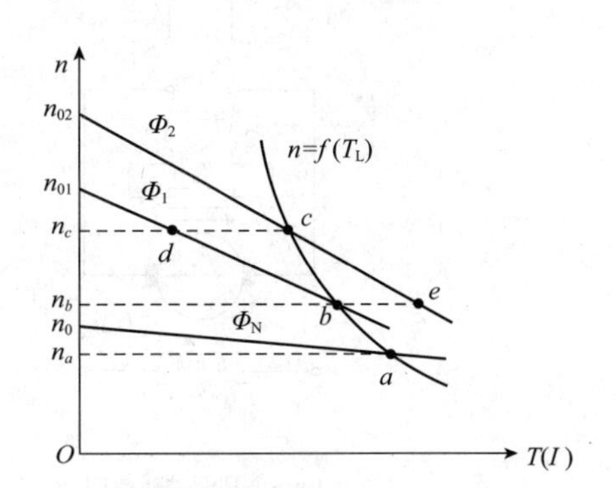

图 2.63　减弱磁通调速的机械特性

为了扩大调速范围，常常把降压和减弱磁通两种调速方法结合起来。在额定转速以下采用降压调速，在额定转速以上采用减弱磁通调速。

4. 调速方式与负载类型的配合

电动机在某一转速下长期可靠工作时所能输出的最大转矩和功率称为电动机的容许输出，容许输出的大小主要取决于电动机的发热，而电动机的发热又主要取决于电枢电流。因此，在一定的转速下，对应额定电流时的输出转矩和功率便是电动机的容许输出转矩和功率。

显然，在大于额定电流下工作的电动机，其实际输出转矩和功率将超过其容许值，这时电动机将会因过热而烧坏；而在小于额定电流下工作时，其实际输出转矩和功率将小于其容许值，这时电动机便得不到充分的利用而造成浪费。

电枢串电阻调速和降压调速属于恒转矩调速方式，适用于恒转矩负载；减弱磁通调速属于恒功率调速方式，适用于恒功率负载。

(三) 直流电动机的转向

许多生产机械要求电动机做正、反转运行，如起重机的升、降，轧钢机对工件的往返压延，龙门刨床的前进与后退等。直流电动机的转向是由电枢电流方向和主磁场方向确定的，要改变其转向，一是改变电枢电流的方向，二是改变励磁电流的方向（即改变主磁场的方向）。如果同时改变电枢电流和励磁电流的方向，则电动机的转向不会改变。

改变直流电动机的转向通常采用改变电枢电流方向的方法，具体就是改变电枢两端的电压极性，或者说把电枢绕组两端换接，而很少采用改变励磁电流方向的方法。因为励磁绕组匝数较多，电感较大，切换励磁绕组时会产生较大的自感电压而危及励磁绕组的绝缘。

(四) 直流电动机的制动

在电力拖动系统中，电动机经常需要工作在制动状态。例如，许多生产机械工作时，往往需要快速停车或者由高速运行迅速转为低速运行，这就要求电动机进行制动；对于像起重机等位能性负载的工作机构，为了获得稳定的下放速度，电动机也必须运行在制动状态。因此，电动机的制动运行也是十分重要的。

以并励直流电动机为例，它的制动方式有能耗制动、反接制动和回馈制动三种，下面分别介绍。

1. 能耗制动

开关 S 接电源时为电动状态运行，电枢电流 I_a、电枢电动势 E_a、转速 n 及驱动性质的电磁转矩 T_{em} 的方向如图 2.64 所示。当需要制动时，将开关 S 投向制动电阻 R_B 上，电动机便进入能耗制动状态。

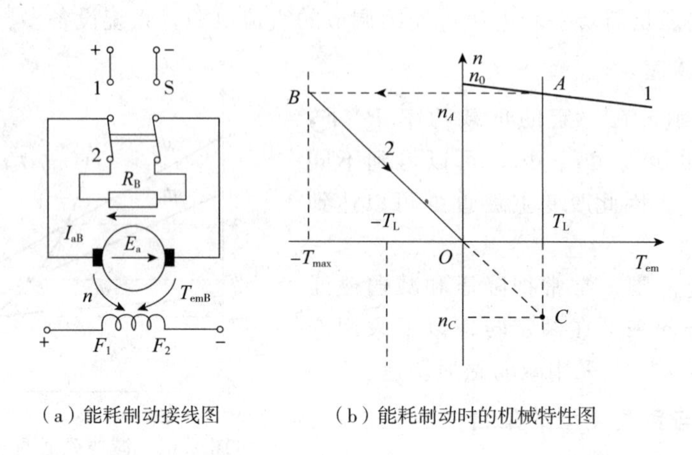

（a）能耗制动接线图　（b）能耗制动时的机械特性图

图 2.64　直流电动机能耗制动接线图及机械特性

能耗制动的实质是将系统的动能转变为电能，消耗在制动电阻 R_B 上。能耗制动操作简便，减速平稳，没有大的冲击。通常限制最大制动电流不超过 2～2.5 倍的额定电流。

2. 反接制动

反接制动分为电枢反接制动和倒拉反接制动两种。

(1) 电枢反接制动

电枢反接制动时的接线图如图 2.65 (a) 所示。开关 S 投向“电动”侧时，电枢接正极性电源，此时电动机处于电动状态运行。进行制动时，开关 S 投向“制动”侧，此时电枢回路串入制动电阻 R_B 后接上负极性电源，此时反向的电枢电流 I_{aB} 产生很大的反向电磁转矩 T_{emB}，从而产生很强的制动作用，这就是电枢反接制动。

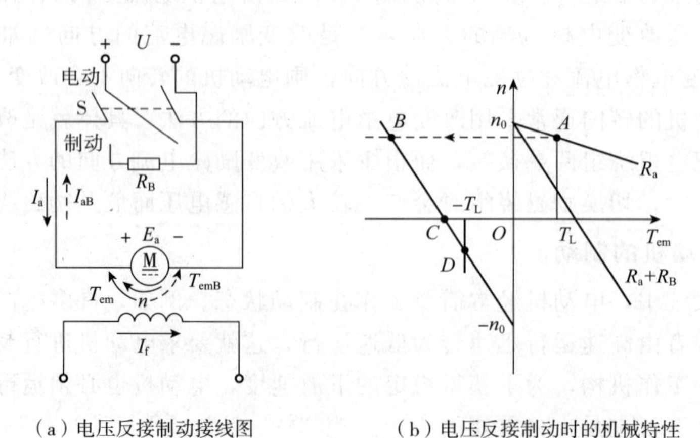

（a）电压反接制动接线图　（b）电压反接制动时的机械特性

图 2.65　电枢反接制动时的接线图及机械特性

在电动状态时，电枢电流的大小由U_N与E_a之差决定，而在反接制动时，电枢电流的大小由U_N与E_a之和决定，因此反接制动时电枢电流是非常大的。为了限制过大的电枢电流，反接制动时必须在电枢回路中串接制动电阻R_B，使得电枢电流不超过电动机的最大允许值$I_{max}=(2\sim 2.5)I_N$。

电枢反接制动时的机械特性就是在$U=-U_N$，$R=R_a+R_B$条件下的一条人为特性曲线，如图2.65（b）所示。反接制动时，从电源输入的电功率和从轴上输入的机械功率转变成的电功率一起全部消耗在电枢回路的电阻（R_a+R_B）上，其能量损耗是很大的。

（2）倒拉反接制动

倒拉反接制动只适用于位能性恒转矩负载。现以起重机下放重物为例来说明。

如图2.66所示，电动机正常工作时处于固有特性上曲线的A点状态，如果在电枢回路中串入一个较大的电阻R_B，将得到一条斜率较大的人为特性曲线，如图2.66（c）中的直线n_0D所示，便可实现倒拉反接制动。

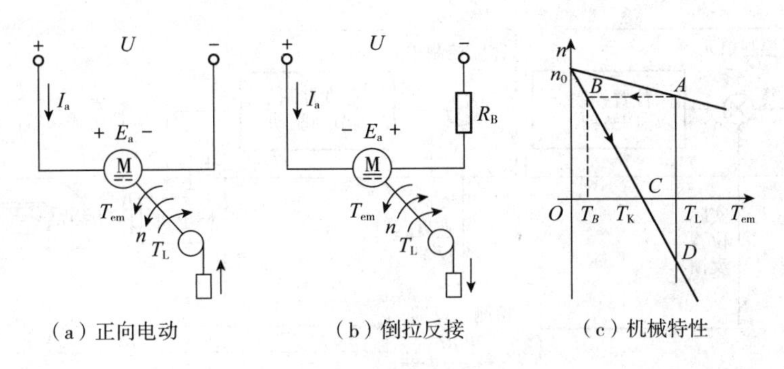

（a）正向电动　（b）倒拉反接　（c）机械特性

图2.66　倒拉反接制动

电枢回路串入较大的电阻后，电动机能出现反接制动运行，主要是位能负载的倒拉作用。因为此时的E_a与U也顺向串联，共同产生电枢电流，这一点与电枢反接制动相似，因此把这种制动称为倒拉反接制动。

倒拉反接制动时的机械特性就是电动运行状态时电枢串联电阻的人为特性，只不过此时电枢串入的电阻值较大，使得$n<0$。因此，倒拉反接制动特性曲线是电动状态电枢串电阻后的人为特性曲线在第四象限的延伸部分。倒拉反接制动时的能量关系和电枢反接制动时相同。

3. 回馈制动

回馈制动即电动机在运行时，由于某种原因，其实际转速超过原来的空载转速，此时电动机在发电状态下运行，产生与转速相反的电磁转矩，从而达到制动的目的。

当电动机稳定运行时，电源电压U大于感应电动势E_a，则电枢电流I_a与U方向相同。反馈制动时，转速方向并未改变，而$n>n_0$，使$E_a>U$，电枢电流$I_a=\frac{U-E_a}{R_a}$反向，电动机在发电状态运行，同时向电网输出电能，电磁转矩T也变为反向，成为制动转矩。

反馈制动具有如下特点：

① 在外部条件的作用下，实际转速大于理想空载转速；

② 电动机输出转矩的作用方向与n的方向相反。

任务四 认识控制电动机

控制电动机是一种执行特定任务且具有特殊性能的电动机。在自动控制系统中主要用来对运动物体的位置或速度快速准确地控制，广泛应用于国防、航天航空、数控加工、工业机器人、自动化仪表等领域。

一、认识伺服电动机

图 2.67 所示是数控机床伺服系统，它以机床移动部件的机械位移和速度为直接控制目标，也称位置、速度随动系统。它接收来自插补器的步进脉冲，经过变换放大后用来控制机床工作台的位移和速度。高性能的数控机床伺服系统还可由检测元件反馈实际的输出位置和速度的状态，并由位置和速度调节器构成闭环控制。

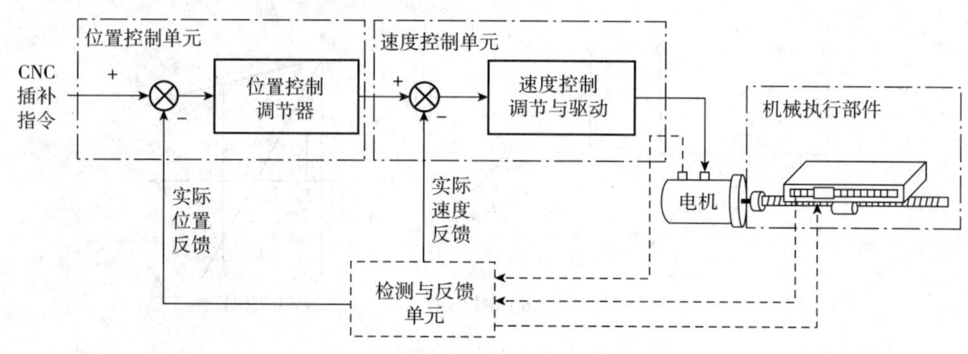

图 2.67 数控机床伺服系统

伺服电动机的任务是将接收的电信号转换为轴上的角位移或角速度，以驱动控制对象。接收的电信号称为控制信号或控制电压，改变控制电压的大小和极性，就可以改变伺服电动机的转速和转向。自动控制系统对伺服电动机一般具有以下要求：

① 无自转现象，即当控制电压为零时，电动机应迅速自行停转；

② 具有较大斜率的机械特性，在控制电压改变时，电动机能在较宽的转速范围内稳定运行；

③ 具有线性的机械特性和调节特性，以保证控制精度；

④ 快速响应性好，即伺服电动机的转动惯量小。

伺服电动机分为直流伺服电动机和交流伺服电动机两大类。

（一）直流伺服电动机

直流伺服电动机是将输入的直流电信号转换成机械角位移或角速度信号的装置。直流伺服电动机具有良好的启动、制动和调速性能，可以在较宽的范围内实现平滑无极的调速，因而适用于调速性能要求较高的场合。图 2.68 所示为直流伺服电动机的实物图。

图 2.68 直流伺服电动机实物图

1. 直流伺服电动机的结构

直流伺服电动机按定子励磁方式可分为永磁式和电磁式两种。以永久磁铁作磁极的直流伺服电动机为永磁式直流伺服电动机；在定子的励磁绕组上用直流电流进行励磁的直流伺服电动机称为电磁式直流伺服电动机。直流伺服电动机的剖面图如图 2.69 所示。

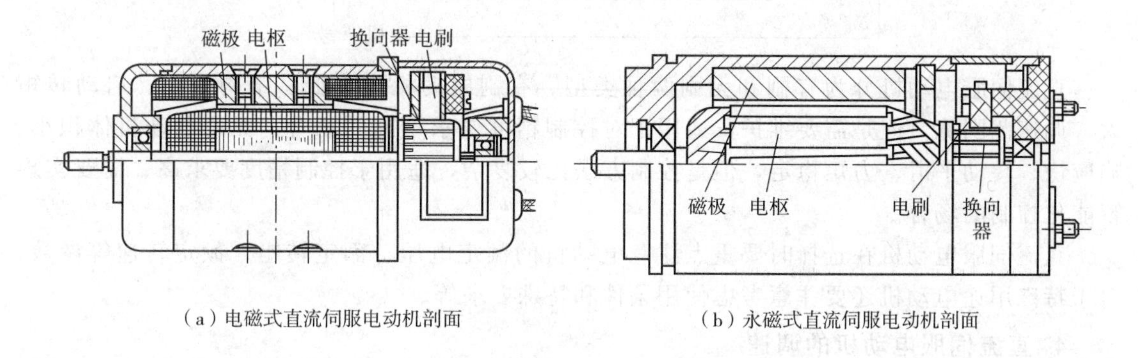

（a）电磁式直流伺服电动机剖面　　（b）永磁式直流伺服电动机剖面

图 2.69　直流伺服电动机剖面图

由于伺服电动机电枢电流很小，换向并不困难，因此不装设换向磁极。为了减少惯性，其转子做得细而长。此外，定子和转子间气隙较小。永磁式直流伺服电动机定子磁极是由永久磁铁或磁钢做成；电磁式直流伺服电动机的定子由硅钢片冲制叠压而成。磁极和磁轭整体相连，电枢绕组和磁极绕组由两个独立电源供电，它实质上就是一台并励直流电动机。

2. 直流伺服电动机的工作原理

直流伺服电动机的工作原理与一般直流电动机相同。以并励式直流伺服电动机为例，分别给励磁绕组和电枢绕组通电，励磁绕组中的励磁电流 I_f 在气隙中建立磁通 Φ，Φ 与电枢电流 I_a 相互作用产生电磁转矩 T；当电枢电流或励磁电流为零时，电磁转矩为零，电动机停转。这样可保证直流伺服电动机无自转现象。

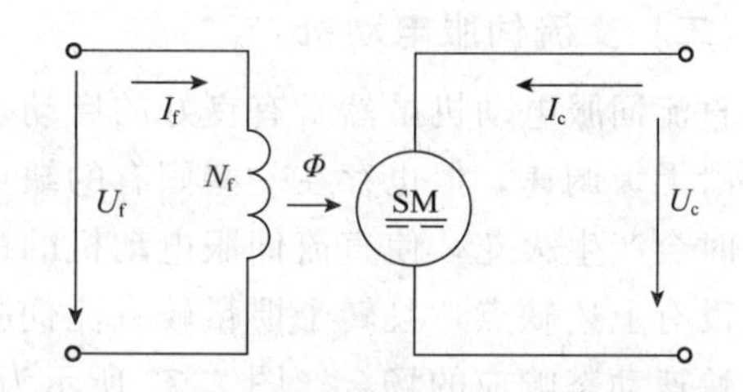

图 2.70　电枢控制的直流伺服电动机接线图

直流伺服电动机的控制方式有两种：电枢控制和磁场控制。电枢控制是指励磁绕组加恒定励磁电压 U_f，电枢加控制电压 U_c，当负载恒定时，改变电枢电压的大小和极性，伺服电动机的转速和转向随之改变。磁场控制是指励磁绕组加控制电压，而电枢绕组加恒定电压，改变励磁电压的大小和极性，也可使电动机的转速和转向改变。由于电枢控制方式的特性好，电枢回路的电感小而响应迅速，因此自动控制系统中多采用电枢控制，见图 2.70。

3. 直流伺服电动机的型号及选用原则

直流伺服电动机的型号说明如下：

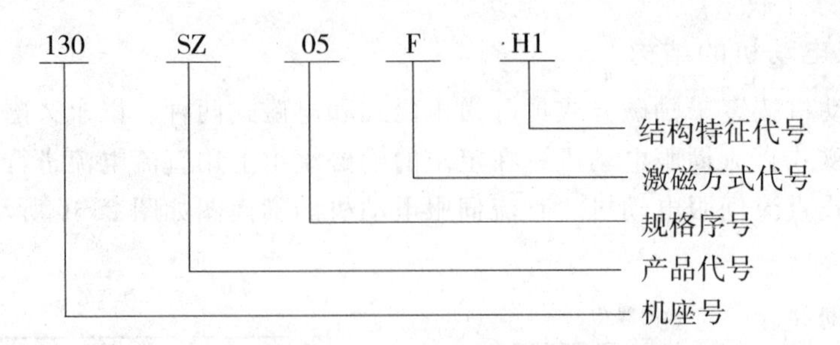

直流伺服电动机分为有刷和无刷两种类型。有刷电动机成本低、结构简单、启动转矩大、调速范围宽，但是需要维护，适用于对控制精度要求不高的场合；无刷电动机体积小、响应快、转动平滑、力矩稳定，但是控制方法比较复杂，适用于控制精度要求高、需要实现智能化控制的场合。

直流伺服电动机在选择时要重点注意电动机的额定电压、额定转矩、额定转速等参数，对于特殊用途电动机还要注意考虑使用条件和特殊要求等。

4. 直流伺服电动机的调速

直流伺服电动机是在其速度控制单元的控制下运转的，速度控制单元的性能直接决定了直流伺服电动机的运行性能。一般采用大功率晶体管斩波器的速度控制单元进行调速，也称PWM调速。

如图2.71所示，直流PWM调速利用大功率晶体管作为斩波器，采用直流固定电压，在电动机电枢两端施加PWM脉冲电压，开关频率为常值，根据控制信号的大小来改变每一周期内“接通”和“断开”的时间长短，即改变“接通”脉宽，使直流电动机电枢上电压的占空比改变，从而改变其平均电压，完成电动机的转速控制。

（二）交流伺服电动机

直流伺服电动机虽然具有良好的启动、制动和调速特性，可以很方便地在宽范围内实现平滑无级调速，但也存在一些固有的缺点，如电刷和换向器易磨损，需经常维护，换向器换向时会产生火花，使直流伺服电动机的最高速度和使用场合受到限制等。而交流伺服电动机则没有上述缺点，且转子惯量较直流伺服电动机小，动态响应更好，因为广泛应用于高精度、快速动态响应的场合。图2.72所示为交流伺服电动机的实物图。

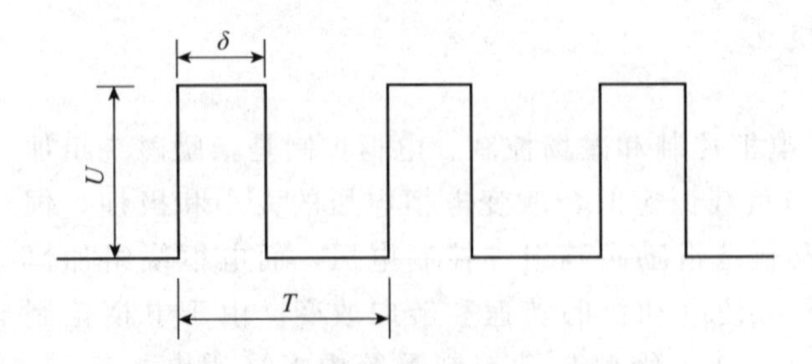

图2.71　电动机电枢两端PWM脉冲电压

图2.72　交流伺服电动机实物图

1. 交流伺服电动机的结构

交流伺服电动机实际为两相异步电动机，如图2.73（a）所示，其定子槽内嵌有在空间相距90°电角度的两相绕组。一相作为励磁绕组，工作时接至交流励磁电源上，另一相作为控制绕组，输入同频率的交流控制电压。

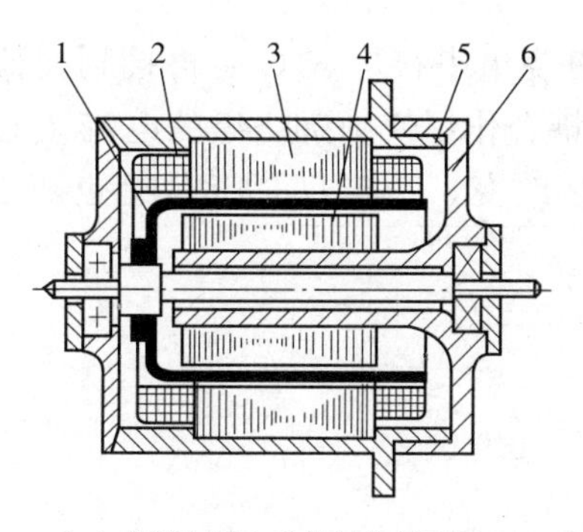

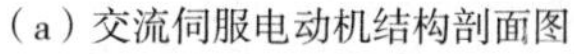
（a）交流伺服电动机结构剖面图

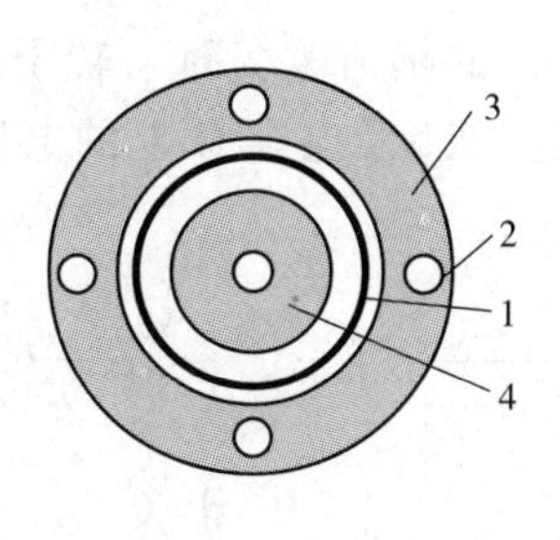

（b）转子截面

图 2.73　交流伺服电动机结构示意图

1—空心杯转子；2—定子绕组；3—外定子铁芯；4—内定子铁芯；5—机壳；6—端盖

交流伺服电动机的转子主要有以下两种结构形式。

（1）笼型转子

这种笼型转子和三相异步电动机的笼型转子相似，交流伺服电动机的笼型转子的导条采用高电阻率的导电材料制造。另外，为了提高交流伺服电动机的快速响应性能，可把电动机做成细长型，以减小转子的转动惯量。

（2）空心杯转子

空心杯转子交流伺服电动机如图 2.73 所示，有两个定子，即外定子和内定子。外定子铁芯槽内安放有励磁绕组和控制绕组，而内定子一般不放绕组，仅作磁路的一部分。空心杯转子位于内外绕组之间，通常用非磁性材（如铜、铝或铝合金）制成。在电动机旋转磁场作用下，杯形转子内感应产生涡流，与主磁场作用产生电磁转矩，使杯形转子转动。

2. 交流伺服电动机的工作原理

如图 2.74 所示，交流伺服电动机的工作原理与单相异步电动机有相似之处。当交流伺服电动机的励磁绕组接入励磁电流，控制绕组加上控制电压 U_c 上时，调节控制电流与励磁电流的相位和幅值，就会形成椭圆形旋转磁场，带动电动机的转子转动起来。

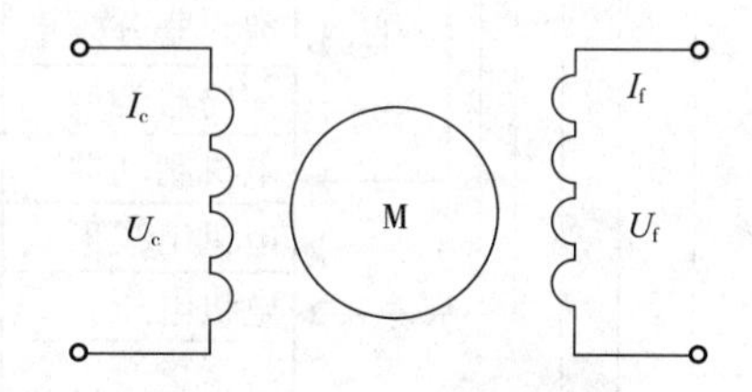

图 2.74　交流伺服电动机原理图

交流伺服电动机的控制，通常由配套的交流伺服驱动器来控制，其控制方式主要有 3 种。

（1）幅值控制

幅值控制即通过改变控制电压 U_c 的大小来控制电动机转速。如图 2.75 所示，控制电压 U_c 与励磁电压 U_f 的幅值相等，相位差始终保持 90°电角度，产生的气隙磁通势为圆形旋转磁通势；当控制电压小于励磁电压的幅值时，气隙磁场变为椭圆形，电磁转矩减小，电动机转速变慢。

（2）相位控制

相位控制即通过改变控制电压 U_c 与励磁电压 U_f 之间的相位差，实现对电动机转速和转向的控制，而控制电压的幅值保持不变。将励磁绕组直接接到交流电源上，而控制绕组经移相器后接到同一交流电源上，从而改变两者之间的相位差，便可改变电动机的转速和转向。

（3）幅值—相位控制

交流伺服电动机的幅值—相位控制是励磁绕组串接电容 C 后再接到交流电源上，如图 2.76 所示，当 U_c 的幅值改变时，转子绕组的耦合作用使励磁绕组的电流 I_f 也变化，从而使励磁绕组上的电压 U_f 及电容 C 上的电压也跟随改变，U_c 与 U_f 的相位差也随之改变，从而改变电动机的转速。

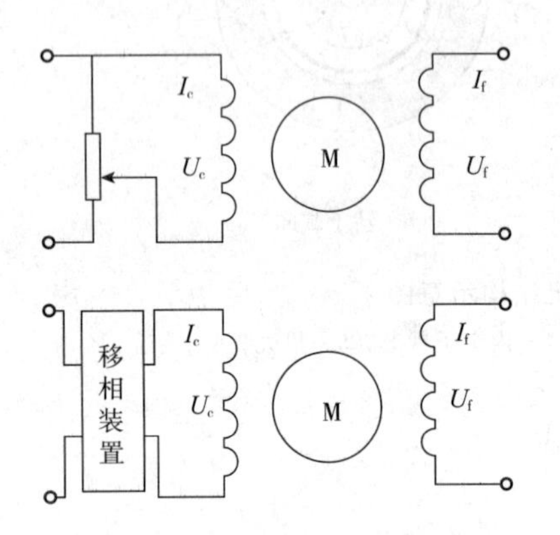

图 2.75　交流伺服电动机幅值控制原理图　　图 2.76　交流伺服电动机幅值—相位控制原理图

幅值—相位控制线路简单，不需要复杂的移相装置，只需电容进行分相，具有成本低廉、输出功率较大的优点，因而成为使用最多的控制方式。

3. 交流伺服电动机的型号定义

交流伺服电动机的型号定义如下：

120 MB 075 A-2 C E 6 E

编码器分辨率	E：2500P/R		F：2000P/R	
编码器类型	B：14线增量值		7：8线增量值	
电机制动器	E：无制动器		G：带制动机	
电机出线形式	C：航空插头		D：引出线，0.5m长	
电机电压	1：单相110V(AC)	2：单相220V(AC)	3：三相200V(AC)	
电机额定转速	A：1000r/min	B：2000r/min	C：3000r/min	
	D：1500r/min			
电机容量	040：400W	100：1000V	200：2000W	400：4000W
	055：550W	110：1100W	220：2200W	
	075：750W	150：1500W	300：3000W	
电机系列	CB：小惯量系列		MB：中惯量系列	
机座号	机座中心高120mm			

4. 交流伺服电动机在机床中的应用

由于交流伺服系统具有宽调速范围、高稳速精度，现代数控机床都倾向采用交流伺服电动机驱动，图 2.77 所示为交流伺服电动机位置、速度、电流三环结构示意图。

目前数控机床进给伺服系统采用的主要是永磁同步交流伺服系统，有 3 种类型，即模拟

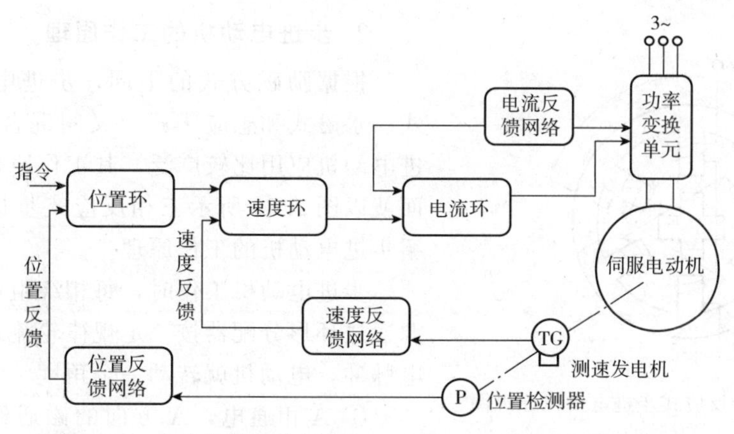

图 2.77　交流伺服电动机位置、速度、电流三环结构示意图

伺服形式、数字伺服形式和软件伺服形式。模拟伺服用途单一，只接收模拟信号。数字伺服可实现一机多用，实现速度、力矩、位置等的控制，可接收模拟指令和脉冲指令。软件伺服是将各种控制方式以软件实现，用户设定代码与相关的数据后即自动进入工作状态。

随着电力电子器件的发展，智能化功率模块得到普及，交流伺服技术正向着数字化和网络化发展。

二、认识步进电动机

步进电动机是一种用电脉冲信号进行控制，并将此信号转换成相应的角位移或线位移的控制电动机。步进电动机的转速不受电压波动和负载变化的影响，不受环境条件（温度、压力、冲击和振动等）的限制，仅与脉冲频率同步，能按控制脉冲的要求立即启动、停止、反转或改变转速，而且每一转都有固定的步数；在不失步的情况下运行时，步距误差不会长期积累。因此，步进电动机在开环控制系统中应用很广。

图 2.78 所示为 130BYG 二相混合式步进电动机。

1. 步进电动机的结构

如图 2.79 所示，步进电动机主要由两部分构成：定子和转子，它们均由磁性材料构成，定子磁极上有控制绕组，两个相对的磁极组成一相。

图 2.78　130BYG 二相混合式步进电动机

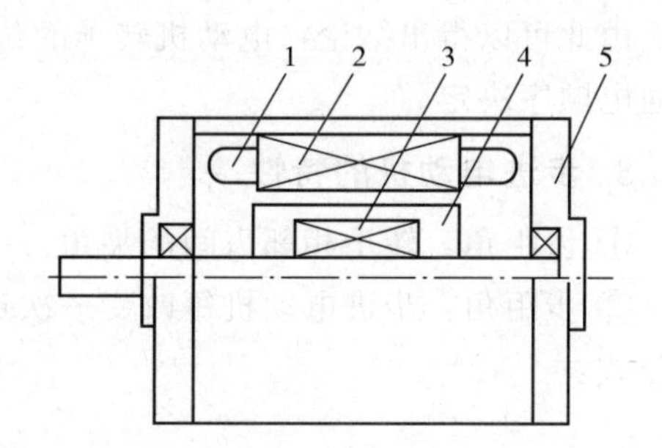

图 2.79　步进电动机结构图

1—定子绕组；2—定子；3—永磁体；4—转子；5—端盖

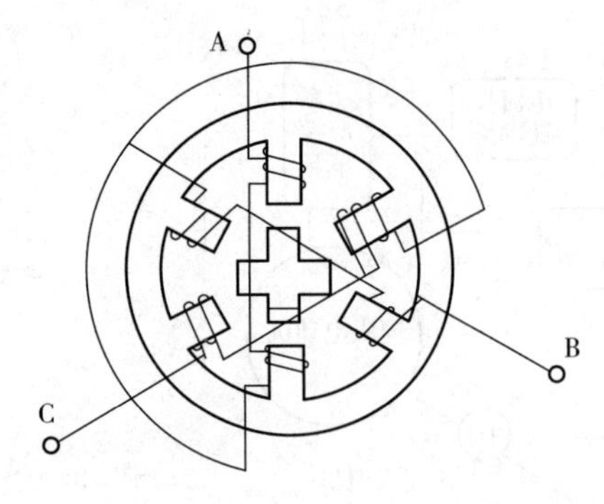

图 2.80　三相反应式步进电动机原理图

2. **步进电动机的工作原理**

根据励磁方式的不同，步进电动机分为反应式、永磁式和感应子式（又叫混合式）。反应式步进电动机应用比较广泛，其工作原理比较简单，下面就以图 2.80 所示三相反应式步进电动机为例介绍步进电动机的工作原理。

步进电动机工作时，每相绕组由专门的驱动电源通过环形分配器按一定规律轮流通电，每来一个电脉冲，电动机就转动一个角度。

① A 相通电，A 方向的磁通经转子形成闭合回路。若转子和磁场轴线方向有一定角度，则在磁场的作用下，转子被磁化，吸引转子，使转子、定子的齿对齐后停止转动。

② B 相通电，A、C 相不通电时，转子 3、4 齿和 B—b 轴线对齐，则转子相对 A 相通电位置旋转 30°，如图 2.81（b）所示。

③ C 相通电，A、B 相不通电，转子 1、2 齿应与 C—c 轴线对齐，则转子相对 A 相通电位置旋转 60°，如图 2.81（c）所示。

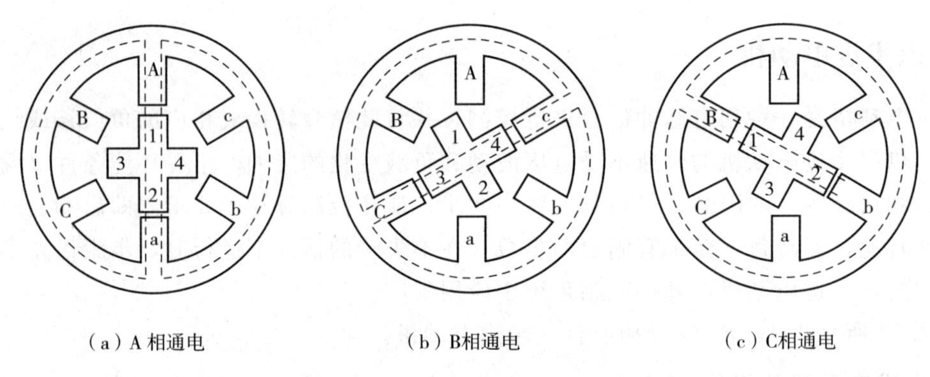

图 2.81　三相反应式步进电动机旋转示意图

如果不断地按 A-B-C-A……通电，步进电动机就每步（每脉冲）30°向右旋转。如果按 A-C-B-A 顺序通电，电动机就反转。

由此可以得出结论：电动机转子的位置和速度由脉冲数和频率决定；而转子的旋转方向由通电顺序决定。

3. **步进电动机的特性**

① 齿距角：转子相邻齿间的夹角。

② 步距角：步进电动机每改变一次通电状态（一拍），转子所转过的角度。步距角的计算公式：

$$\theta_{se}=\frac{360}{mZ_{R}C}$$

式中，m 为步进电动机的相数；C 为通电状态系数，单拍或双拍工作时 $C=1$，单双拍混合方式工作时 $C=2$；Z_R 为步进电动机转子的齿数。

当输入脉冲数为 N 时，步进电动机转过的角度为

$$\theta = N\theta_{se}$$

③ 步进电动机的输出转速

$$n = \frac{60f}{mZ_R C}$$

式中，f 为步进电动机每秒的拍数，称为步进电动机通电脉冲频率。

4. 步进电动机的分类及型号

通常按励磁方式分为三大类

① 反应式。转子为软磁材料，无绕组，定、转子开小齿，应用最广泛。

② 永磁式。转子为永磁材料，转子的极数和每相定子极数相同，不开小齿，步距角较大，力矩较大。

③ 混合式。转子为永磁材料，开小齿。混合式的优点：转矩大、动态性能好、步距角小，但结构复杂，成本较高。

步进电动机的型号说明如下：

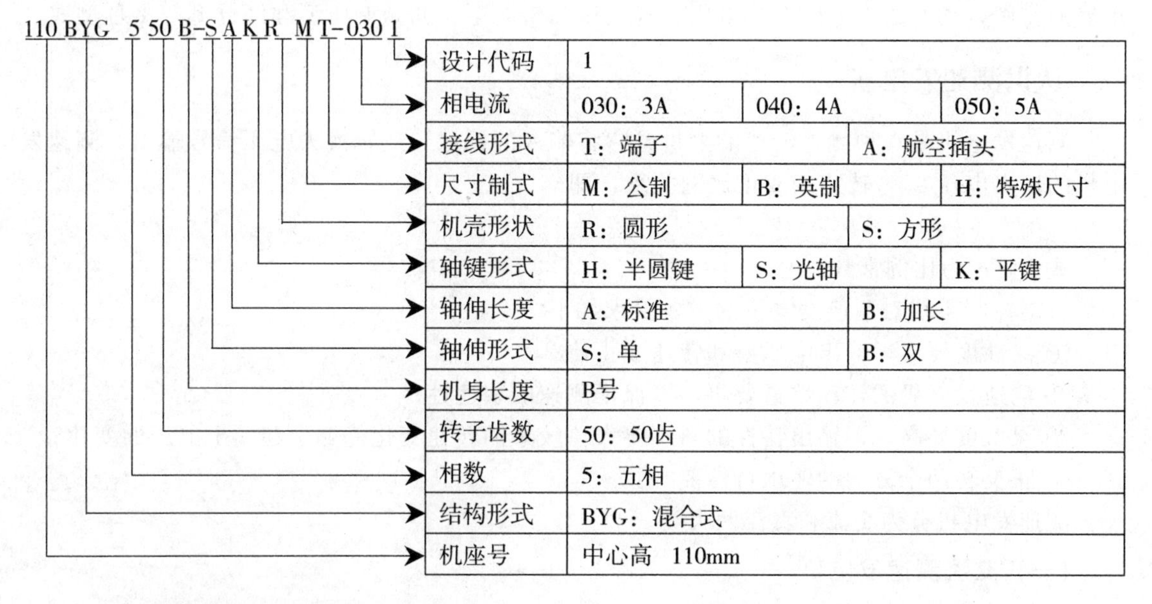

110 BYG 5 50 B-S A K R M T-030 1

设计代码	1		
相电流	030：3A	040：4A	050：5A
接线形式	T：端子	A：航空插头	
尺寸制式	M：公制	B：英制	H：特殊尺寸
机壳形状	R：圆形	S：方形	
轴键形式	H：半圆键	S：光轴	K：平键
轴伸长度	A：标准	B：加长	
轴伸形式	S：单	B：双	
机身长度	B号		
转子齿数	50：50齿		
相数	5：五相		
结构形式	BYG：混合式		
机座号	中心高 110mm		

5. 步进电动机的接线图

图 2.82 所示为二相混合式步进电动机的接线图。在接线中注意各线不能接错。

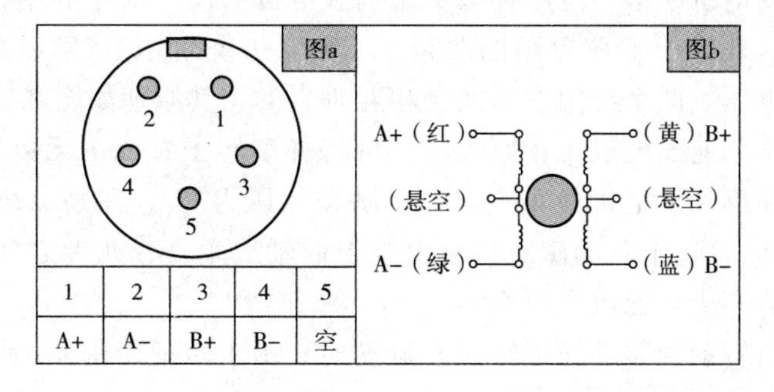

图 2.82 二相混合式步进电动机的接线图

6. 驱动电源

步进电动机的驱动电源与步进电动机是一个相互联系的整体，步进电动机的性能是由电动机和驱动电源相配合反映出来的，因此步进电动机的驱动电源在步进电动机中占有相当重要的位置。

步进电动机的驱动电源应满足下述要求：

① 驱动电源的相数、通电方式、电压和电流都应满足步进电动机的控制要求。

② 驱动电源要满足启动频率和运行频率的要求，能在较宽的频率范围内实现对步进电动机的控制。

③ 能抑制步进电动机振荡。

④ 工作可靠，对工业现场的各种干扰有较强的抑制作用。

步进电动机的驱动电源一般由脉冲信号发生电路、脉冲分配电路和功率放大电路等部分组成。脉冲信号发生电路产生基准频率信号，供给脉冲分配电路，脉冲分配电路完成步进电动机控制的各相脉冲信号的分配，功率放大电路对脉冲分配回路输出的控制信号进行放大，驱动步进电动机的各相绕组，使步进电动机转动。功率放大电路对步进电动机的性能有十分重要的作用，功率放大电路有单电压、双电压、斩波型、调频调压型和细分型等多种型式。

三、认识测速发电机

测速发电机是一种测量转速的电机，它将输入的机械转速转换为电压信号输出。测速发电机的输出电压 U 与转速 n 成正比例关系，即

$$U=kn$$

式中，k 为比例常数。

自动控制系统对测速发电机的主要要求如下。

① 线性度要好，输出电压要和转速成正比；

② 测速发电机的转动惯量要小，以保证测速的快速性；

③ 灵敏度要高，即输出特性的斜率要大，较小的转速变化能够引起输出电压的变化；

④ 正反转两个方向的输出特性要一致。

测速发电机分为交流和直流两大类。

（一）交流测速发电机

交流测速发电机有同步测速发电机和异步测速发电机两大类。交流异步测速发电机中，最为常用的是转动惯性较小的空心杯型测速发电机。

空心杯型测速发电机结构与空心杯型交流伺服电机一样，也是由外定子、空心杯转子和内定子 3 部分组成。外定子上放置励磁绕组 N1 和输出绕组 N2，励磁绕接单相交流电源，输出绕组输出交流电压，两个绕组在空间是相互垂直的，其原理如图 2.83 所示。

在分析交流异步测速发电机工作原理时，可将杯型转子看成由无数条并联的导体组成，与笼型转子相似。在测速发电机静止不动时，励磁电压为 U_1，在励磁绕组轴线方向上产生一个交变脉动磁通 Φ_1，这个脉动磁通与输出绕组的轴线垂直，两者之间无互感，故输出绕组中并无感应电动势产生，输出电压为零。

当测速发电机由转动轴驱动而以转速 n 旋转时，由于转子切割 Φ_1 而在转子中产生感应电动势 E_r 和感应电流 I_r，E_r 和 I_r 与磁通 Φ_1 及转速 n 成正比，即 $E_r \propto \Phi_1 n$，$I_r \propto \Phi_1 n$。转

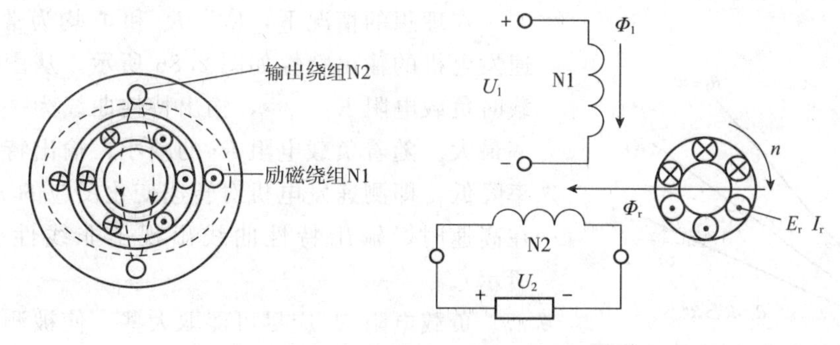

图 2.83　交流异步测速发电机原理图

子电流产生的磁通 Φ_r 也与 I_r 成正比，即 $\Phi_r \propto I_r$，Φ_r 与输出绕组的轴线一致，因而在输出绕组中产生感应电动势，有电压 U_2 输出，且 U_2 与 Φ_r 成正比，即 $U_2 \propto \Phi_r$，因此 $U_2 \propto \Phi_1 n$。如果转子的转向相反，输出电压的相位也相反，这样就可以从输出电压 U_2 的大小及相位来测量带动测速发电机转动的原电机的转向及转速。

测速发电机的输出特性是测速发电机输出电压与转速之间的关系曲线，如图 2.84 所示。输出特性在理想情况下为直线，实际上输出特性并不是线性关系。

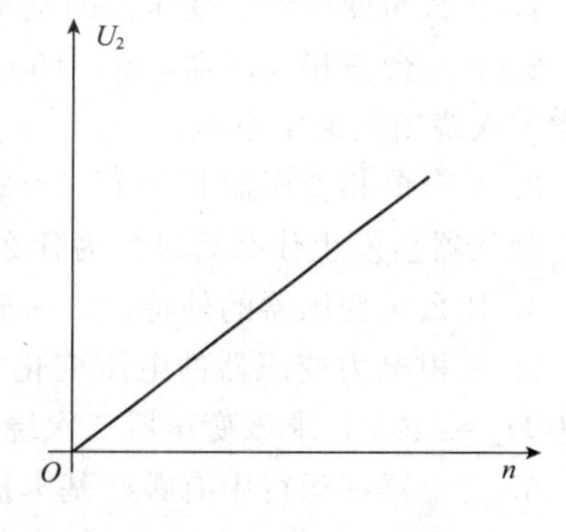

图 2.84　异步测速发电机输出特性

（二）直流测速发电机

直流测速发电机就是一台微型直流发电机，其定子、转子结构均和直流发电机基本相同，按励磁方式来分，它可分为电磁式和永磁式两种，其中永磁式不需要另加励磁电源，受温度影响较小，所以应用最为广泛。

直流测速发电机的工作原理如图 2.85 所示。测速发电机工作时，励磁绕组通以直流电流 I_f，在气隙中建立恒定的磁场 Φ，转轴与被测机构同轴连接。当被测机械以转速 n 旋转时，测速发电机电枢也同速旋转，旋转的电枢绕组切割气隙中的磁通 Φ，产生感应电动势 E_a。若测速发电机空载运行，电刷两端的输出电压 $U_o = E_a$，即

$$U_o = E_a = C_e \Phi n$$

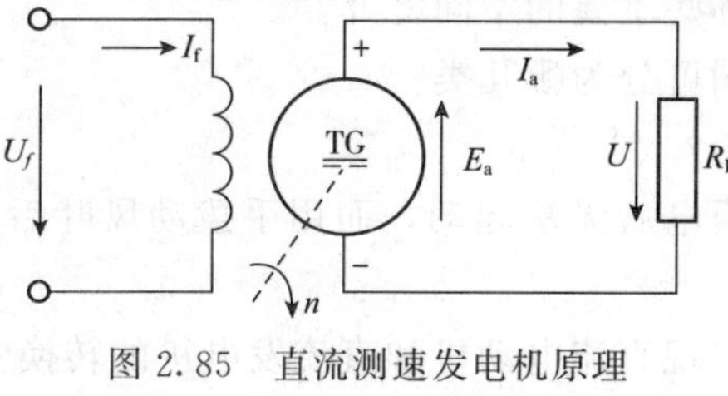

图 2.85　直流测速发电机原理

上式表明，测速发电机空载时输出电压 U_o 与转速 n 成正比。当被测机构转向发生变化，输出电压的极性也会随之发生变化。所以，测速发电机以输出电压的大小和极性来反映被测机构的转速大小和转向。

当测速发电机接上负载电阻 R_L 时，其输出电压 U 为

$$U = \frac{E_a}{1 + \dfrac{R_n}{R_L}} = \frac{C_e \Phi}{1 + \dfrac{R_n}{R_L}} n = kn$$

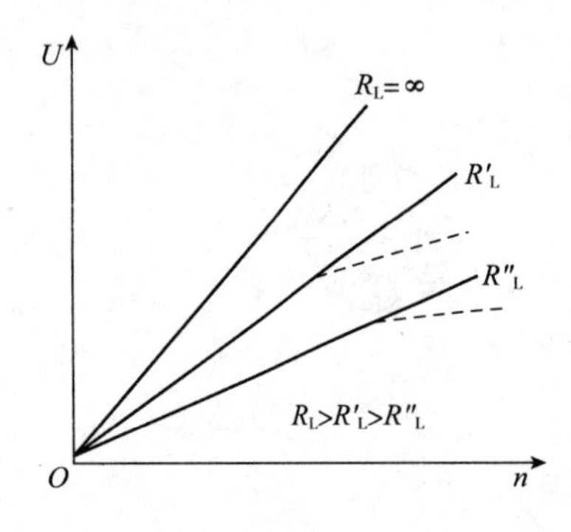

图 2.86　直流测速发电机的输出特性

在理想的情况下，R_a、R_L和Φ均为常数，直流测速发电机的输出特性如图 2.86 所示。从图中可知，空载时负载电阻$R_L=\infty$，输出特性曲线为一直线，且斜率最大。随着负载电阻R_L的减小，输出特性曲线的斜率降低，即测速发电机对转速变化反应的灵敏度降低。在高速时，输出特性曲线出现了非线性（图中虚线所示）。

负载电阻R_L应尽可能取大些，使被测机构转速有微小变化时，输出电压有较大的反映（灵敏度高）。

选择测速发电机时注意它的最高转速是否与被测机构转速相符，以免被测机构转速超出测速发电机的最高转速，出现不必要的测量误差，保证测速发电机的测速精度。

【思考与练习】

1. 什么叫变压器？变压器的基本工作原理是什么？

2. 有一台三相变压器，$S_N=5000kVA$，$U_{1N}/U_{2N}=10.5kV/6.3kV$，采用 Yd 连接，求一次二次绕组的额定电流。

3. 一台单相变压器$U_{1N}/U_{2N}=220V/110V$，如果不慎将低压边误接到 220V 的电源上，变压器会发生什么后果？为什么？

4. 什么叫变压器的外特性？一般希望电力变压器的外特性曲线呈什么形状？

5. 三相电力变压器的电压变化率$\Delta U\%=5\%$，要求该变压器在额定负载下输出的相电压为$U_2=220V$，求该变压器二次绕组的额定定相电压U_{2N}。

6. 变压器在运行中有哪些基本损耗？它们各与什么因素有关？

7. 一台三相变压器$S_N=300kVA$，$U_1=10kV$，$U_2=0.4kV$，采用 Yyn 连接，求I_1及I_2。

8. 什么叫变压器的并联运行？变压器并联运行必须满足哪些条件？

9. 自耦变压器的结构特点是什么？使用自耦变压器的注意事项有哪些？

10. 电流互感器和的电压互感器的作用是什么，使用时注意事项有哪些？

11. 电弧焊工艺对焊接变压器有何要求？如何满足这些要求？电焊变压器的结构特点有哪些？

12. 单相异步电动机与三相异步电动机相比有哪些主要的不同之处？

13. 单相异步电动机按其起动及运行的方式不同可分为哪几类？

14. 单相分相式异步电动机的旋转方向如何改变？

15. 一台吊扇采用电容运转单相异步电动机，通电后无法起动，而用手拨动风叶后即能运转，这是什么原因造成的？

16. 简述直流电动机的工作原理，并说明如何实现直流电动机和直流发电机的转换？

17. 电磁转矩与哪些因素有关？如何确定电磁转矩的实际方向？

18. 一台直流电动机额定数据为：额定功率$P_N=17kW$，额定电压$U_N=220V$，额定转速$n_N=1500r/min$，额定效率$\eta_N=0.83$。求它的额定电流及额定负载时的输入功率。

19. 什么是固有机械特性？什么是人为机械特性？他励直流电动机的固有特性和各种人

为特性各有何特点？

20. 什么是机械特性上的额定工作点？什么是额定转速降？

21. 直流电动机为什么不能直接起动？如果直接起动会引起什么后果？

22. 采用能耗制动和电压反接制动进行系统停车时，为什么要在电枢回路中串入制动电阻？

23. 直流电动机有哪几种调速方法，各有何特点？

24. 永磁式和他励式直流伺服电动机有什么区别？

25. 伺服电动机的作用是什么？直流伺服电动机的调速方法是什么？

26. 交流伺服电机有哪几种控制方式？如何改变交流伺服电动机的旋转方向？直流伺服电动机常用什么控制方式？

27. 为什么交流伺服电动机的转子电阻要相当大？单相异步电动机从结构上与交流伺服电动机相似，可否代用？

28. 当直流伺服电动机励磁电压和控制电压不变时，若负载转矩减小，试问此时的电磁转矩、转速将如何变化？若负载转矩大小不变，调节控制电压增大，电磁转矩和转速又将如何变化？

29. 步进电动机的工作原理是什么？步进电动机的作用是什么？步进电动机有哪些特点？

30. 测速发电机的作用是什么？为什么直流测速发电机使用时，转速不宜超过规定的最高转速？负载电阻也不能小于规定值？

31. 什么叫步进电动机的步距角？步距角的大小由哪些因素决定？

模块二

电机拖动与控制

·项目三·

基本电气控制线路

任务一　实现电动机点动控制

电动机点动控制常用于起吊重物或调整生产设备工作状态。图 3.1 所示为电动机点动控制线路原理图。按下点动按钮 SB，电动机 M 启动运转；松开点动按钮 SB，电动机 M 停止。

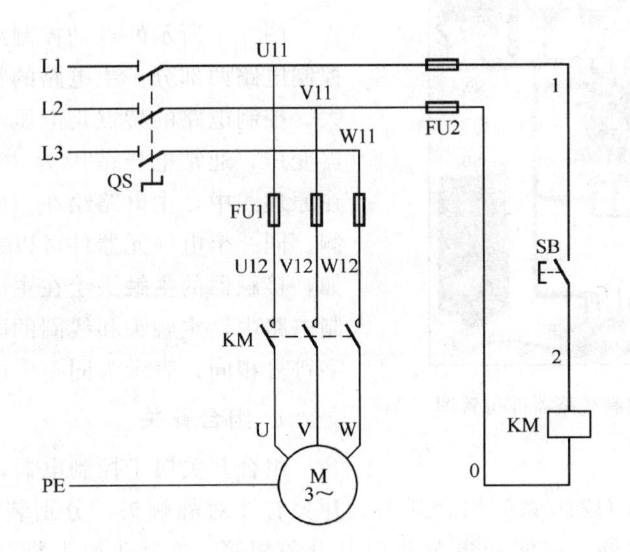

图 3.1　电动机点动控制线路原理图

图 3.2 所示为电动机点动控制线路安装接线图，接线图中的粗实线表示多根连接线，称为母线；细实线表示单根连接线，称为分支线，分支线与母线连接时呈 45°或 135°。

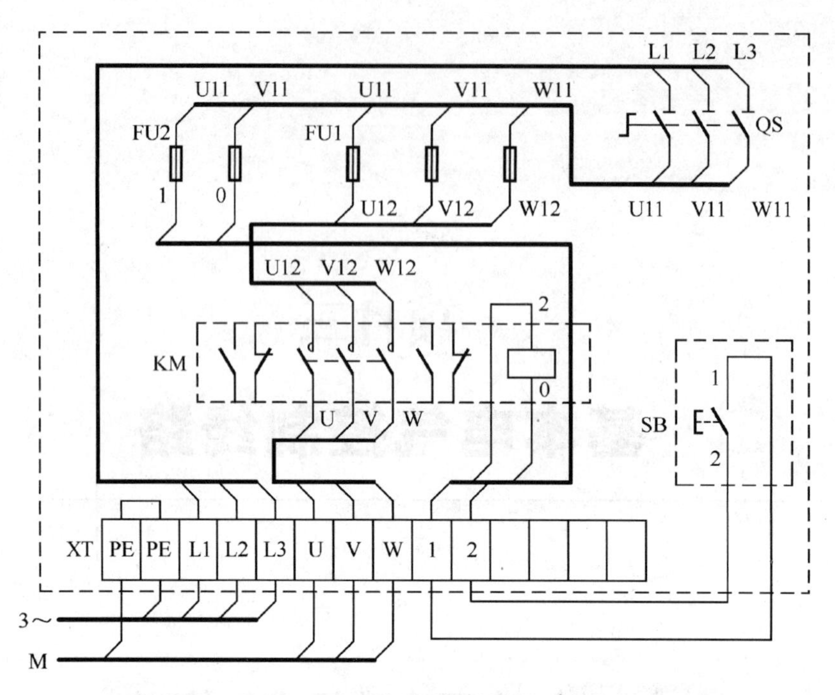

图 3.2　点动控制线路安装接线图

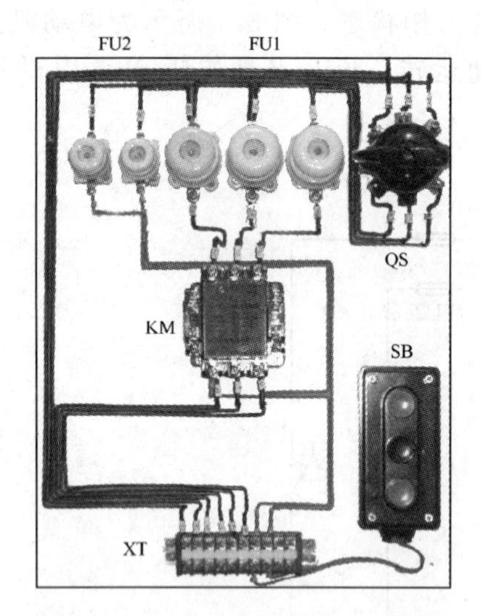

图 3.3　点动控制线路器件位置图

图 3.3 所示为接触器点动控制线路器件位置图。

一、相关器件介绍

图 3.1 所示的点动控制线路可分为主电路和控制电路两部分。主电路的特点是电压高、电流大。控制电路的特点是电压不确定（可通过变压器变压，通常电压范围为 36～380V）、电流小。在原理图中，主电路绘在左侧，控制电路绘在右侧。同一个电气元器件可以采用分开绘制法，例如，接触器的主触头绘在主电路中，线圈绘在控制电路中，主触头和线圈的图形符号不同，但文字符号相同，表示为同一个电气器件。

1. 组合开关

组合开关属于控制电器，主要用作电源引入开关。图 3.4 所示为 HZ10 系列组合开关。开关有 3 对静触头，分别装在 3 层绝缘垫板上，并附有接线端伸出盒外，以便和电源及用电设备相接；3 个动触头装在附有手柄的绝缘杆上，手柄每次转动 90°角，带动 3 个动触头分别与 3 对静触头接通或断开。

2. 按钮

按钮属于控制电器，见图 3.5。按钮不直接控制主电路的通断，而是控制接触器或继电器的线圈，再通过接触器的主触头去控制主电路的通断。

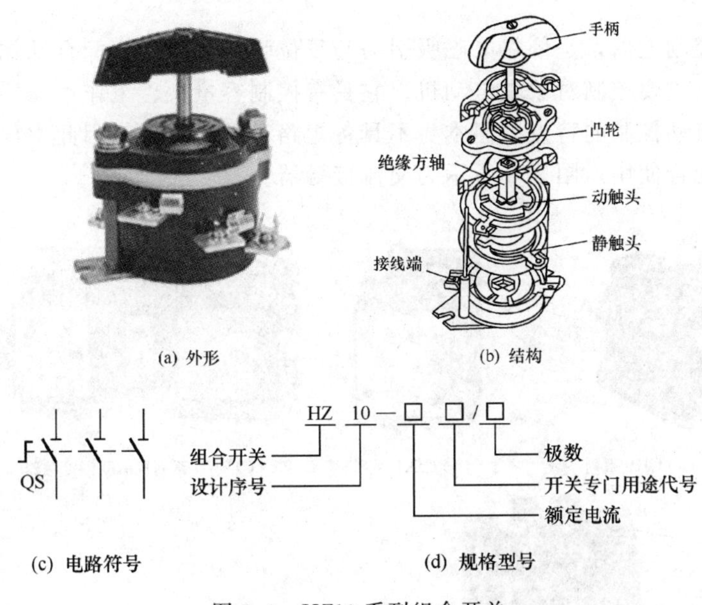

(a) 外形　(b) 结构

(c) 电路符号　(d) 规格型号

图 3.4　HZ10 系列组合开关

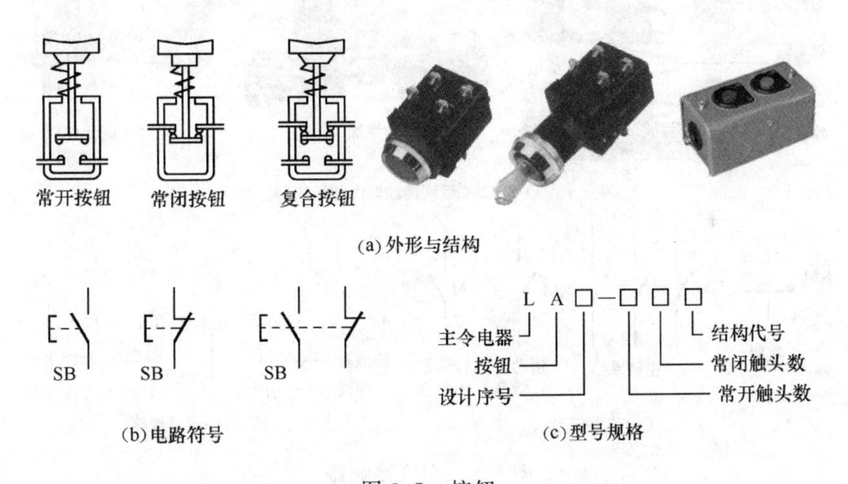

(a) 外形与结构

(b) 电路符号　(c) 型号规格

图 3.5　按钮

(1) 分类与型号

按钮一般分为常开按钮、常闭按钮和复合按钮，其电路符号如图 3.5（b）所示。按钮的型号规格标记如图 3.5（c）所示，常用按钮的额定电压为 380V，额定电流为 5A。

(2) 按钮的选用

① 根据使用场合和用途选择按钮的种类。例如手持移动操作应选用带有保护外壳的按钮，嵌装在操作面板上时可选用开启式按钮，需显示工作状态的可选用光标式按钮，在重要场合应选用带钥匙操作的按钮，以防止无关人员误操作。

② 合理选用按钮的颜色。停止按钮选用红色钮；启动按钮优先选用绿色钮，但也允许选用黑、白或灰色钮；一钮双用（启动/停止）不得使用绿、红色，而应选用黑、白或灰色钮。

3. 接触器

接触器属于控制电器，是依靠电磁吸引力与复位弹簧反作用力配合动作而使触头闭合或断开的电磁开关，主要控制对象是电动机。它具有控制容量大、工作可靠、操作频率高、使用寿命长和便于自动控制的特点，但本身不具备短路和过载保护，因此常与熔断器、热继电器或空气开关等配合使用。图 3.6 所示为交流接触器。

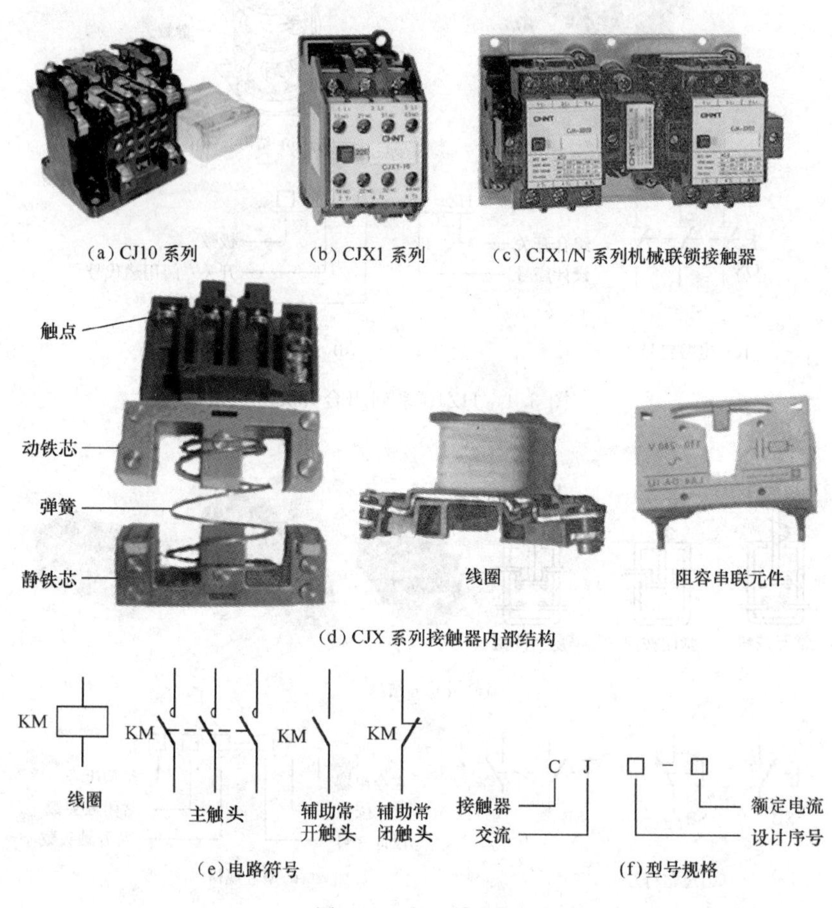

图 3.6 交流接触器

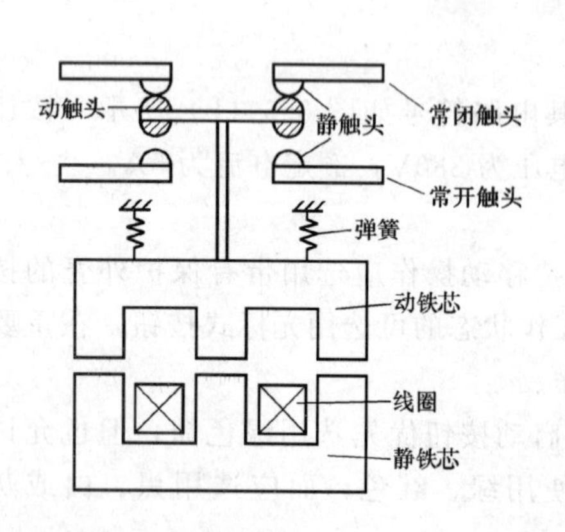

图 3.7 交流接触器工作原理

交流接触器主要由电磁系统和触头系统组成。电磁系统主要由线圈、静铁芯和动铁芯三部分组成。为了减少铁芯的磁滞和涡流损耗，铁芯用硅钢片叠压而成。线圈的额定电压有 380V、220V、110V、36V，供使用不同电压等级的控制电路选用。

交流接触器采用双断点的桥式触头，有 3 对主触头，2 对辅助常开触头和 2 对辅助常闭触头。通常主触头额定电流在 10A 以上的接触器都有灭弧罩，以减小或消除触头电弧，对接触器的安全使用起着重要的作用。

交流接触器的工作原理如图 3.7 所示。接触器的线圈和静铁芯固定不动，当线圈通电时，铁芯线圈产生电磁吸力，将动铁芯吸合并带动动触头运动，使常闭触头分断，常开触头接通。当线圈断电时，动铁芯依靠弹簧的作用而复位，其常开触头恢复分断，常闭触头恢复闭合。

在选择交流接触器时注意以下几点。

① 接触器主触头的额定电压应大于或等于被控制电路的额定电压。

② 接触器主触头的额定电流应大于或等于电动机的额定电流。如果用在电动机频繁启动、制动及正反转的场合，应将接触器主触头的额定电流降低一个等级使用。

③ 线圈额定电压应与设备控制电路的电压等级相同，通常选用380V或220V，若从安全考虑，在较低电压时也可选用36V或110V。

4. 熔断器

熔断器属于保护电器，使用时串联在被保护的电路中，其熔体在过流时迅速熔化切断电路，起到保护用电设备的作用。熔断器在一般低压照明线路或电热设备中作过载和短路保护，在电动机控制线路中作短路保护。熔断器由熔体、熔断管和熔座三部分组成。熔体常做成丝状或片状，制作熔体的材料一般有铅锡合金和铜。熔断管作为熔体的保护外壳，在熔体熔断时兼有灭弧作用。熔座起固定熔管和连接导线的作用。表3.1为熔断器熔体的安秒特性列表。

表3.1　熔断器熔体的安秒特性

熔体通过电流/A	$1.25I_N$	$1.6I_N$	$1.8I_N$	$2I_N$	$2.5I_N$	$3I_N$	$4I_N$	$8I_N$
熔断时间/s	∞	3 600	1 200	40	8	4.5	2.5	1

表3.1中，I_N为熔体额定电流，通常取$2I_N$为熔断器的熔断电流，其熔断时间约为40s。熔断器对轻度过载反应较慢，一般只能作短路保护用。

常用熔断器及电路符号如图3.8所示。

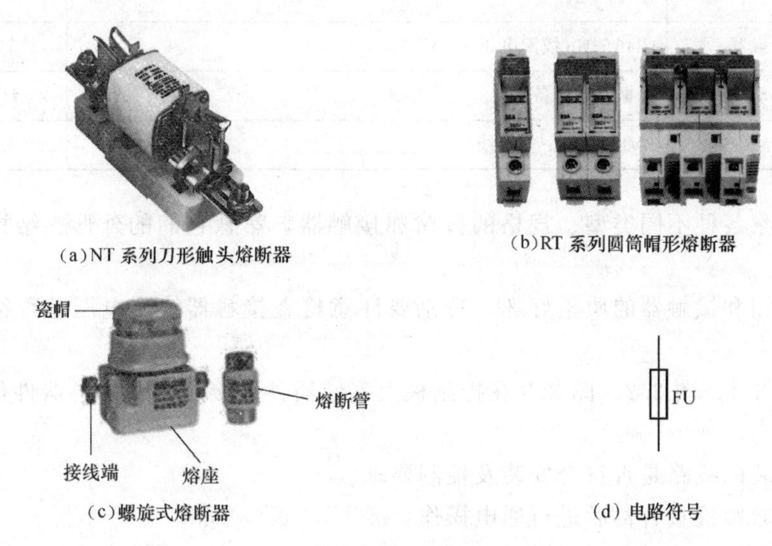

(a) NT系列刀形触头熔断器　(b) RT系列圆筒帽形熔断器

(c) 螺旋式熔断器　(d) 电路符号

图3.8　常用熔断器及电路符号

不同规格的熔断器按电流等级配置熔断管，如380V/60A的熔断器配有20A、25A、

30A、35A、40A、50A、60A额定电流等级的熔断管。

熔断器主要技术参数如下：

① 额定电压。指熔断器长期安全工作的电压。

② 额定电流。指熔断器长期安全工作的电流。

对于照明和电热负载，熔体额定电流应等于或稍大于负载的额定电流。对于电动机控制电路，应注意以下几点。

① 对于单台电动机，熔体额定电流应大于或等于电动机额定电流的1.5～2.5倍。

② 对于多台电动机，熔体额定电流应大于或等于其中最大功率电动机的额定电流的1.5～2.5倍再加上其余电动机的额定电流之和。

对于启动负载重、启动时间长的电动机，熔体额定电流的倍数应适当增大，反之适当减小。

二、电动机点动控制实施方案

所采用的工具与器材见表3.2。

表3.2 工具及器材

序号	名　称	型号与规格	单位	数量
1	三相交流电源	～3×380V	处	1
2	电工通用工具	验电笔、钢丝钳、螺钉旋具(包括十字口螺钉旋具、一字口螺钉旋具)、电工刀、尖嘴钳、活扳手等	套	1
3	低压开关	组合开关一只(HZ10系列)	只	1
4	低压熔断器	RL1系列,60A	个	3
5	低压熔断器	RL1系列,15A	个	2
6	按钮	LA10—2H	个	1
7	接触器	CJ10—10(线圈电压380V)	个	1
8	电动机	根据实习设备自定	台	1
9	导线	BVR1.5mm^{2}塑铜线	条	若干

① 仔细观察各种不同类型、规格的按钮和接触器，熟悉它们的外形、结构、型号及主要技术参数。

② 检测按钮和接触器的质量好坏，特别要注意检查接触器线圈电压是否符合控制电路的电压等级。

③ 按照图3.1、图3.2、图3.3在控制板上安装器件和接线，要求各器件位置整齐、匀称，间距合理。

④ 检查安装的线路是否符合安装及控制要求。

⑤ 经指导教师检查合格后进行通电操作：

启动：按下按钮SB→KM线圈通电→KM主触头闭合→电动机M通电运转；

停止：松开按钮SB→KM线圈断电→KM主触头分断→电动机M断电停止。

⑥ 断开电源组合开关QS。

【知识拓展】

中间继电器属于控制电器，在电路中起着信号传递作用，因其主要作为转换控制信号的中间元件，故称为中间继电器。中间继电器及其电路符号如图 3.9 所示。

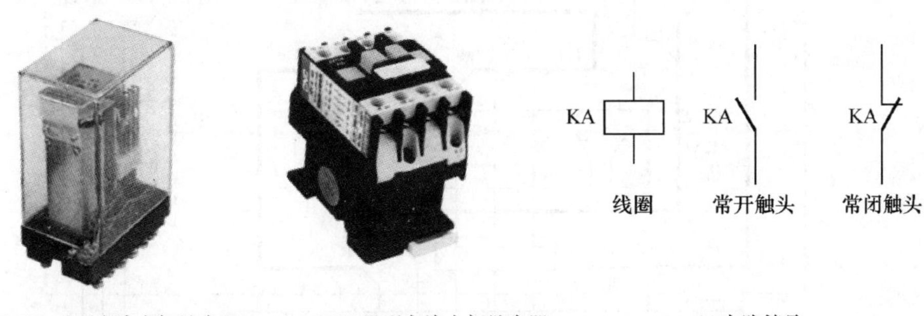

(a)DZ-30B 系列直流中间继电器　(b)JZC4 系列交流中间继电器　(c)电路符号

图 3.9　中间继电器及其电路符号

中间继电器的结构和动作原理与交流接触器相似，不同点是中间继电器只有辅助触头，触头的额定电压/电流为 380V/5A。通常中间继电器有 4 对常开触头和 4 对常闭触头。中间继电器线圈的额定电压应与设备控制电路的电压等级相同。

任务二　实现电动机自锁控制

电动机点动控制仅适用于电动机短时间运转，如果要求电动机长时间连续工作，则需要具有连续运行功能的控制电路。在启动按钮的两端并接一对接触器的辅助常开触头（称为自锁触头），当松开启动按钮后，接触器的辅助常开触头仍可保持控制电路的接通状态，这种能使电动机连续工作的电路称为自锁控制线路。

电动机自锁控制要求是：按下启动按钮 SB1，电动机运转；按下停止按钮 SB2，电动机停止。图 3.10 所示为自锁控制线路原理图。图 3.11 所示为自锁控制线路安装接线图。

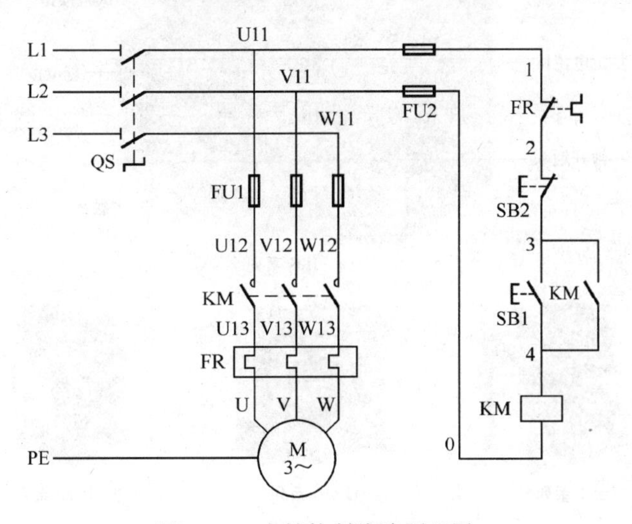

图 3.10　自锁控制线路原理图

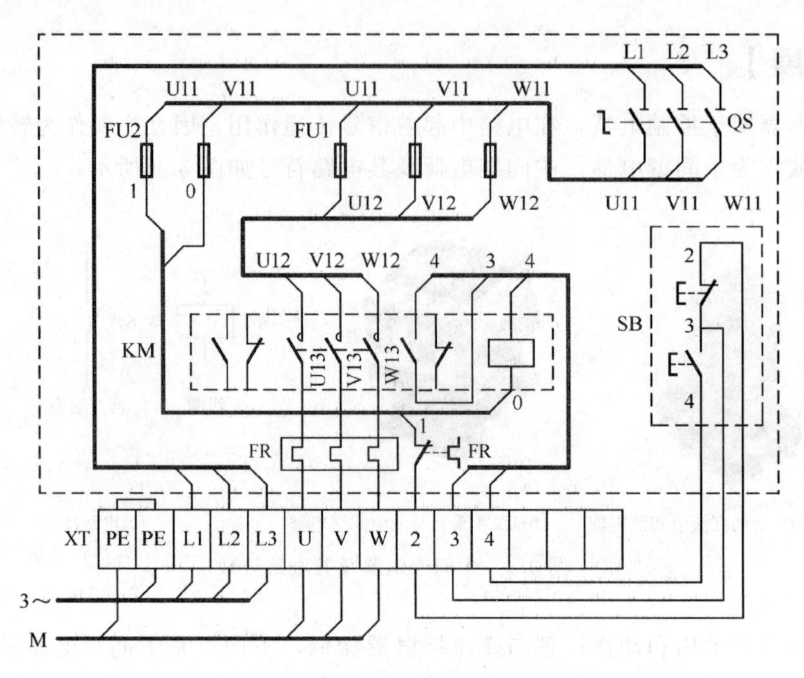

图 3.11 自锁控制线路安装接线图

一、相关知识介绍

1. 热继电器

热继电器是利用电流热效应工作的保护电器。它主要与接触器配合使用，用作电动机的过载保护。图 3.12 所示为常用的几种热继电器。

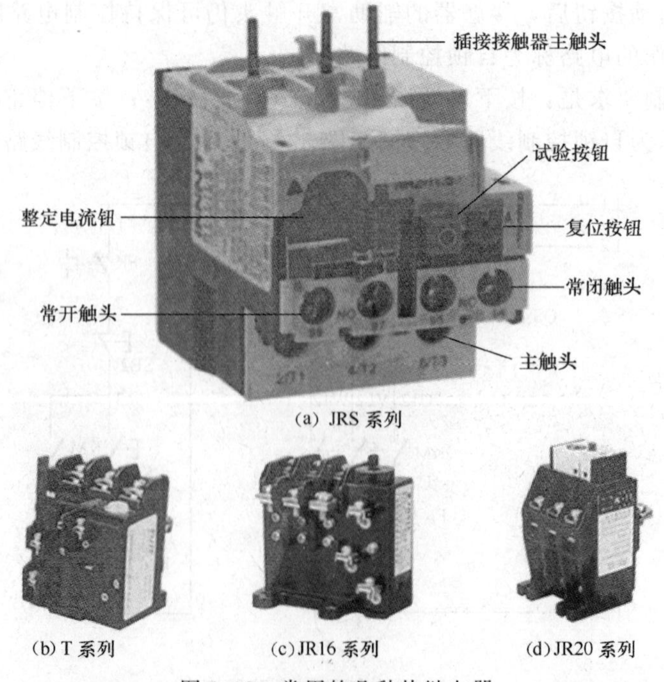

(a) JRS 系列

(b) T 系列 (c) JR16 系列 (d) JR20 系列

图 3.12 常用的几种热继电器

热继电器主要由热元件、传动推杆、电流整定旋钮和复位杆组成，其动作原理和电路符号如图 3.13 所示。

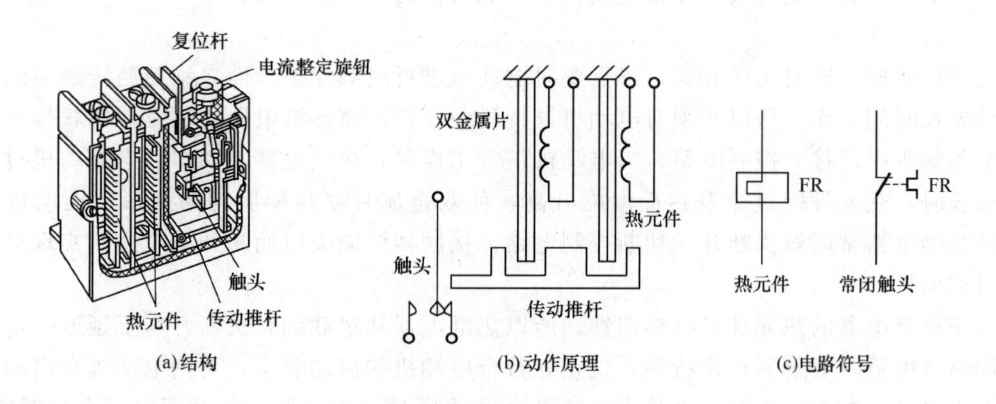

图 3.13　热继电器的结构、动作原理和电路符号

热继电器的整定电流是指热继电器长期连续工作而不动作的最大电流，整定电流的大小可通过电流整定旋钮来调整。

热继电器的型号规格如图 3.14 所示。例如，JRS1—12/3 表示 JRS1 系列额定电流 12A 的三相热继电器。

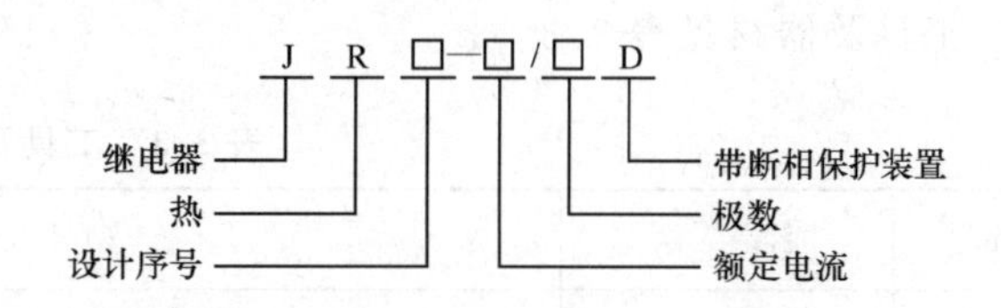

图 3.14　热继电器的型号规格

热继电器选用方法如下。

① 选类型。一般情况下可选择两相或普通三相结构的热继电器，但对于三角形接法的电动机，应选择三相并带断相保护功能的热继电器。

② 选择额定电流。热继电器的额定电流要大于或等于电动机的额定电流。

③ 整定电流选定。一般与电动机的额定电流值相等，对于启动时负载较重的电动机，整定电流可略大于电动机的额定电流。

2. 自锁控制线路工作原理

自锁控制线路工作原理如下：

接触器自锁控制线路具有欠压、失压和过载保护功能。

(1) 欠压保护

当线路电压下降到一定值时，接触器电磁系统产生的电磁吸力减小。当电磁吸力减小到小于复位弹簧的弹力时，动铁芯就会释放，主触头和自锁触头同时分断，自动切断主电路和控制电路，使电动机断电停转，起到了欠压保护的作用。

(2) 失压保护

失压保护是指在电动机正常工作情况下，由于某种原因突然断电时，能自动切断电动机的电源，而当重新供电时又可保证电动机不可能自行启动的一种保护。

(3) 过载保护

点动控制属于短时工作方式，不需要对电动机进行过载保护。而自锁控制线路中的电动机往往要长时间工作，所以必须对电动机进行过载保护。将热继电器的热元件串联接入主电路，常闭触头串联接入控制电路。当电动机正常工作时，热继电器不动作。当电动机过载且时间较长时，热元件因过流发热而温度升高，使双金属片受热膨胀弯曲变形，推动传动推杆，使热继电器常闭触头断开，切断控制电路，接触器线圈失电而断开主电路，实现对电动机的过载保护。

由于热继电器的热元件具有热惯性，所以热继电器从过载到触头断开需要延迟一定的时间，即热继电器具有延时动作特性，这正好符合电动机的启动要求，否则电动机在启动过程中也会因过载而断电。但是，也是由于热继电器的延时动作特性，负载短路不会瞬时断开，使得热继电器不能作短路保护。热继电器的复位应在过载断电几分钟后，热元件和双金属片冷却后进行。

二、电动机自锁控制实施方案

工具及器材见表 3.3。

表 3.3 工具及器材

序号	名 称	型号与规格	单位	数量
1	三相交流电源	～3×380V	处	1
2	电工通用工具	验电笔、钢丝钳、螺钉旋具(包括十字口螺钉旋具、一字口螺钉旋具)、电工刀、尖嘴钳、活扳手等	套	1
3	低压开关	组合开关一只(HZ10 系列)	只	1
4	低压熔断器	RT 系列	个	5
5	按钮	LA10—3H	个	1
6	接触器	CJX 系列(线圈电压 380V)	个	1
7	热继电器	JRS 系列，根据电动机自定	个	1
8	电动机	根据实习设备自定	台	1
9	导线	BVR1.5mm^2 塑铜线	条	若干

操作步骤如下。

① 仔细观察热继电器，熟悉外形、结构、型号及主要技术参数的意义和动作原理。

② 检测按钮、热继电器和接触器的质量好坏，特别要注意检查接触器线圈电压是否符合控制电路的电压等级。

③ 按照图 3.10、图 3.11 所示在控制板上安装器件和接线，要求各器件安装位置整齐、

匀称，间距合理。

④ 检查安装的线路是否符合安装及控制要求。

⑤ 经指导教师检查合格后进行通电操作。

⑥ 按下启动按钮 SB1，交流接触器 KM 通电，电动机 M 通电运行。

⑦ 按下停止按钮 SB2，交流接触器 KM 断电，电动机 M 断电停止。

⑧ 操作完毕，关断电源开关。

【知识拓展】

有的生产设备机身很长，并且启动和停止操作很频繁，为了减少操作人员的行走时间，提高生产效率，常在设备机身多处安装控制按钮。图 3.15 所示为两地自锁控制线路，其中 SB11、SB12 为安装在甲地的启动/停止按钮，SB21、SB22 为安装在乙地的启动/停止按钮，这样就可以分别在甲、乙两地控制同一台电动机启动或停止。

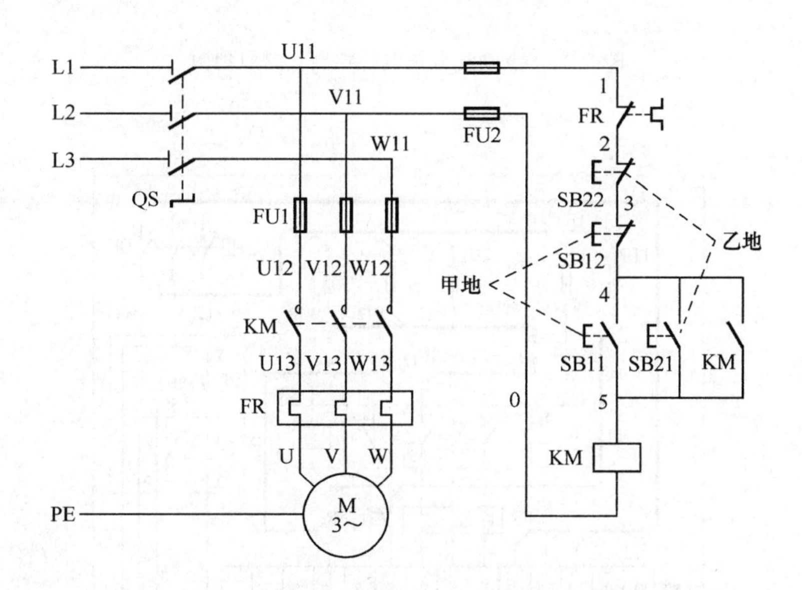

图 3.15 两地自锁控制线路

对两地以上的多地控制，只要把各地的启动按钮并接，停止按钮串接就可以实现。在多地控制中，按钮连线长，数量多，为了保证安全，控制电路多采用安全电压等级（通过 380V/36V 变压器实现）。

任务三 实现电动机点动与自锁混合控制

在实际生产中，除连续运行控制外，常常还需要用点动控制来调整生产设备的工作状态。电动机点动与自锁混合控制要求是：按下启动按钮，电动机连续运转；按下停止按钮，电动机停止；按下点动按钮，电动机点动运转。图 3.16 所示为点动与自锁混合控制线路原理图，图 3.17 所示为点动与自锁混合控制线路安装接线图。

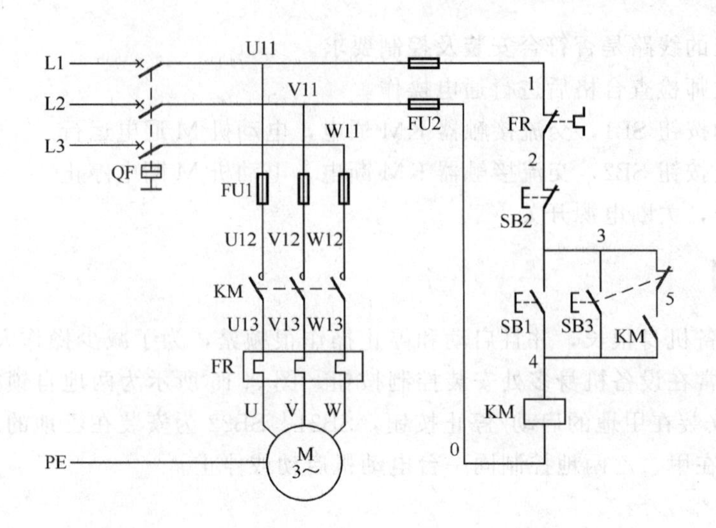

图 3.16 点动与自锁混合控制线路原理图

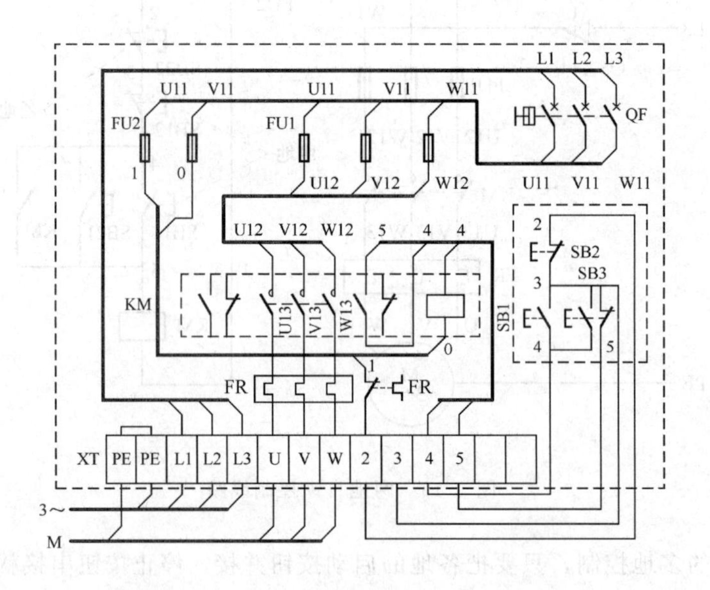

图 3.17 点动与自锁混合控制线路安装接线图

一、相关知识介绍

1. 低压断路器

低压断路器又称自动空气开关，简称断路器，它集控制和保护于一体，在电路正常工作时，作为电源开关，接通和分断电路，而在电路发生短路和过载等故障时，又能自动切断电路，起到保护作用。有的低压断路器还具备漏电保护和欠压保护功能。低压断路器外形结构紧凑，体积小，采用导轨安装，目前常用于电气设备中取代组合开关、熔断器和热继电器。图 3.18 所示为 DZ 系列低压断路器。

(a) DZ47-63　　(b) DZ5　　(c) DZ47-100

图 3.18　DZ 系列低压断路器

图 3.19 所示为 DZ5 系列低压断路器内部结构和电路符号。

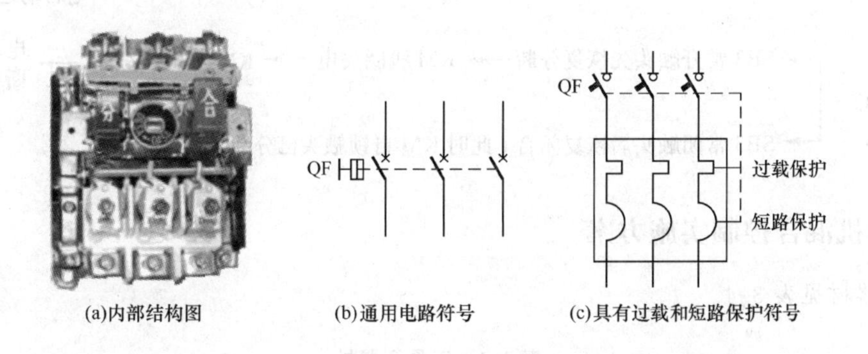

(a)内部结构图　(b)通用电路符号　(c)具有过载和短路保护符号

图 3.19　DZ5 系列低压断路器的内部结构和电路符号

DZ5 系列低压断路器的型号规格如图 3.20 所示。例如 DZ5—20/330 表示额定电流 20A 的三极复式塑壳式断路器。

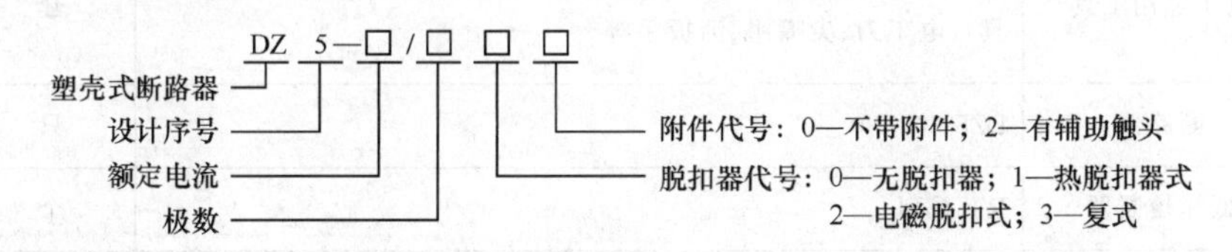

图 3.20　DZ5 系列低压断路器的型号规格

低压断路器在选用时注意以下要点：

① 低压断路器的额定电压和额定电流应等于或大于线路的工作电压和工作电流。

② 热脱扣器的额定电流应大于或等于线路的最大工作电流。

③ 热脱扣器的整定电流应等于被控制线路正常工作电流或电动机的额定电流。

2. 点动与自锁混合控制线路工作原理

点动与自锁混合控制线路的工作原理如下。

（1）连续控制

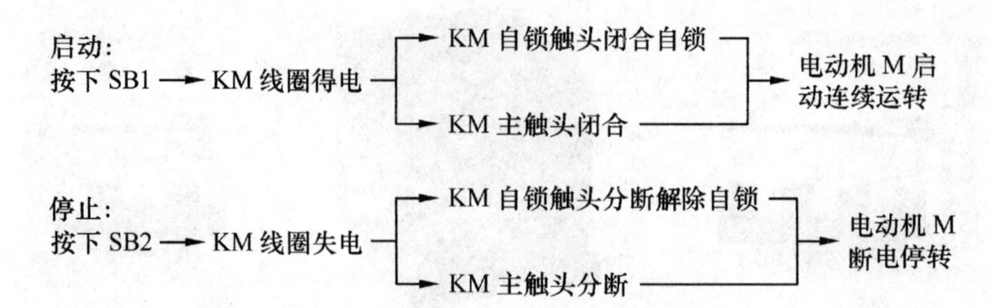

（2）点动控制

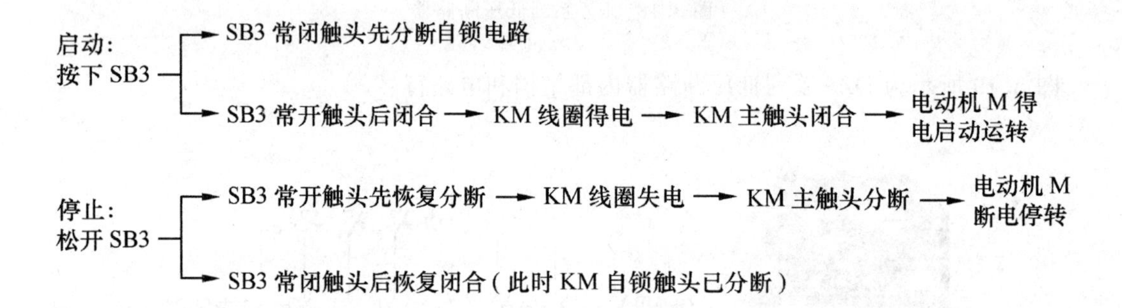

二、电动机混合控制实施方案

工具器材见表 3.4。

表 3.4　工具及器材

序号	名　称	型号与规格	单位	数量
1	三相交流电源	～3×380V	处	1
2	电工通用工具	验电笔、钢丝钳、螺钉旋具(包括十字口螺钉旋具、一字口螺钉旋具)、电工刀、尖嘴钳、活扳手等	套	1
3	断路器	DZ5-20/330	只	1
4	低压熔断器	RT 系列	个	5
5	按钮	LA10—3H	个	1
6	接触器	CJX 系列(线圈电压 380V)	个	1
7	热继电器	JRS 系列(根据电动机自定)	个	1
8	电动机	根据实习设备自定	台	1
9	导线	BVR1.5mm² 塑铜线	条	若干

三、操作步骤

① 按照图 3.16、图 3.17 所示在控制板上安装器件和接线，要求各器件安装位置整齐、匀称，间距合理。

② 检查安装的线路是否符合安装及控制要求。

③ 经指导教师检查合格后进行通电操作。

④ 按下启动按钮 SB1，交流接触器 KM 通电，电动机 M 通电运行。

⑤ 按下停止按钮 SB2，交流接触器 KM 断电，电动机 M 断电停止。

⑥ 按下点动按钮 SB3，交流接触器 KM 通电，电动机 M 通电运行；松开点动按钮 SB3，交流接触器 KM 断电，电动机 M 断电停止。

⑦ 操作完毕，关断电源开关。

【知识拓展】

在装有多台电动机的生产设备上，根据生产工艺要求，各台电动机需要按一定的顺序启动或停止。例如，在万能铣床上要求主轴电动机启动后，进给电动机才能启动。像这种要求几台电动机的启动或停止必须按照一定的先后顺序来完成的控制方式，称为电动机顺序控制。

如图 3.21 所示，第 2 台电动机的接触器 KM2 的线圈电路串接了 KM1 的常开触头。显然，只有 M1 启动后，M2 才能启动；按下停止按钮 SB3 时，M1、M2 同时停止。KM1 的常开触头有两个作用，一是自锁，二是联锁控制 KM2。

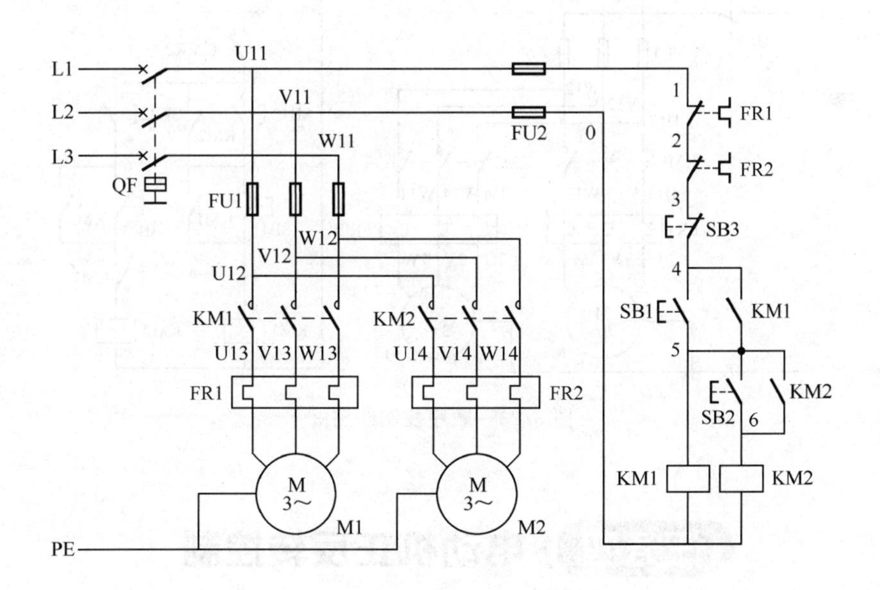

图 3.21　顺序控制线路 1

如图 3.22 所示，KM2 的线圈电路串接了 KM1 的常开触头。显然，只有 M1 启动后，M2 才能启动；按下 M2 停止按钮 SB22 时，M2 可单独停止；按下 M1 停止按钮 SB12 时，M1、M2 同时停止。KM1 的常开触头起联锁控制 KM2 的作用。

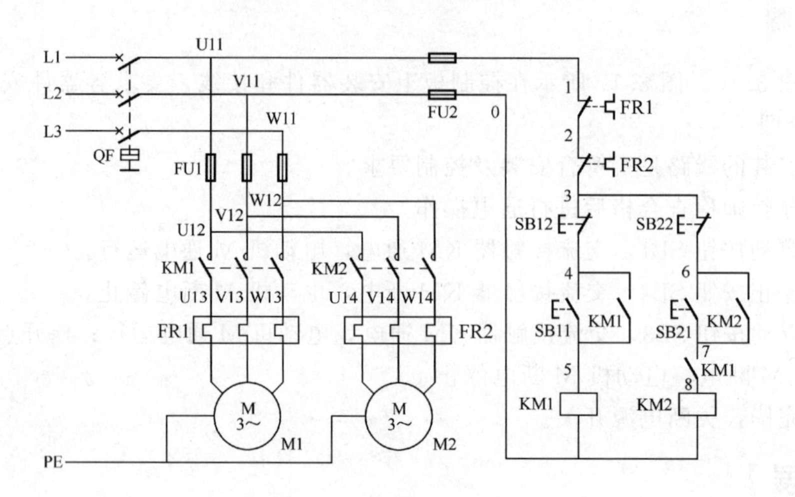

图 3.22 顺序控制线路 2

如图 3.23 所示，KM2 的线圈电路串接了 KM1 的常开触头，KM2 的常开触头与 M1 的停止按钮 SB12 并接。电动机 M1 启动后，M2 才能启动；只有 M2 停止后，M1 才能停止，即 M1、M2 是顺序启动，逆序停止。

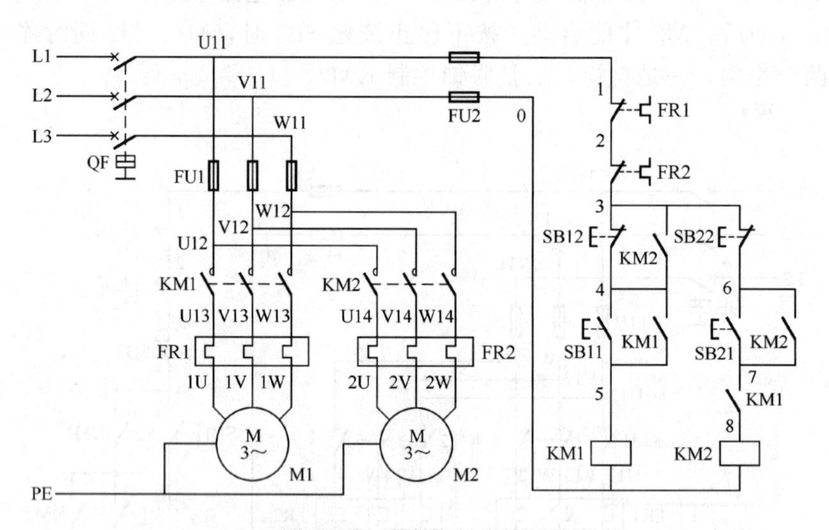

图 3.23 顺序控制线路 3

任务四 电动机正反转控制

机械设备的传动部件常需要改变运动方向，例如铣床的工作台能够向左或向右运动，电梯能上升或下降，这都要求电动机能够正反转运行。电动机正反转控制要求是：按下正转按钮，电动机正转；按下停止按钮，电动机停止；按下反转按钮，电动机反转。图 3.24所示为电动机正反转控制线路原理图，图 3.25 所示为电动机正反转控制线路安装接线图。

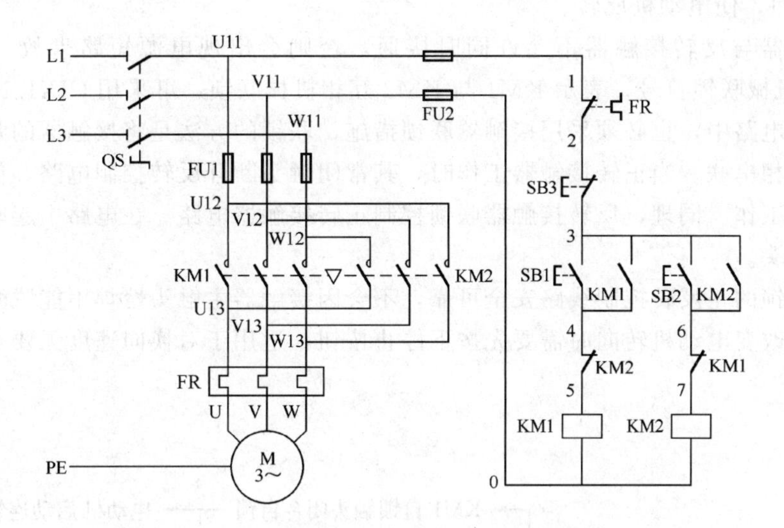

图 3.24 电动机正反转控制线路原理图

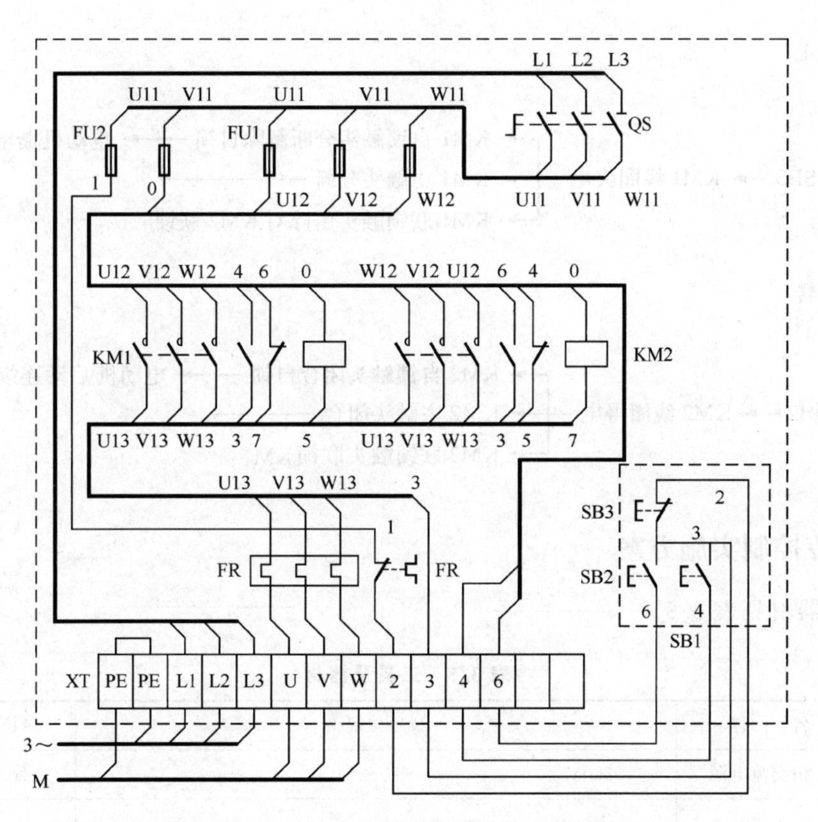

图 3.25 电动机正反转控制线路安装接线图

一、相关知识介绍

当改变三相交流电动机的电源相序时，电动机便改变转动方向。正反转控制线路中正转接触器 KM1 引入电源相序为 L1—L2—L3，使电动机正转；反转接触器 KM2 引入电源相序为 L3—L2—L1，使电动机反转。

正转接触器与反转接触器不允许同时接通，否则会出现电源短路事故。主电路中的“▽”符号为机械联锁符号，表示 KM1 与 KM2 互相机械联锁，可采用 CJX1/N 系列联锁接触器。在控制电路中，也必须采用接触器联锁措施，联锁的方法是将接触器的常闭触头与对方接触器线圈相串联。当正转接触器工作时，其常闭触头断开反转控制电路，使反转接触器线圈无法通电工作。同理，反转接触器联锁控制正转接触器电路。在电路中起联锁作用的触头称为联锁触头。

接触器联锁的正反转控制线路安全可靠，不会因接触器主触头熔焊不能脱开而造成电源短路事故，但改变电动机转向时需要先按下停止按钮，适用于对换向速度无要求的场合，其工作原理如下。

（1）正转

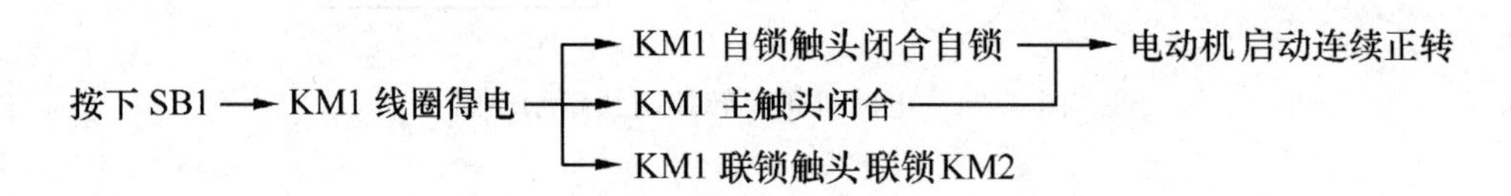

（2）停止

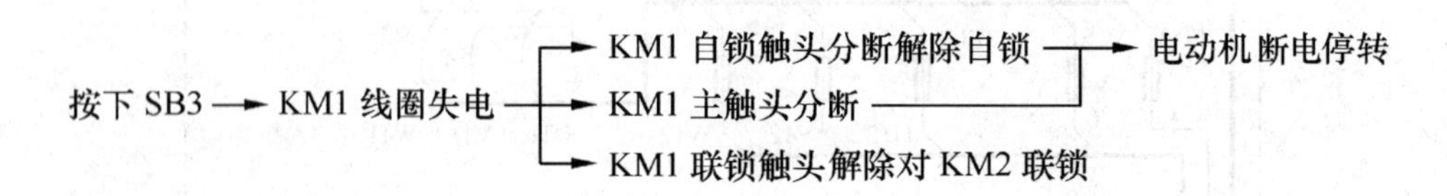

（3）反转

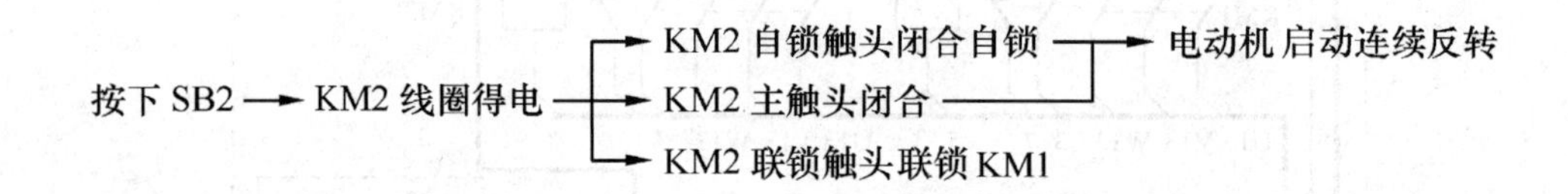

二、正反转控制实施方案

工具及器材见表 3.5。

表 3.5　工具及器材

序号	名　　称	型号与规格	单位	数量
1	三相交流电源	～3×380V	处	1
2	电工通用工具	验电笔、钢丝钳、螺钉旋具(包括十字口螺钉旋具、一字口螺钉旋具)、电工刀、尖嘴钳、活扳手等	套	1
3	低压开关	组合开关(HZ10-10/3)	只	1
4	低压熔断器	RT 系列	个	5
5	按钮	LA10—3H	个	1

续表

序号	名　称	型号与规格	单位	数量
6	接触器	CJX2(线圈电压 380V)	个	2
7	热继电器	JRS 系列,根据电动机自定	个	1
8	电动机	根据实习设备自定	台	1
9	导线	BVR1.5mm² 塑铜线	条	若干

操作步骤如下。

① 按照图 3.24、图 3.25 所示在控制板上安装器件和接线，要求各器件安装位置整齐、匀称，间距合理。

② 检查安装的线路是否符合安装及控制要求。

③ 经指导教师检查合格后进行通电操作。

④ 按下正转按钮 SB1，交流接触器 KM1 通电，电动机 M 通电正转运行。

⑤ 按下停止按钮 SB3，交流接触器 KM1 断电，电动机 M 断电停止。

⑥ 按下反转按钮 SB2，交流接触器 KM2 通电，电动机 M 通电反转运行。

⑦ 按下停止按钮 SB3，交流接触器 KM2 断电，电动机 M 断电停止。

⑧ 操作完毕，关断电源开关。

【知识拓展】

将正反转复合按钮的常闭触头与控制电路串联，就构成了接触器和按钮双重联锁的正反转控制线路，在改变电动机转向时不需要按下停止按钮，适用于要求换向迅速的场合。双重联锁的正反转控制线路如图 3.26 所示。

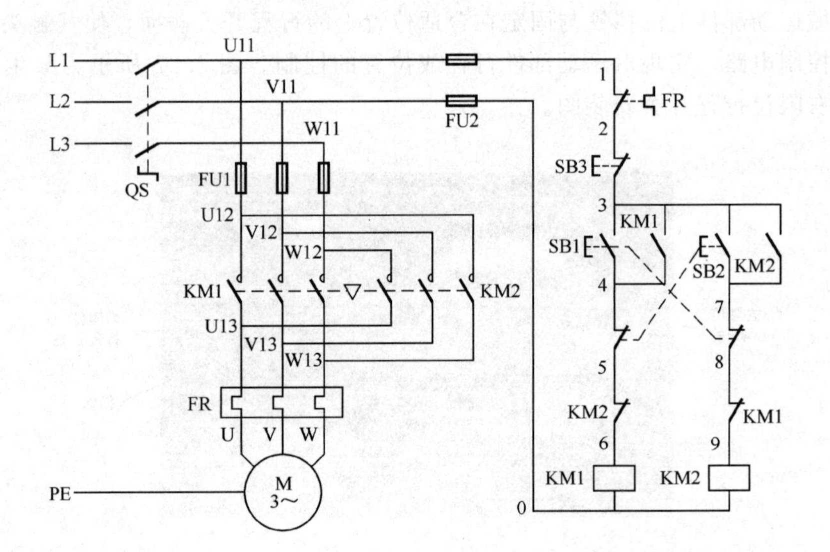

图 3.26　双重联锁的正反转控制线路

双重联锁的正反转控制线路的工作原理如下。

（1）正转控制

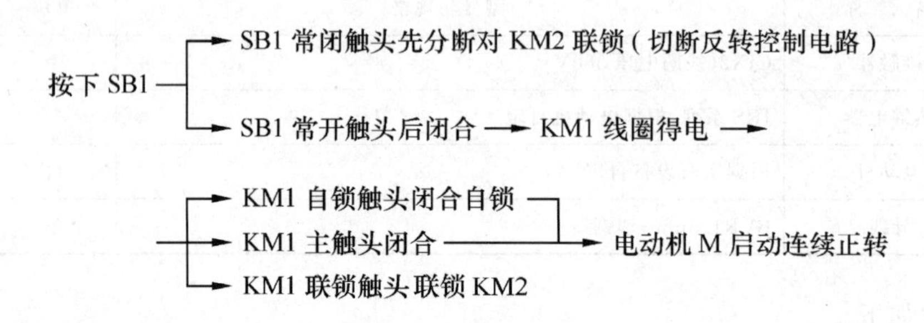

（2）反转控制

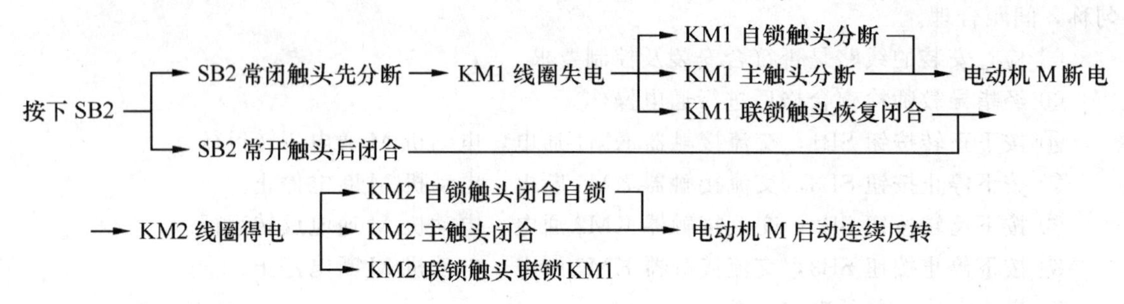

（3）停止控制

按下 SB3，整个控制电路失电，接触器主触头分断，电动机 M 断电停转。

任务五 工作机械行程与位置控制

生产机械运动部件的行程或位置要受到一定范围的限制，否则可能引起机械事故。通常利用生产机械运动部件上的挡铁与固定在合适位置上的行程开关碰撞，使其触头动作，从而接通或断开控制电路，实现对运动部件行程或位置的控制。图 3.27 所示为某生产设备运动工作台的左右限位行程开关安装图。

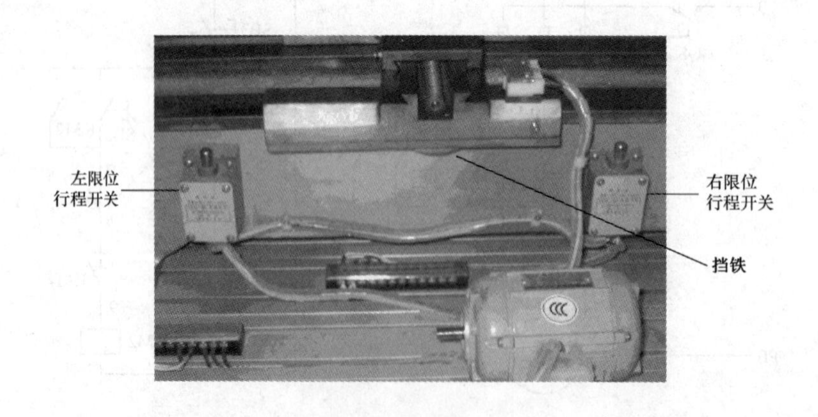

图 3.27　运动工作台的左右限位行程开关安装图

图 3.28 所示为行程与位置控制线路原理图和行车示意图。行程与位置控制要求是：按下前进按钮，行车前进，碰到前进位置开关，行车停止；按下后退按钮，行车后退，碰到后

退位置开关，行车停止；按下停止按钮，行车停止。

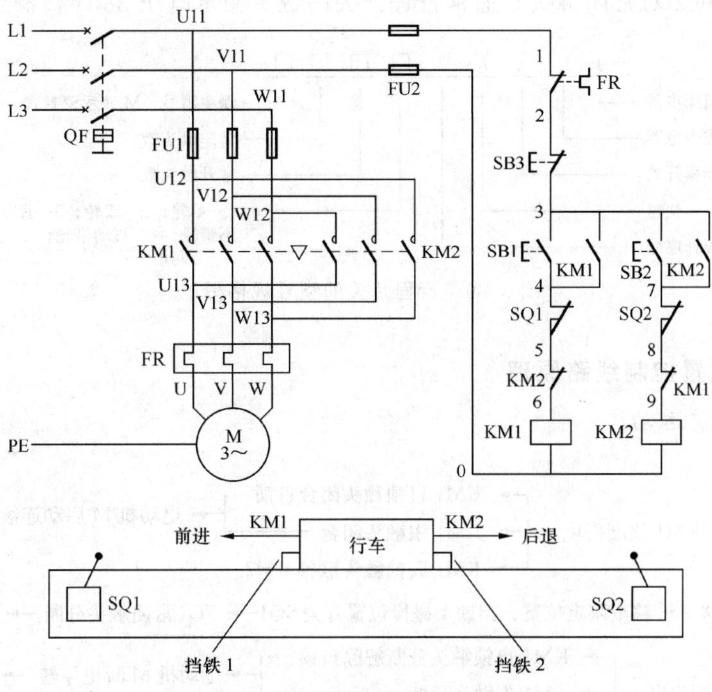

图 3.28　行程与位置控制线路原理图和行车示意图

一、相关知识介绍

1. 行程开关

行程开关与按钮的作用相同，但两者的动作方式不同，按钮是用手指操纵，而行程开关则是依靠生产机械运动部件的挡铁碰撞而动作。图 3.29 所示为行程开关外形及其电路符号。

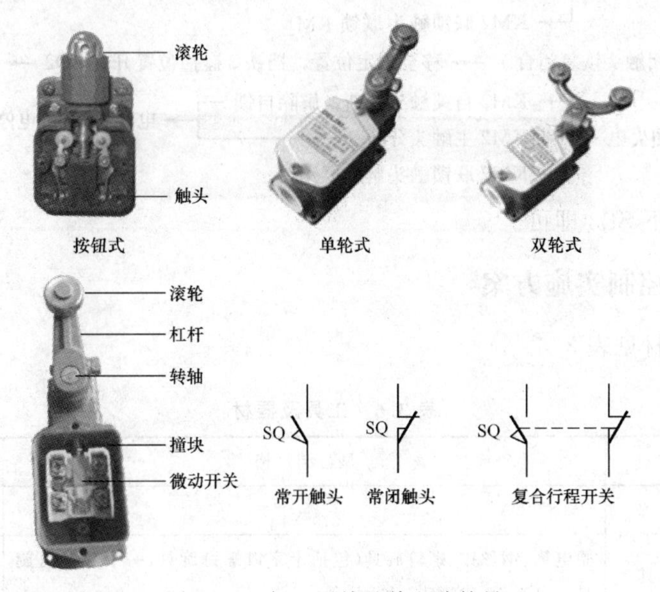

图 3.29　行程开关及其电路符号

行程开关的型号规格标记如图 3.30 所示。例如 JLXK1—122 表示单轮旋转式行程开关，有 2 对常开触头和 2 对常闭触头。通常行程开关的触头额定电压 380V，额定电流 5A。

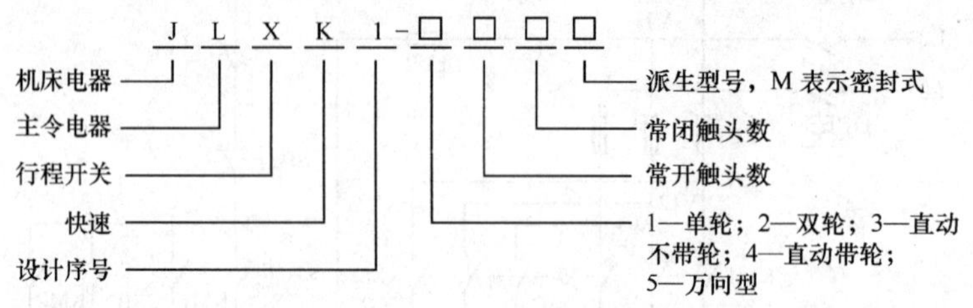

图 3.30 行程开关的型号规格标记

2. 行程与位置控制线路原理

(1) 行车向前运动

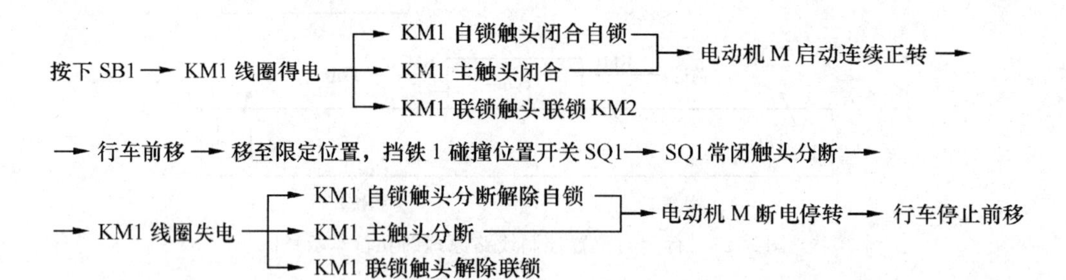

即使再按下 SB1，由于 SQ1 常闭触头已分断，接触器 KM1 线圈不会得电，保证行车不会超过 SQ1 所在的位置。

(2) 行车向后运动

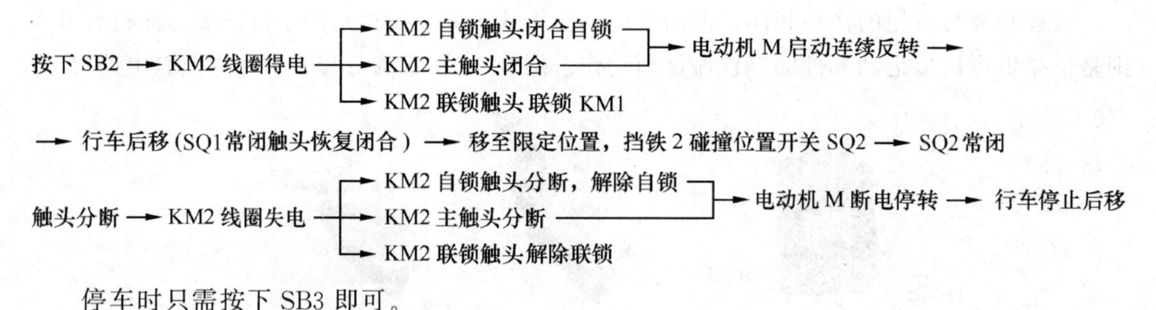

停车时只需按下 SB3 即可。

二、行程与位置控制实施方案

使用工具及器材见表 3.6。

表 3.6 工具及器材

序号	名 称	型号与规格	单位	数量
1	三相交流电源	～3×380V	处	1
2	电工通用工具	验电笔、钢丝钳、螺钉旋具(包括十字口螺钉旋具、一字口螺钉旋具)、电工刀、尖嘴钳、活扳手等	套	1

续表

序号	名　　称	型号与规格	单位	数量
3	断路器	DZ5-20/330	只	1
4	低压熔断器	RT 系列	个	5
5	按钮	LA10—3H	个	1
6	热继电器	JRS 系列(根据电动机自定)	个	1
7	接触器	CJX1 系列(线圈电压 380V)	个	2
8	行程开关	JLXK1-111	个	2
9	电动机	根据实习设备自定	台	1
10	导线	BVR1.5mm² 塑铜线	条	若干

操作步骤如下。

① 仔细观察行程开关，熟悉外形、结构、型号及主要技术参数。

② 根据图 3.28 在控制板上安装器件和接线，要求各器件安装位置整齐、匀称，间距合理。

③ 检查安装的线路是否符合安装及控制要求。

④ 经指导教师检查合格后进行通电操作。

⑤ 按下前进按钮 SB1，交流接触器 KM1 通电，电动机 M 通电正转运行。

⑥ 拨动前进位置行程开关 SQ1，交流接触器 KM1 断电，电动机 M 断电停止。

⑦ 按下后退按钮 SB2，交流接触器 KM2 通电，电动机 M 通电反转运行。

⑧ 拨动后退位置行程开关 SQ2，交流接触器 KM3 断电，电动机 M 断电停止。

⑨ 无论电动机处于何种状态，按下停止按钮 SB3，电动机 M 断电停止。

⑩ 操作完毕，关断电源开关。

【知识拓展】

有些生产机械，要求工作台在一定的行程内能自动往返运动，以实现对工件连续加工。如图 3.31 所示的磨床工作台，在磨床机身上安装了 4 个行程开关 SQ1、SQ2、SQ3 和 SQ4，其中 SQ1、SQ2 用来自动换向，当工作台运动到换向位置时，挡铁撞击行程开关，使其触头动作，电动机自动换向，使工作台自动往返运动。SQ3、SQ4 被用作终端限位保护，以防止 SQ1、SQ2 损坏时，致使工作台越过极限位置而造成事故。

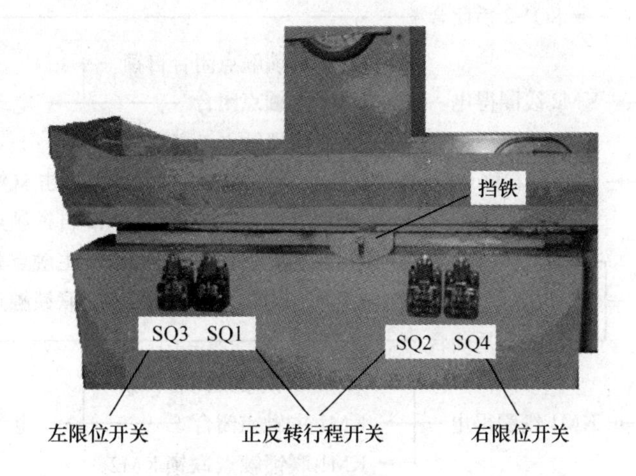

图 3.31　磨床工作台

工作台自动往返控制线路原理图如图 3.32 所示。起换向作用的行程开关 SQ1 和 SQ2 用复合开关，动作时其常闭触头先断开对方控制电路，然后其常开触头接通自身控制电路，实现自动换向功能。当行程开关 SQ3 或 SQ4 动作时则切断控制电路，电动机停止。

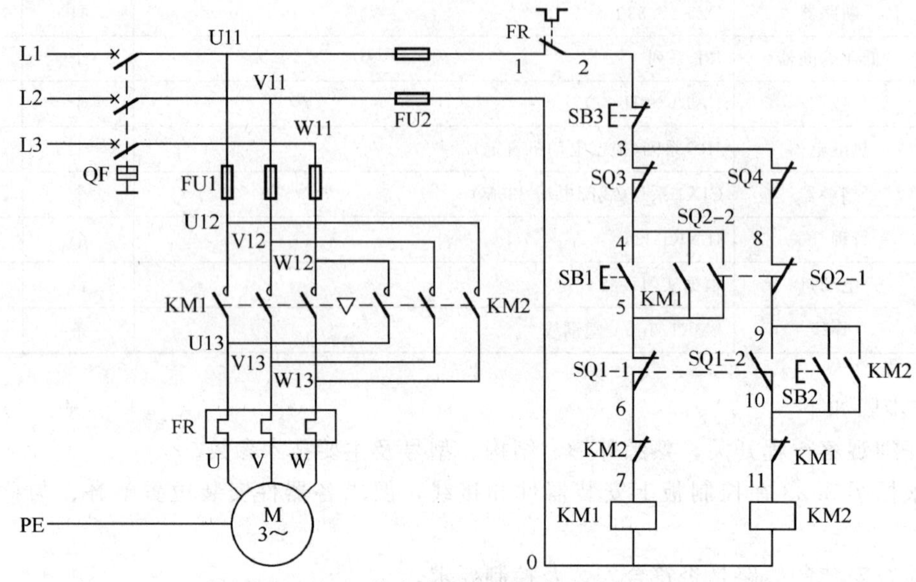

图 3.32　工作台自动往返控制线路原理图

工作台自动往返控制电路电路工作原理如下。

（1）*启动*

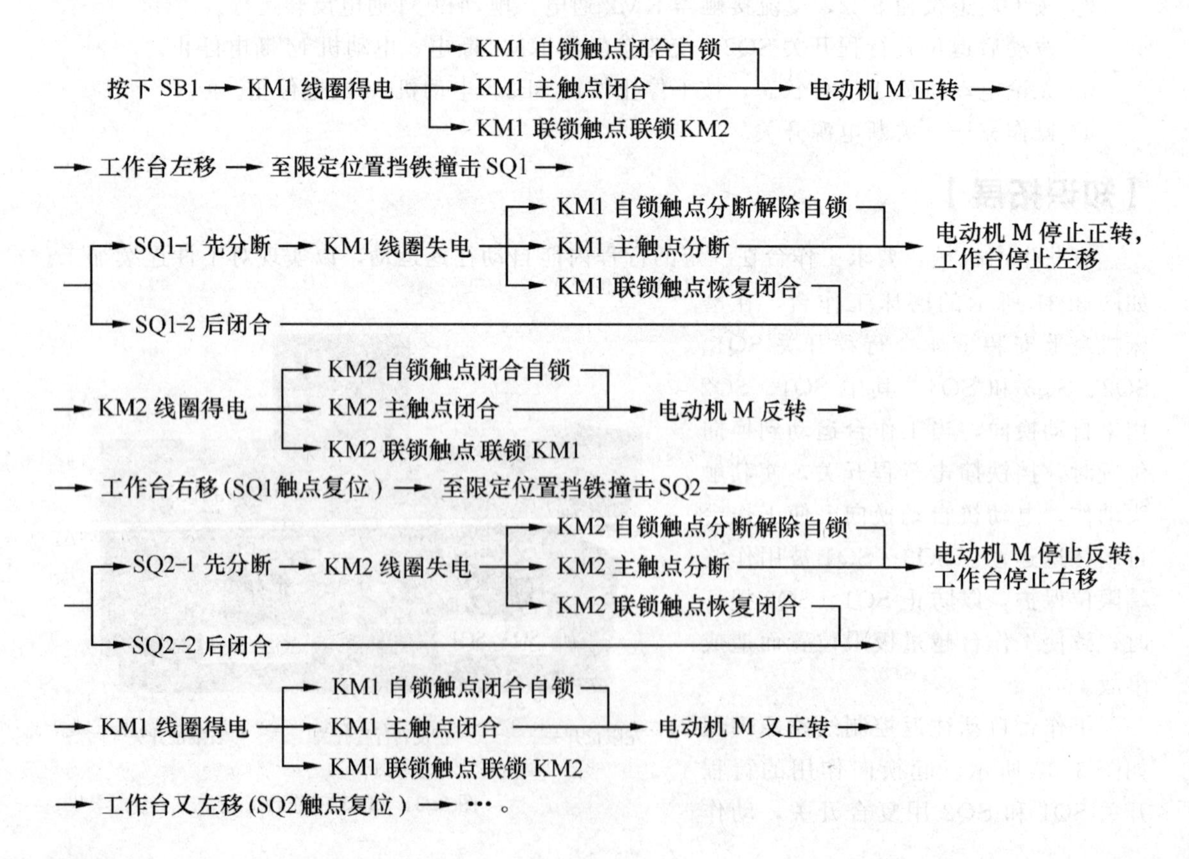

不断重复上述过程，工作台就在限定的行程内作自动往返运动

（2）停止

停车时只需按下 SB3 即可停止。

任务六　实现电动机Y-△降压启动控制

电动机启动时把定子绕组接成Y形（绕组电压 220V），运转后把定子绕组接成△形（绕组电压 380V），这种启动方式称为Y-△降压启动。Y-△降压启动可使启动电流减少为全压启动的 1/3，有效避免了启动时过大电流对供电线路的影响。

通常在控制电路中接入时间继电器，利用时间继电器的延时功能自动完成Y-△形切换。控制要求是：按下启动按钮，电动机Y形启动，延时几秒后，电动机△形运转；按下停止按钮，电动机停止。图 3.33 所示为电动机Y-△降压启动控制线路原理图，图 3.34 所示为安装接线图。

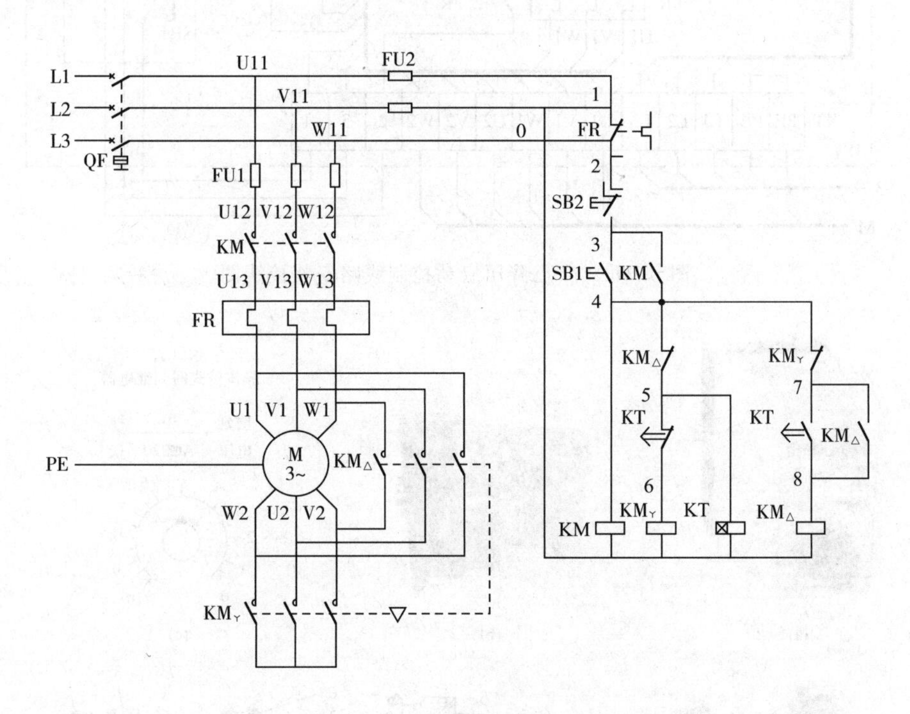

图 3.33　Y-△降压启动控制线路原理图

一、相关知识介绍

1. 时间继电器

时间继电器是一种延迟触头动作时间的控制电器。图 3.35（a）、（b）、（c）所示分别为 JS14-A 系列晶体管式时间继电器的外形、内部构件和操作面板，图 3.35（d）、（e）所示为 JS7-A 系列空气阻尼式时间继电器的外形与内部结构。图 3.35（f）所示结构为断电延时型空气阻尼式时间继电器。

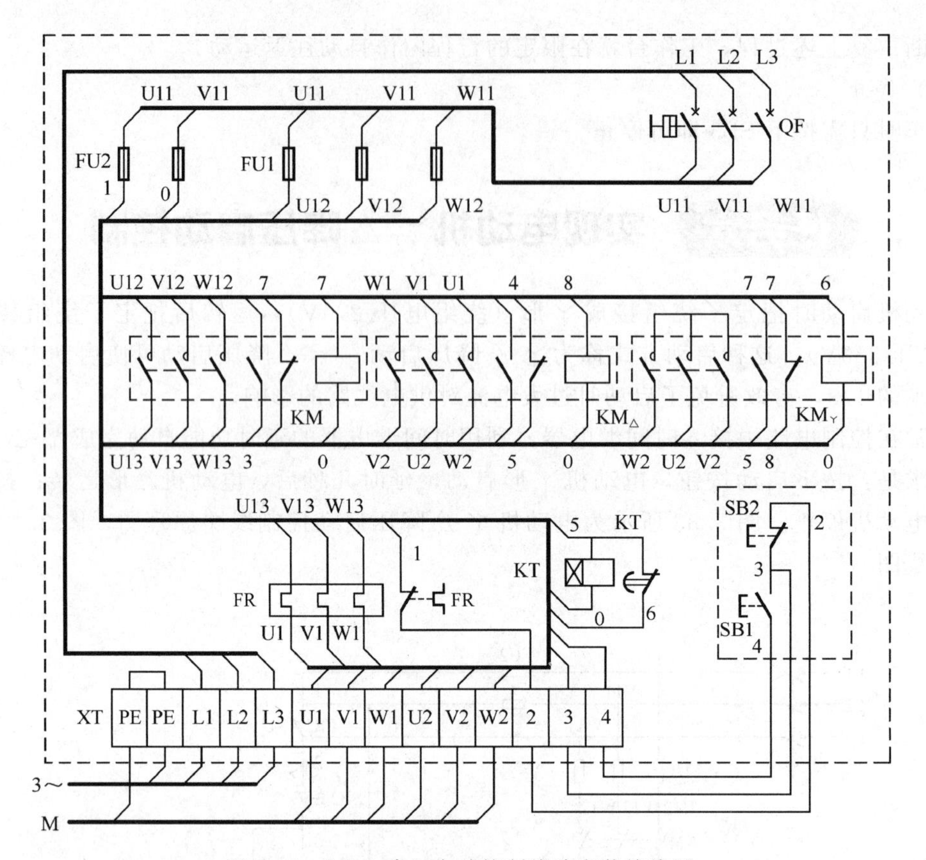

图 3.34 Y-△降压启动控制线路安装接线图

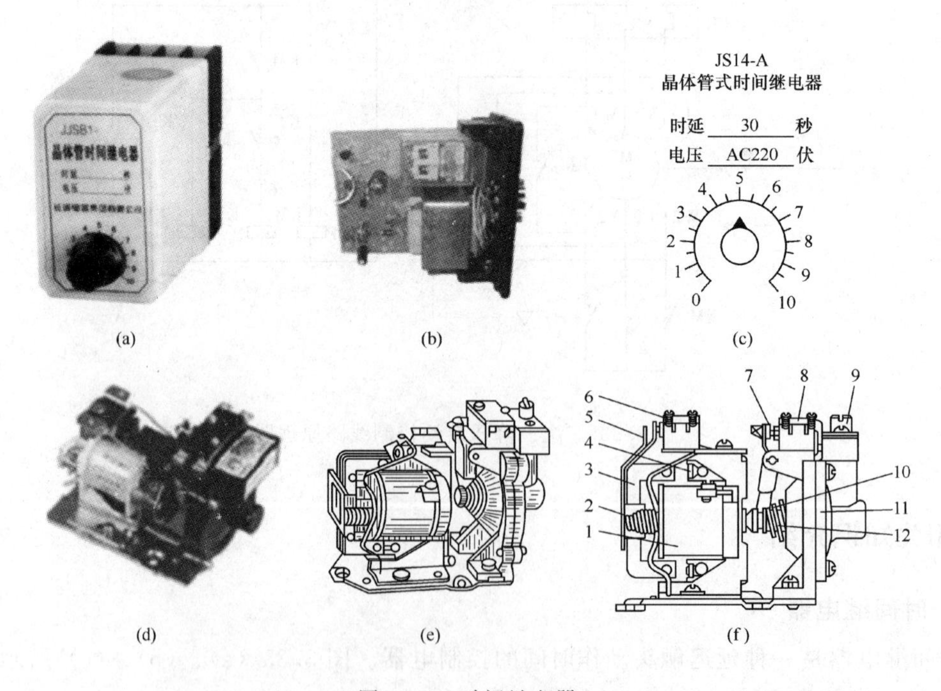

图 3.35 时间继电器

1—线圈；2—反力弹簧；3—衔铁；4—铁芯；5—弹簧片；6—瞬时触头；
7—杠杆；8—延时触头；9—调节螺钉；10—推杆；11—空气室；12—宝塔形弹簧

时间继电器按延时特性分为通电延时型和断电延时型两类。通电延时型是指电磁线圈通电后触头延时动作，断电延时型是指电磁线圈断电后触头延时动作。通常在时间继电器上既有起延时作用的触头，也有瞬时动作的触头。

通电延时型时间继电器的电路符号如图 3.36 所示。

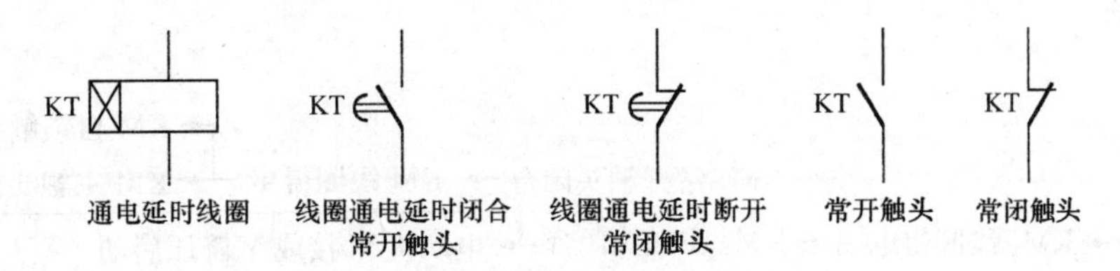

图 3.36　通电延时型时间继电器的电路符号

断电延时型时间继电器的电路符号如图 3.37 所示。

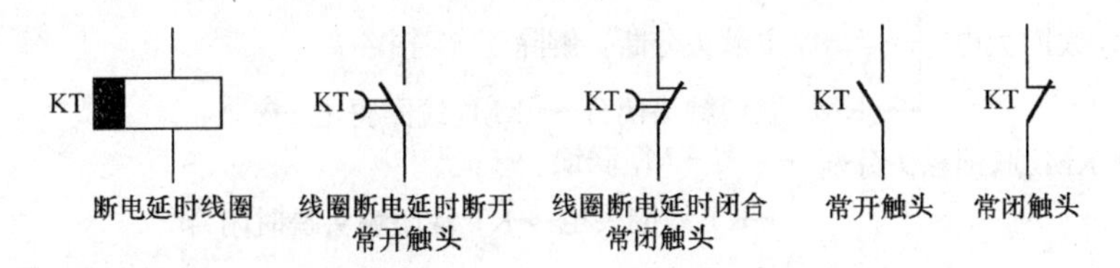

图 3.37　断电延时型时间继电器的电路符号

时间继电器型号规格如图 3.38 所示。

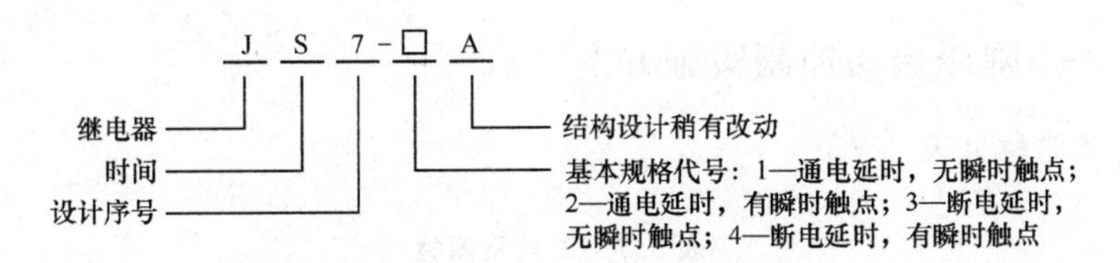

图 3.38　时间继电器的型号规格

晶体管式时间继电器延时精度高，时间长，调节方便，主要技术数据如下。

① 供电电压。交流有 36V、110V、220V、380V；直流有 24V、27V、30V、36V、110V、220V。

② 延时规格。有 5s、10s、30s、60s、120s、180s；5min、10min、20min、30min、60min。

空气阻尼式时间继电器是利用小孔节流的原理来获得延时动作的。当电磁线圈通电后，动铁芯吸合，瞬时触头立即动作，而与气室相紧贴的橡皮膜随进入气室的空气量增加而开始移动，通过推杆使延时触头动作，调节进气孔的大小可获得所需要的延时量。断电延时型的工作原理与通电延时型相似。

时间继电器选用原则如下：

① 根据系统的延时范围和精度选择时间继电器的类型和系列。在延时精度要求不高的场合，可选用空气阻尼式时间继电器；要求延时精度高、延时范围较大的场合，可选用晶体管式时间继电器。目前电气设备中较多使用晶体管式时间继电器。

② 根据控制电路的要求选择时间继电器的延时方式（通电延时型或断电延时型）。

③ 时间继电器电磁线圈的电压应与控制电路电压等级相同。

2. Y-△降压启动控制线路工作原理

Y-△降压启动控制线路工作原理如下。

（1）启动

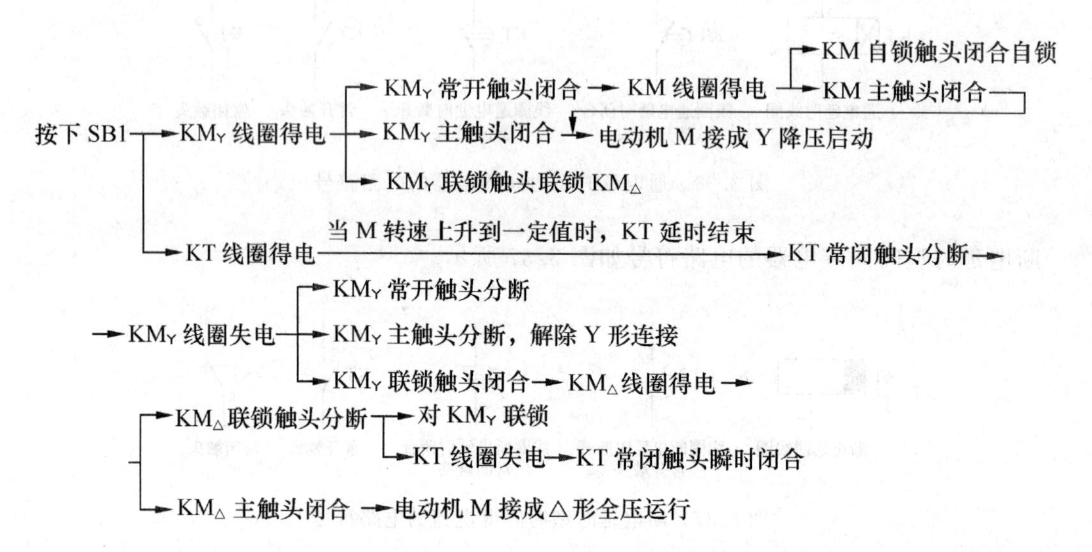

（2）停止

停止时，按下SB2即可实现。

二、电动机Y-△降压启动控制实施方案

使用工具及器材见表3.7。

表3.7 工具及器材

序号	名　称	型号与规格	单位	数量
1	三相交流电源	～3×380V	处	1
2	电工通用工具	验电笔、钢丝钳、螺钉旋具（包括十字口螺钉旋具、一字口螺钉旋具）、电工刀、尖嘴钳、活扳手等	套	1
3	断路器	DZ5-20/330	只	1
4	低压熔断器	RT系列	个	5
5	按钮	LA10—2H	个	1
6	热继电器	JRS系列（根据电动机自定）	个	1
7	接触器	CJX1系列（线圈电压380V）	个	3
8	时间继电器	晶体管式或空气阻尼式（线圈电压380V，延时时间6s）	个	1
9	电动机	根据实习设备自定	台	1
10	导线	BVR1.5mm² 塑铜线	条	若干

操作步骤如下。

① 仔细观察时间继电器，熟悉它们的外形、结构、型号及主要技术参数的意义和动作原理。

② 按照图 3.33、图 3.34 所示在控制板上安装器件和接线，要求各器件安装位置整齐、匀称，间距合理。

③ 检查安装的线路是否符合安装及控制要求。

④ 经指导教师检查合格后进行通电操作。

⑤ 将时间继电器延时时间设置为 6s。

⑥ 按下启动按钮 SB1，电源接触器和丫形接触器通电，电动机丫形启动。当时间继电器延时 6s 后，丫形接触器断电，△形接触器通电，电动机△形运转。

⑦ 按下停止按钮 SB2，电动机断电停止。

⑧ 操作完毕，关断电源开关。

【知识拓展】

三相异步电动机启动要求有以下两点：启动电流要小，以减小对电网的冲击；启动转矩要大，以加速启动过程，缩短启动时间。

一、直接启动（全压启动）

所谓直接启动，就是利用刀开关或接触器将电动机定子绕组直接接到额定电压的电源上，故又称全压启动。全压启动的启动电流大，启动转矩不大。

有独立变压器供电的场合，异步电动机容量不应超过动力供电变压器容量的 30%；频繁启动的异步电动机，其容量不应超过动力供电变压器容量的 20%。

二、降压启动

为了减小电动机启动对电网的冲击，容量较大的三相异步电动机均采用降压启动，以降低启动电流，即电动机的定子绕组启动时采用降压措施，待转速接近或达到额定转速时在额定电压下运行，这种启动方式称降压启动。降压启动的启动电流小，启动转矩与电压的平方成正比，仅适用于空载或轻载启动的场合。降压启动的方法很多，常用的有下述几种。

1. 定子串接电抗器或电阻的降压启动

启动时，先合上隔离开关 QS，电抗器或电阻接入定子电路；启动结束后，切除电抗器或电阻。定子串电阻启动方式能耗较大，实际应用不多；定子串电抗器启动方式无能耗损失，但成本较高，适用于频繁启动。

采用串电阻（或电抗）降压启动，减小了启动电流，但同时启动转矩也大为减小。因此串电阻（或电抗）降压启动方法只适用电动机轻载启动，必须保证降压后启动力矩不得低于负载力矩。

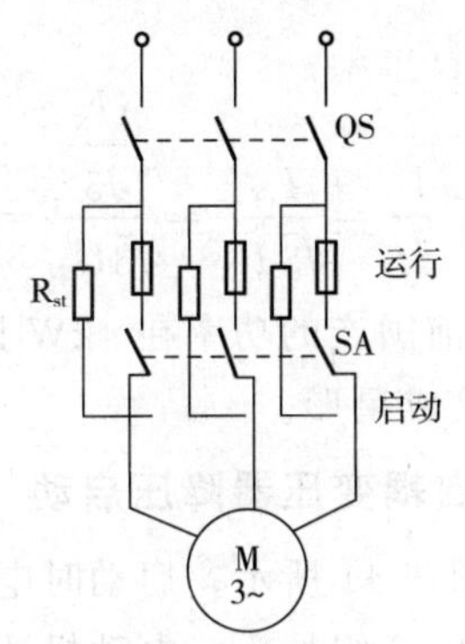

图 3.39　定子串接电抗器或电阻的降压启动原理图

2. 丫-△降压启动

采用这种启动方法，电动机启动时定子绕组先接成星形，等转速接近额定值时再换成三角形，见图 3.40。这种启动方法设备简单，价格便宜，只需一只转换开关，启动时先接通电源开关 Q，而后将转换开关 SA 搬向右下侧，电动机定子绕组接成星形，转速达到一定转速后，将 SA 搬向上侧，改接为三角形。此方法仅适用于运行时定子绕组为角接的电动机。

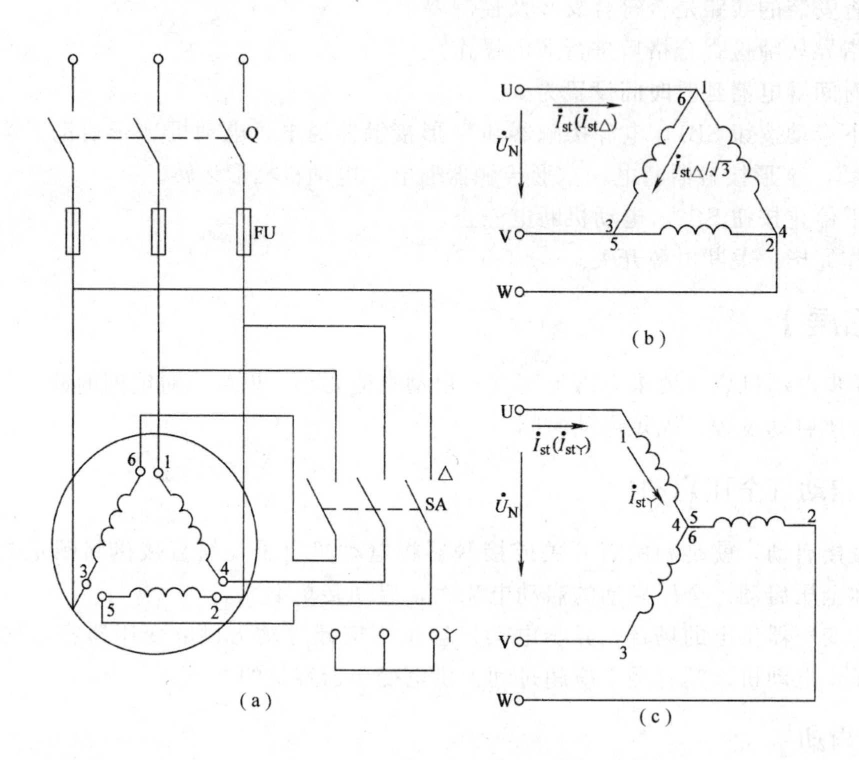

图 3.40　丫-△降压启动原理

采用三角形接法时，每相绕组所加电压 $U_1=U_N$（线电压），每相绕组的相电流为 $I_\triangle$，电源输入线电流为 $I_S=\sqrt{3}I_\triangle$。星形启动时，每相绕组所加电压为

$$U_1'=\frac{U_1}{\sqrt{3}}=\frac{U_N}{\sqrt{3}}$$

由于 $\dfrac{I_S'}{I_S}=\dfrac{I_丫}{\sqrt{3}I_\triangle}=\dfrac{\frac{U_N}{\sqrt{3}}}{\sqrt{3}U_N}=\dfrac{1}{3}$，因此对供电变压器造成冲击的启动电流是直接启动时的 1/3。目前国产的功率在 4kW 以上丫系列电动机都设计成在 380V 电压下采用三角形连接，启动时接成星形。

3. 自耦变压器降压启动

如图 3.41 所示，启动时电源经自耦变压器降压后接到电动机上。自耦变压器的副绕组一般有 2～3 组抽头，电动机达到一定转速后开始全压运行。

启动电流小、启动转矩大是自耦变压器降压启动的优点，它的缺点是启动设备体积大，价格贵，维修不方便。

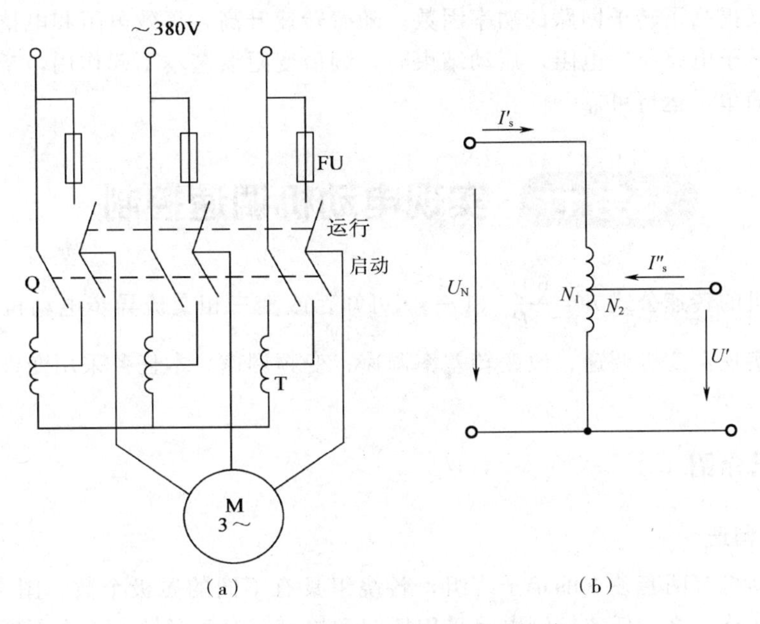

图 3.41　自耦变压器降压启动电路

4. 转子回路串接电阻启动

如图 3.42 所示，启动时在转子电路串接启动电阻器，以提高启动转矩，同时限制启动电流；启动结束后切除转子所串电阻。为了在启动过程中得到比较大的启动转矩，需分几级切除启动电阻。这种启动方式采用的设备复杂，耗能大，启动级数少。适用于容量较大的设备和重载启动的情况，广泛用于桥式起重机、卷扬机、龙门吊车等重载设备。

5. 转子回路串接频敏变阻器启动

图 3.43 所示为转子回路串接频敏变阻器示意图。频敏变阻器是一个用厚钢板叠成的三相铁芯线圈，其铁芯损耗相当于一个等值电阻，线圈又是一个电抗，随频率变化而变化。

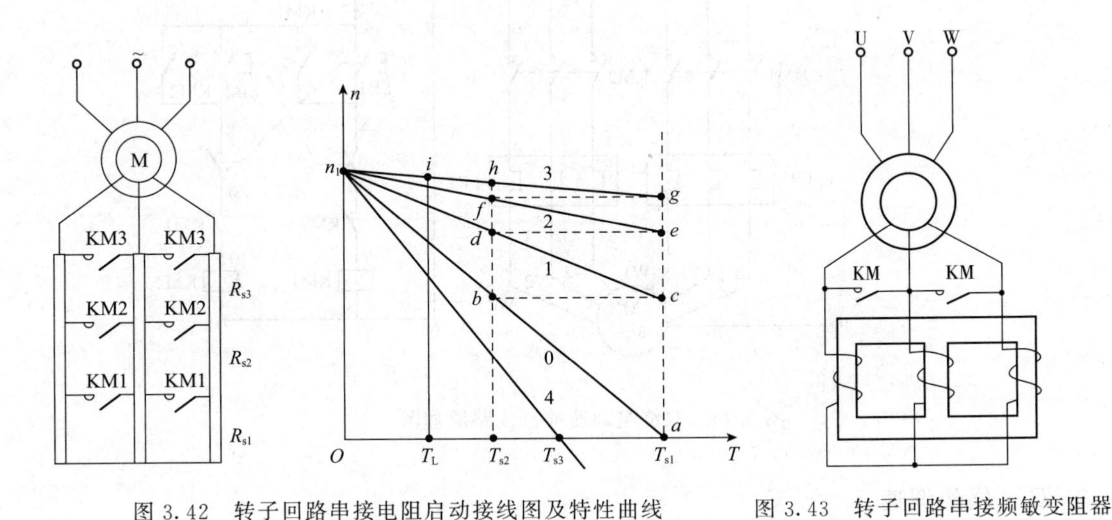

图 3.42　转子回路串接电阻启动接线图及特性曲线　　　图 3.43　转子回路串接频敏变阻器

启动时：$s=1$，$f_2=f_1=50\text{Hz}$，铁芯损耗大，等效电阻大，既限制了启动电流，增大了启动转矩，又提高了转子回路的功率因数。随着转速升高，等效电阻和电抗随之减小，相当于逐渐切除转子电路所串电阻。启动结束时，频敏变阻器基本不起作用，予以切除。这种启动方式结构简单，运行可靠。

任务七 实现电动机调速控制

根据电动机的转速公式 $n=\frac{60f_1}{P}(1-s)$ 可知，改变三相交流异步电动机的转速可通过以下 3 种方法实现：变极调速；改变转差率调速；变频调速。本任务采用变极调速方法实现电动机的调速。

一、相关知识介绍

1. 双绕组调速

双绕组电动机有两套独立的定子绕组，各绕组具有不同的磁极个数。图 3.44 所示为双绕组调速控制线路，高、低速控制电路采用按钮和接触器双重联锁。工作原理是：按下低速按钮 SB1，接触器 KM1 通电自锁，电动机低速绕组（U1、V1、W1）通电，电动机低速运转。按下高速按钮 SB2，接触器 KM2 通电自锁，电动机高速绕组（U2、V2、W2）通电，电动机高速运转。

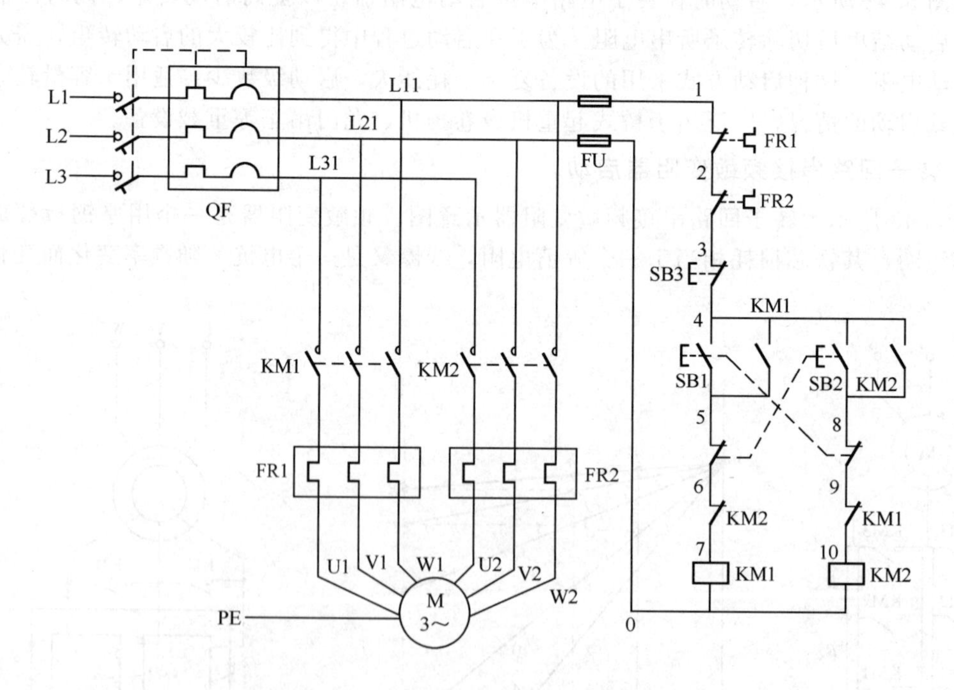

图 3.44 双绕组调速控制线路原理图

2. 双丫绕组调速

图 3.45 所示为双丫绕组电动机调速控制线路原理图，其工作原理是：按下低速按钮 SB1，接触器 KM1 通电自锁，电动机 4 极低速绕组（△形连接）通电，电动机低速运转，

电源相序为 L3—L2—L1。按下高速按钮 SB2，接触器 KM2、KM3 通电，KM2 自锁，电动机 2 极高速绕组（丫丫形连接）通电，电动机高速运转，电源相序为 L1—L2—L3。

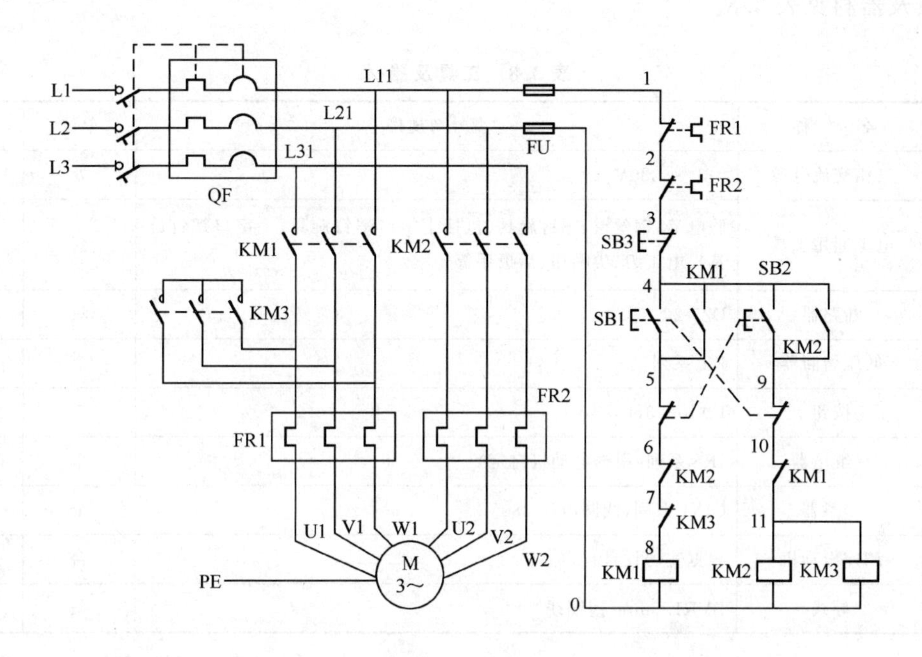

图 3.45　双丫绕组电动机调速控制线路原理图

双丫绕组电动机定子绕组的△-丫丫形接线图如图 3.46 所示。图中三相定子绕组接成△形，由 3 个连接点接出 3 个出线端 U1、V1、W1，从每相绕组的中点各接出 1 个出线端 U2、V2、W2，这样，定子绕组共有 6 个出线端。通过改变这 6 个出线端的连接方式，就可以得到两种不同的转速。

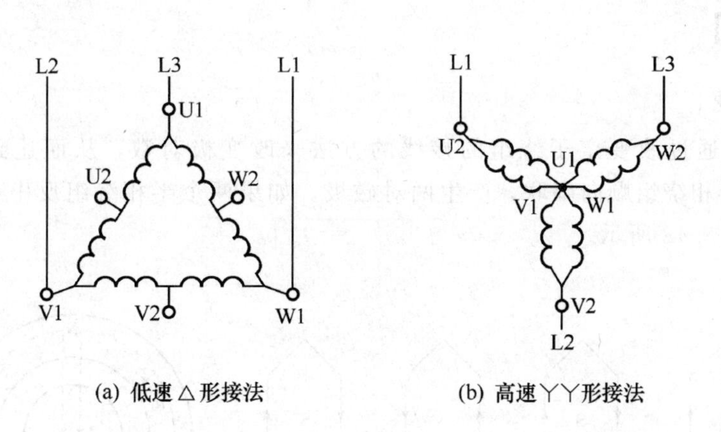

(a) 低速△形接法　　(b) 高速丫丫形接法

图 3.46　双丫绕组电动机定子绕组△-丫丫形接线图

当定子绕组接成△形时，每相绕组中的两个线圈串联，磁场为 4 极，同步转速为 1500r/min。图 3.46（b）中，将定子绕组由△形改为双丫形，每相绕组中的两个线圈并联，磁场为 2 极，同步转速为 3000r/min。由于磁极对数的变化，三相定子绕组排列的相序也改变了，为了维持原来的转向不变，就必须在变极的同时改变三相绕组接线的相序。

二、电动机调速实施方案

工具及器材见表 3.8。

表 3.8　工具及器材

序号	名　称	型号与规格	单位	数量
1	三相交流电源	～3 × 380V	处	1
2	电工通用工具	验电笔、钢丝钳、螺钉旋具(包括十字口螺钉旋具、一字口螺钉旋具)、电工刀、尖嘴钳、活扳手等	套	1
3	断路器	DZ5-20/330	只	1
4	低压熔断器	RT 系列	个	5
5	按钮	LA10—3H	个	1
6	热继电器	JRS 系列(根据电动机自定)	个	2
7	接触器	CJX1 系列(线圈电压 380V)	个	3
8	调速电动机	根据实习设备自定	台	1
9	导线	BVR1.5mm² 塑铜线	条	若干

操作步骤如下。

① 检测调速电动机。

② 在控制板上安装器件和接线，要求各器件安装位置整齐、匀称，间距合理。

③ 检查安装的线路是否符合安装及控制要求。

④ 经指导教师检查合格后进行通电操作。

【知识拓展】

1. 变极调速

变极调速是通过改变定子绕组的接线的方法来改变极对数，从而达到调速目的。图 3.47 中，两个半相绕组顺向串联，产生两对磁极。如果两个半相绕组反串或反并，则产生一对磁极，如图 3.48 所示。

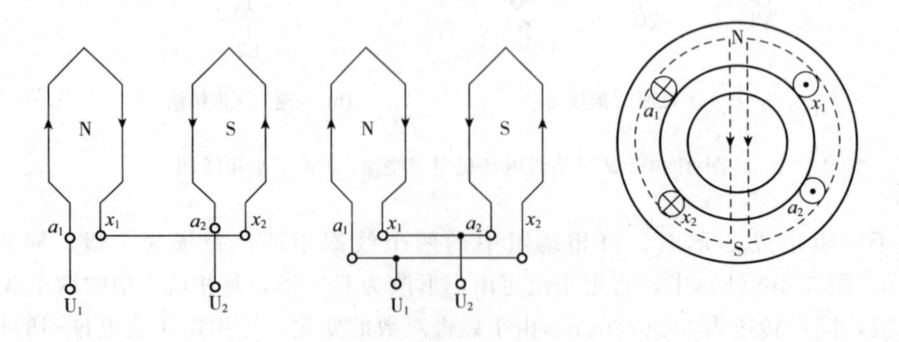

图 3.47　三相四极电动机定子 U 相绕组

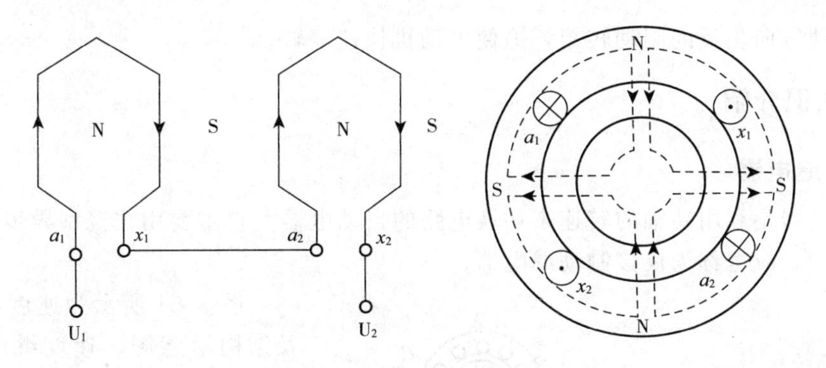

图 3.48　三相二极电动机定子 U 相绕组

常用的变极调速接线方式是从星形接线改成双星形接线（Y-YY），或者是从三角形接线改成双星形接线（△-YY），见图 3.49 。

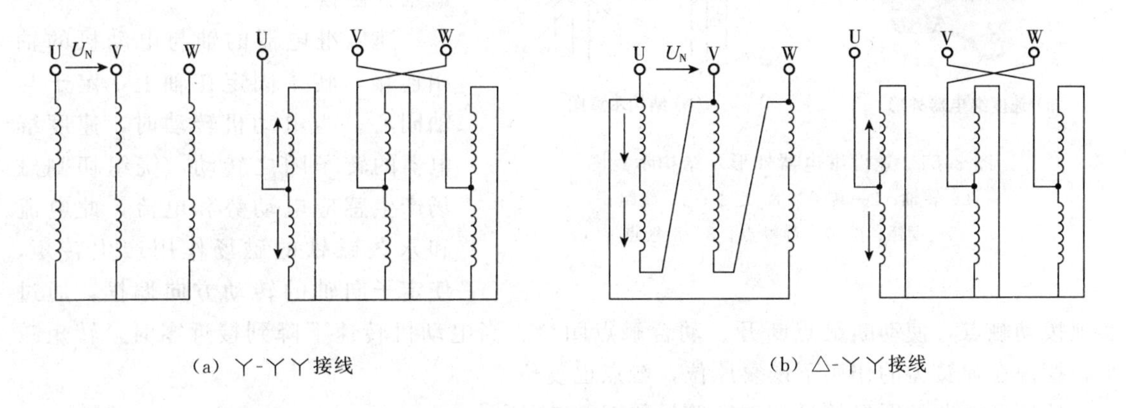

(a) Y-YY接线　　(b) △-YY接线

图 3.49　常用的变极调速接线方式

这种调速方式只能是分级变速，不可能做到无级平滑调速。

2. 变频调速

变频调速电动机需要设置专用的变频电源，通过可控整流器把交流电整流成电压可调的直流电，再通过逆变器逆变成频率可调的交流电，从而使电动机的速度可调，可实现范围较宽的平滑调速。随着电子器件的发展，这种调速方法的应用越来越广泛。图 3.50 为变频调速的原理图。

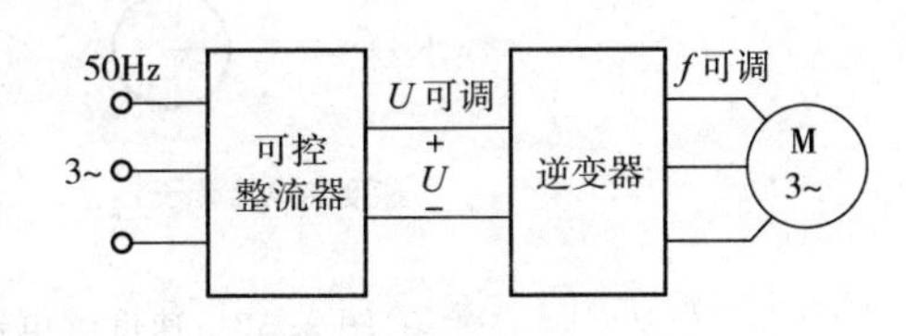

图 3.50　变频调速原理图

3. 改变转差率调速

这种调速方式只有很小的调速范围。泵类、风机类负载大多采用此种方法调速。

任务八　实现电动机制动控制

由于机械惯性的影响，高速旋转的电动机从切除电源到停止转动要经过一定的时间，满足不了快速、准确停车的控制要求，需要对电动机进行制动控制，给正在运行的电动机加上一个与原转动方向相反的制动转矩，迫使电动机快速停转。

一、相关知识介绍

1. 速度继电器

速度继电器是利用转轴的转速来切换电路的自动电器，它主要用在笼型异步电动机的反接制动控制中，故也称为反接制动继电器。

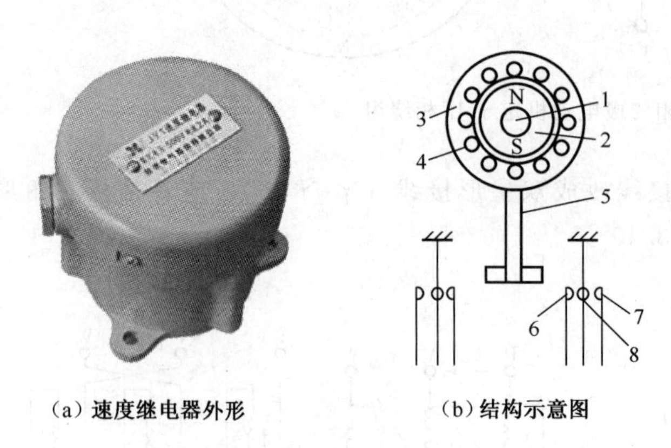

(a) 速度继电器外形　(b) 结构示意图

图 3.51　速度继电器外形及结构示意图

1—转轴；2—转子；3—定子；4—绕组；
5—摆锤；6，7—静触点；8—动触点

图 3.51 所示为速度继电器外形及结构示意图。速度继电器主要由定子、转子和触点组成。定子的结构与笼型异步电动机相似，是一个笼型空心圆环，由硅钢片冲压而成，并装有笼型绕组。转子是一个圆柱形永久磁铁。

速度继电器的轴与电动机的轴相连接，转子固定在轴上，定子与轴同心。当电动机转动时，速度继电器的转子随之转动，绕组切割磁场产生感应电动势和电流，此电流和永久磁铁的磁场作用产生转矩，使定子向轴的转动方向偏摆，通过摆锤拨动触点，使动断触点断开、动合触点闭合。当电动机转速下降到接近零时，转矩减小，摆锤在弹簧力的作用下恢复原位，触点也复位。

速度继电器的图形符号和文字符号如图 3.52 所示。

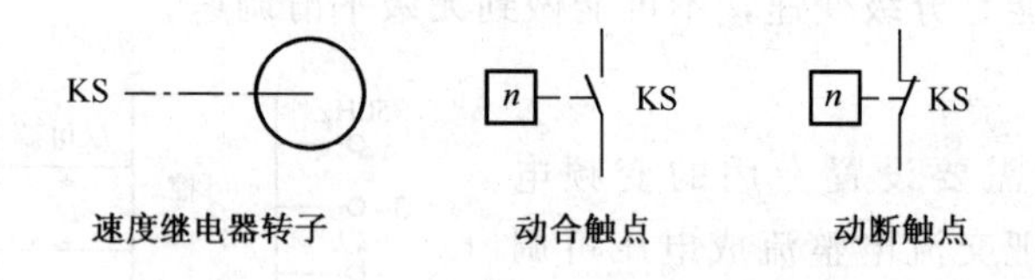

图 3.52　速度继电器的图形符号和文字符号

常用的速度继电器有 JY1 型和 JFZ0 型，其技术数据如表 3.9 所示。一般速度继电器的动作转速为 120r/min，触点的复位转速在 100r/min 以下。

表 3.9　JY1 型和 JFZ0 型速度继电器技术数据

型　号	触点容量		触点数量		额定工作转速/(r/min)	允许操作频率/(次/h)
	额定电压/V	额定电流/A	正转时动作	反转时动作		
JY1	380	2	1 组转换触点	1 组转换触点	100～3600	<30
JFZ0					300～3600	

2. **电气制动**

三相交流异步电动机常用的电气制动方法有能耗制动和电源反接制动两种。

（1）能耗制动控制电路

能耗制动是在切除三相交流电源之后，定子绕组通入直流电流，在定子、转子之间的气隙中产生静止磁场，惯性转动的转子导体切割该磁场，形成感应电流，产生与惯性转动方向相反的电磁力矩而使电动机迅速停转。这种制动方法把转子及拖动系统的动能转换为电能，并以热能的形式迅速消耗在转子电路中，因而称为能耗制动。能耗制动的制动力矩随惯性转速的下降而减小，制动平稳，并且可以准确停车，因此这种制动方法一般用于要求制动准确、平稳的场合。其缺点是需附加直流电源装置，设备费用较高，制动力较弱，在低速时制动力矩小。

对于10kW以上容量较大的电动机，多采用变压器全波整流能耗制动控制电路。图3.53所示为按时间原则控制的能耗制动控制电路。接触器KM1、KM2的主触点用于电动机工作时接通三相电源，并可实现正反转控制，接触器KM3主触点用于制动时接通全波整流电路提供的直流电源，电路中的电阻 R 起限制和调节直流制动电流以及调节制动强度的作用。

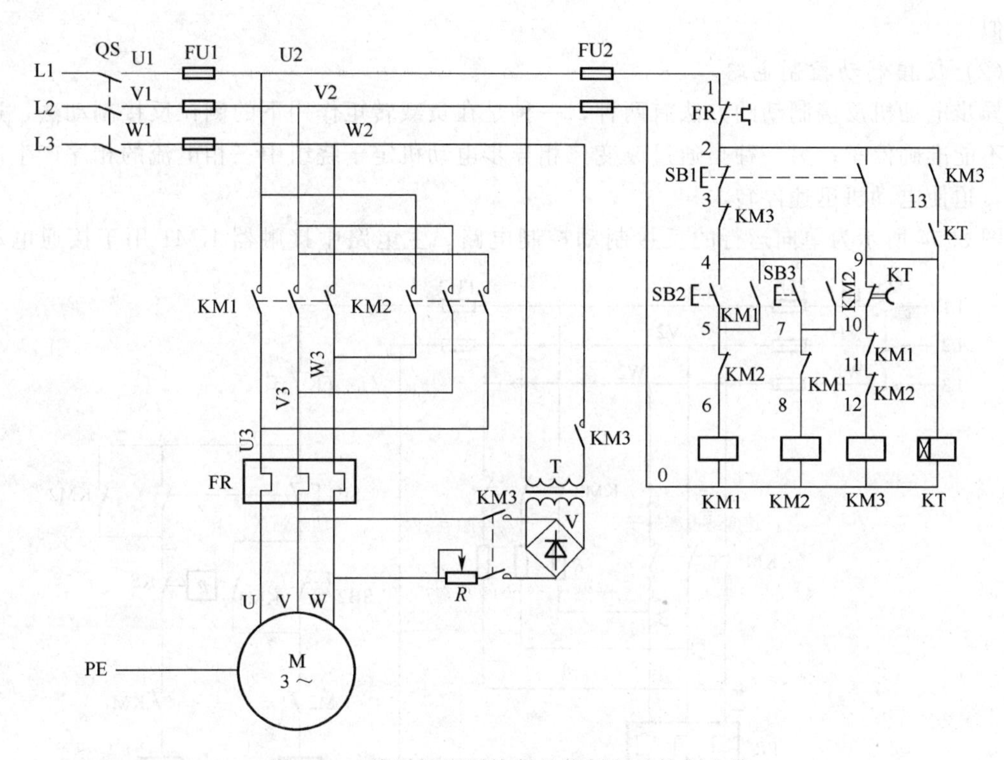

图 3.53　按时间原则控制的能耗制动控制电路

能耗制动原理如下：

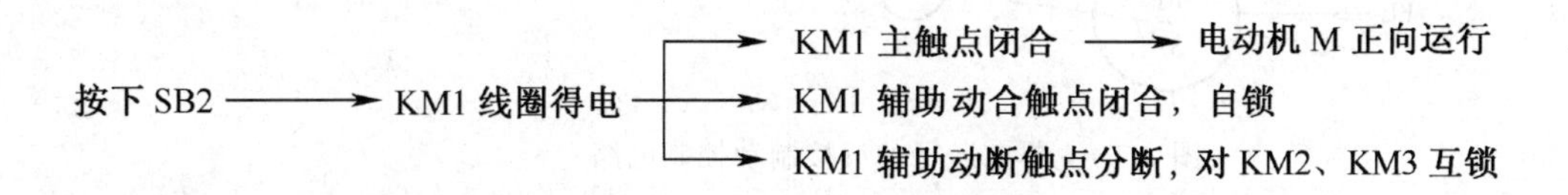

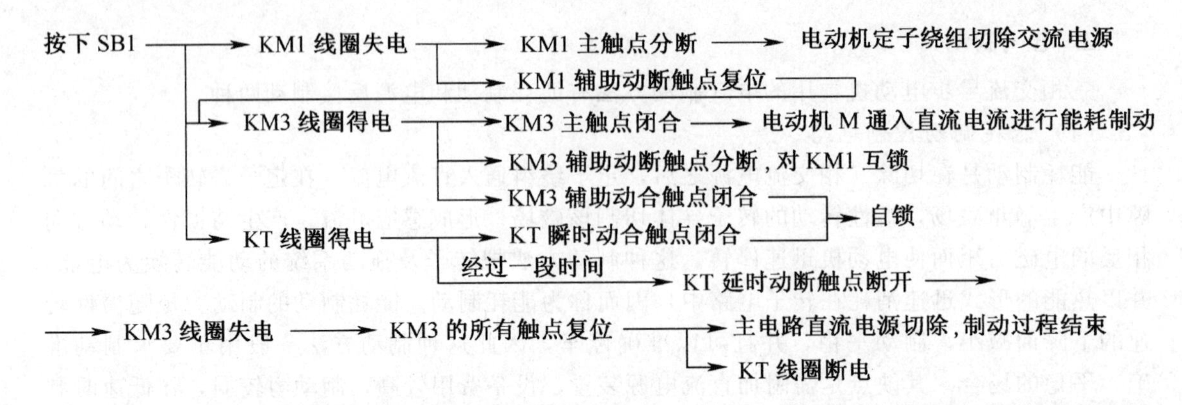

图 3.53 中，制动时 KM3 接触器线圈的自锁触点除了连接自身的 KM3 动合触点外，还串联了一个时间继电器的瞬动触点 KT，目的是保证在制动过程结束时及时切除直流电源。若不串联 KT 的瞬动触点，则制动时按下停止按钮 SB1，KM3 线圈得电并自锁，电动机进行能耗制动，若此时时间继电器损坏，则其延时动断触点不会断开，导致 KM3 一直得电，电动机的定子绕组一直通入直流电，从而烧坏电动机。

按下按钮 SB3 则可实现电动机反转，停车时仍按停车复合按钮 SB1，制动过程与正转制动相似。

(2) 反接制动控制电路

异步电动机反接制动的方法有两种，一种是在负载转矩作用下的倒拉反接制动法，这种方法不能准确停车；另一种是通过改变三相异步电动机定子绕组中三相电流的相序产生制动力矩，迫使电动机迅速停转。

图 3.54 所示为单向运行的反接制动控制电路。主电路中接触器 KM1 用于接通电动机

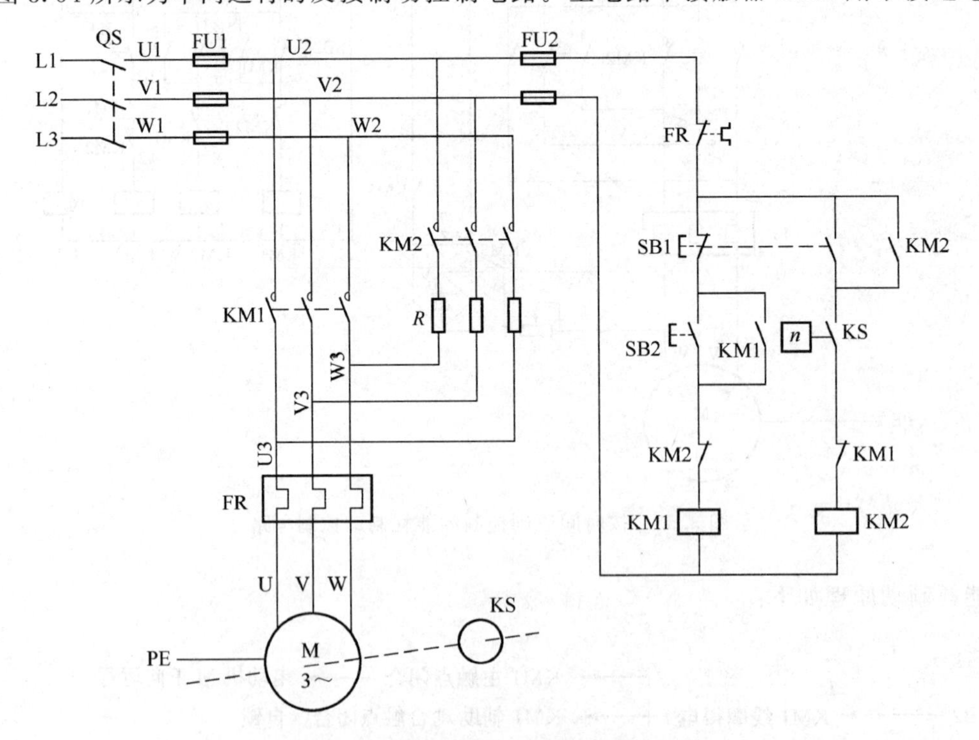

图 3.54 单向运行的反接制动控制电路

工作相序电源，KM2用于接通反接制动电源。电动机反接制动电流很大，通常在制动时串接电阻 R，以限制反接制动电流。反接制动可采用时间继电器进行控制，但需要对时间继电器进行时间调试，以便准确地控制切除电源的时间。

反接制动的优点是制动转矩大，制动效果显著，但其制动不平稳，而且能量损耗大，因此常用于制动不频繁，功率小于10kW的中小型机床及辅助性的电力拖动中。

图3.54中，按下启动按钮SB2，KM1线圈得电并自锁，电动机开始运行，当电动机的速度达到速度继电器的动作速度时，速度继电器KS的动合触点闭合，为电动机反接制动做准备。制动时，按下停止按钮SB1，KM1线圈失电，由于速度继电器KS的动合触点在惯性转速作用下仍然闭合，使KM2线圈得电自锁，电动机实现反接制动。当其转子的转速小于100r/min时，KS的动合触点复位断开，KM2线圈失电，制动过程结束。

二、电动机制动实施方案

使用工具及器材见表3.10。

表3.10 工具及器材

序号	名　称	型号与规格	单位	数量
1	三相交流电源	～3 × 380V	处	1
2	直流电源	根据实习设备自定	处	1
3	电工通用工具	验电笔、钢丝钳、螺钉旋具(包括十字口螺钉旋具、一字口螺钉旋具)、电工刀、尖嘴钳、活扳手等	套	1
4	断路器	DZ5-20/330	只	1
5	低压熔断器	RT系列	个	5
6	按钮	LA10—3H	个	1
7	热继电器	JRS系列(根据电动机自定)	个	2
8	接触器	CJX1系列(线圈电压380V)	个	3
9	速度继电器	根据实习设备自定	个	3
10	电动机	根据实习设备自定	台	1
11	导线	BVR1.5mm^{2}塑铜线	条	若干

操作步骤如下。

① 检测电动机。

② 按图3.54所示将所需的元器件配齐并画出其电器位置图和安装接线图。

③ 按照前面所讲的方法进行元器件安装和配线。

④ 经检查无误后进行通电操作。注意观察电动机的制动情况。

【知识拓展】

对于摩擦性（反抗性）负载，电动机切断电源之后，由于系统的惯性，不可能立即停车，如果带动的生产机械需要在断电后立即停止，就必须进行制动。对于位能性负载（如起重机下放重物时，电车在下坡时），必须使设备保持一定的运行速度，而不能失速。

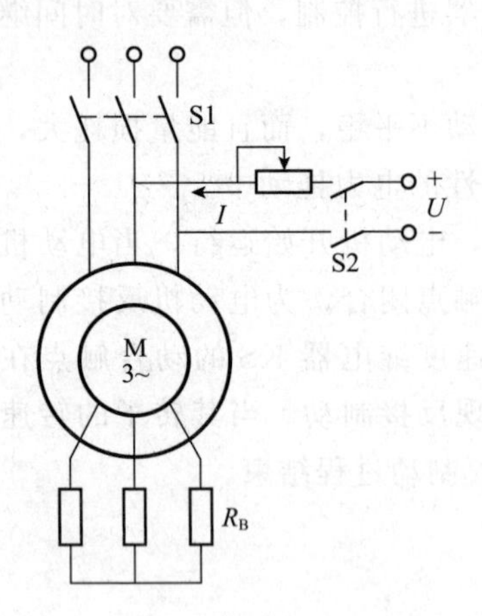

图 3.55 能耗制动原理接线图

1. **能耗制动**

如图 3.55 所示，制动时，S1 断开，电动机脱离电网，同时 S2 闭合，在定子绕组中通入直流励磁电流。

当电动机的三相交流电源被切断之后，随即将定子绕组接到直流电源，此时电动机定子产生方向固定的磁场，短路的转子导体仍在转动并感应电流，在磁场中将受到制动力使电动机迅速停转。当电动机停转后，感应电流不复存在，转子导体也不再受力，制动过程完成，此时应将直流电源断开。

2. **反接制动**

（1）电源两相反接的反接制动

当电动机的电源被切断后，立即接到反接的三相交流电源上，使其转子受反方向的作用力而迅速停转，见图 3.56。一旦转子停转，要及时迅速断开电源，否则电动机将反转。由于反接制动时流过定子绕组中的电流很大，故该法只适用于小功率三相异步电动机。

（2）倒拉反转的反接制动

这种方法在转子回路串联适当大电阻 R_B，如图 3.57 所示，适用于绕线式异步电动机带位能性负载的情况。轴上输入的机械功率转变成电功率后，连同定子传递给转子的电磁功率一起消耗在转子回路电阻上，所以反接制动的能量损耗较大。

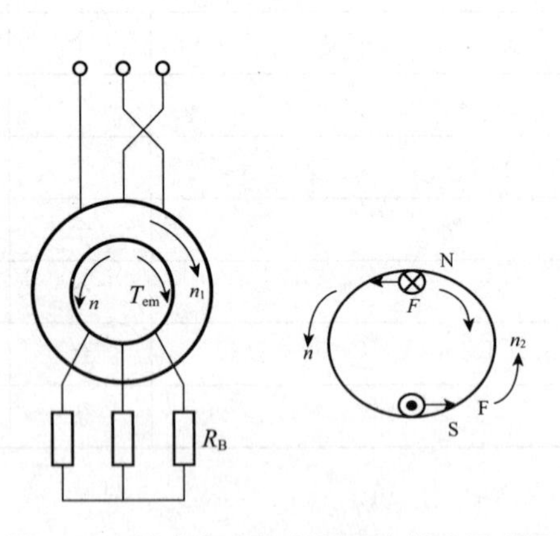

图 3.56 异步电动机电源反接制动原理图

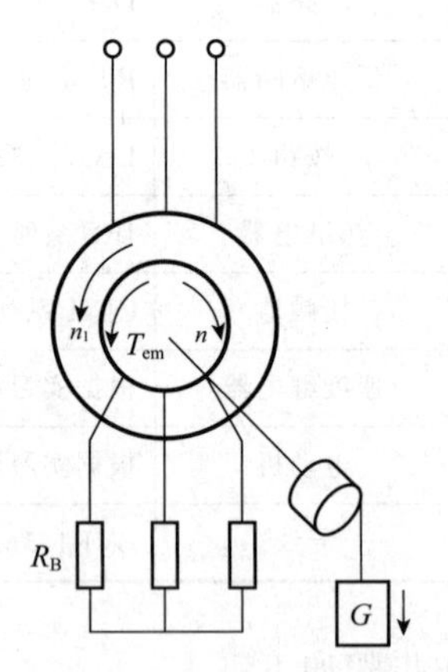

图 3.57 异步电动机倒拉反接制动接线图

3. **回馈制动**

如果电动机拖动的位能性负载下落时，电动机反而被负载拖动，此时电动机定子绕组如果通电产生旋转磁场且转速为 n_1，而负载又拖动电动机使转子超过同步转速即转子转速 $n_2>n_1$，电动机的转子导体将受到反方向的作用力，见图 3.58。此时的重物将不致因自由下落不断加速造成危险，而在制动力的作用下匀速下落，使重物能平稳地放下。这种制动方式常在起重、运输设备中被应用。在上述制动状态下，电动机转子电流将反相，与之相应定子绕组中电流也要反相，电动机成为被下落的重物拖动的发电机，产生的能量将回馈给电源，所以称为回馈制动。

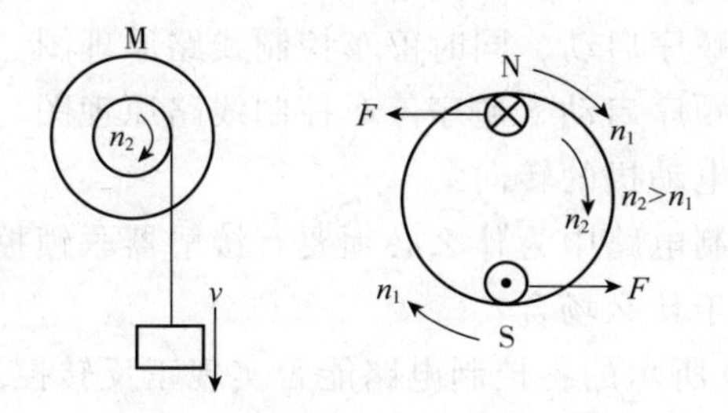

图 3.58　异步电动机回馈制动接线图

【思考与练习】

1. 电气控制线路的主电路和控制电路各有什么特点？

2. 交流接触器有几对主触头，几对辅助触头？交流接触器的线圈电压一定是 380V 吗？怎样选择交流接触器？

3. 交流接触器的灭弧罩起什么作用？

4. 如何正确选择熔断器？

5. 熔断器为什么在电动机控制线路中不能用于过载保护？

6. 接触器和中间继电器的触头系统有什么区别？

7. 中间继电器的作用是什么？

8. 点动控制主要应用在哪些场合？

9. 什么是自锁控制？试分析判断图 3.59 所示的各控制电路能否实现自锁控制。若不能，试说明原因。

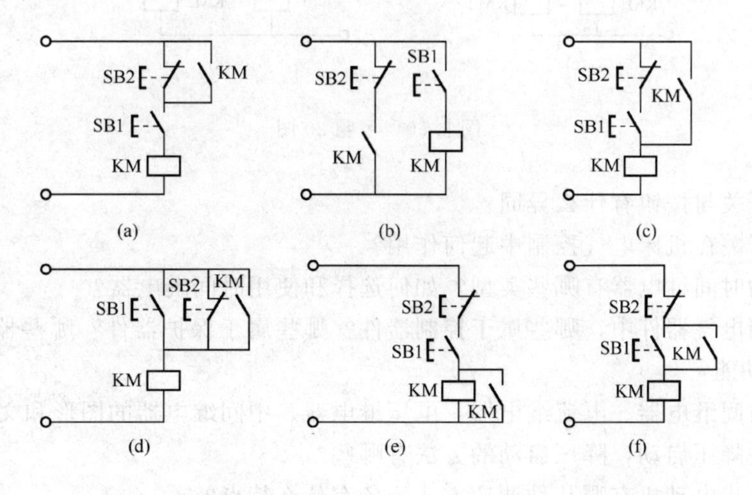

图 3.59　习题 9 图

10. 如何选用热继电器？

11. 什么是热继电器的整定电流？如何调整整定电流？

12. 什么是接触器自锁控制线路的欠压保护和失压保护？

13. 低压断路器有哪些保护功能？分别由哪些部件完成？

14. 简述低压断路器的选用原则。

15. 试绘出两台电动机顺序启动、同时停车控制线路原理图。

16. 试绘出两台电动机顺序启动、逆序停车控制线路原理图。

17. 如何改变三相异步电动机的转向？

18. 在电动机正反转控制电路中为什么必须要有接触器联锁控制？

19. 双重联锁控制适用于什么场合？

20. 试分析判断图 3.60 所示的各控制电路能否实现正反转控制。若不能，试说明原因。

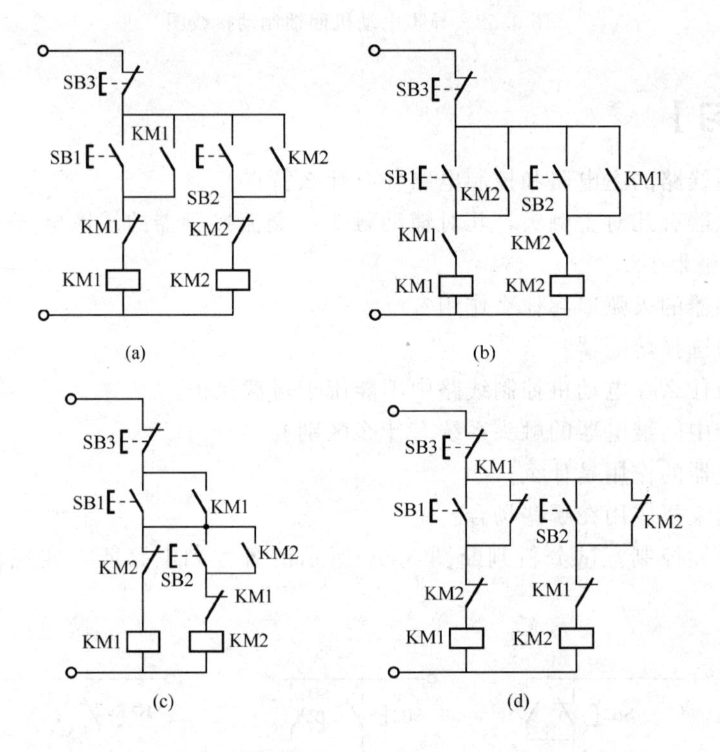

图 3.60　习题 20 图

21. 行程开关与按钮有什么异同？

22. 行程开关在机床电气控制中起何作用？

23. 常用的时间继电器有哪些类型？如何选择和使用时间继电器？

24. 在常用电气器件中，哪些属于控制器件？哪些属于保护器件？哪些器件既有控制功能，也有保护功能？

25. 写出时间继电器、电流继电器、电压继电器、中间继电器的图形和文字符号。

26. 什么是降压启动，降压启动的方法有哪些？

27. 交流异步电动机有哪几种调速方式，各有什么特点？

28. 交流异步电动机有哪几种制动方式？各有什么特点及适用场合？

29. 速度继电器在反接制动中起什么作用？

项目四

典型机床的电气控制线路

任务一 认识机床电气控制线路图

一、什么是电气原理图

采用国家规定的电气图形符号和文字符号详细表示电气元件和设备的连接关系以及电气工作原理的图形叫电气控制系统图。电气控制系统图一般包括 3 种：电气原理图、电气元件布置图及电气安装接线图。

电气原理图是根据电气控制系统的工作原理绘制的。它利用图形符号和项目代号来表示电路中各电气元件和接线端子的连接关系。电气原理图中的电气元件并不是按其实际布置来绘制，而是根据其在电路中所起的作用画在不同的部位上。电气原理图具有结构简单、层次分明的特点，适用于电路工作原理分析、设备调试与维修。图 4.1 所示为 CW6132 型普通车床的电气原理图。

电气原理图一般分为主电路和控制电路两部分。主电路是强电流通过的电路，包括有刀开关、熔断器、接触器主触点、热继电器发热元件与电动机等。控制电路包括电机控制电路和辅助电路等，其中辅助电路包括照明电路、信号电路及保护电路等。

电气原理图上主电路一般用粗实线来画，控制电路一般用细实线来画。各电气元件不画出实际的外形图，而是采用统一的图形符号来画，并按统一的文字符号来标注。原理图上应标出元器件的特性，如电阻、电容的数值，熔断器、热继电器和空气开关的额定电流，导线的截面积等；还应标出不常用器件（如位置传感器、手动触点等）的操作方式和功能。电器的可动部分通常表示在非激励或不工作的状态；二进制逻辑元件应是置零时的状态；机械开关应是循环开始前的状态。

电气原理图上各电路按功能分开画，从左到右依次是主电路、控制电路、辅助电路等。

为了便于读图和检索，在原理图上方将图分成若干图区，叫用途区，并标明该区电路的

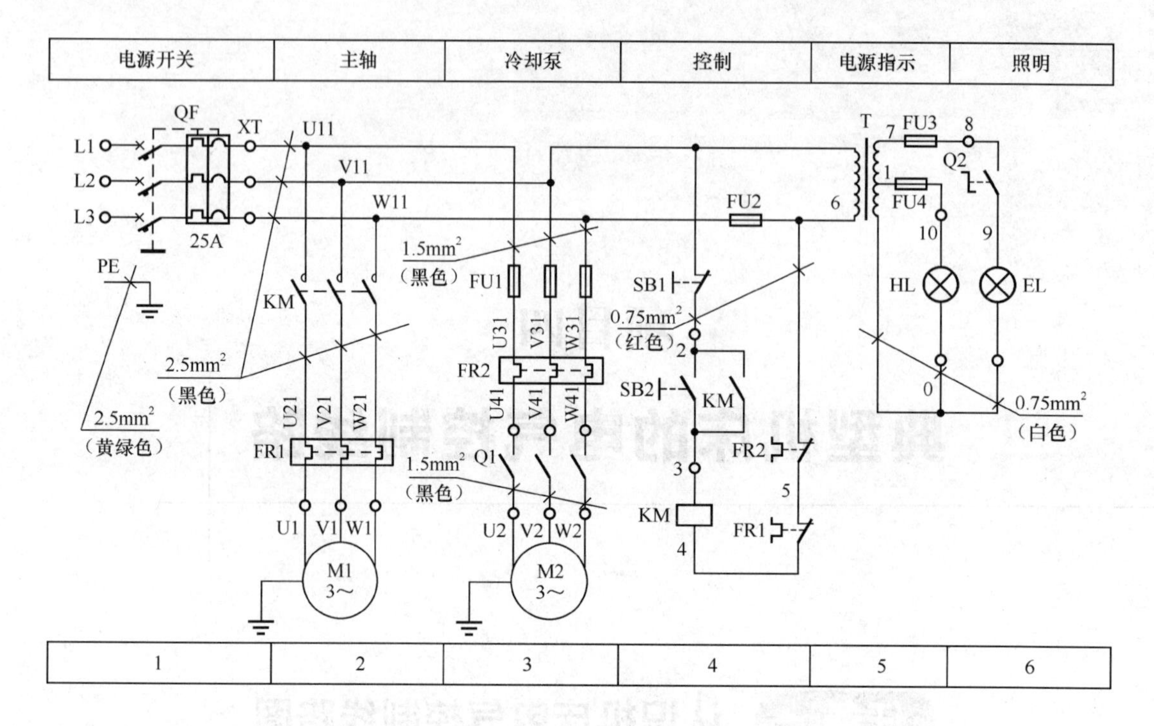

图 4.1 CW6132 型普通车床电气原理图

用途与作用；在下方划分若干图区，用阿拉伯数字从左到右排序，称为数字区；在继电器、接触器线圈下方，用触点表来说明线圈和触点的从属关系及位置；触点表中左栏为主触点所在图区号，中栏为辅助常开触点所在图区号，右栏为辅助常闭触点所在图区号。

二、了解电气元件布置图

电气元件布置图用来详细表明电气原理图中各电气设备、元器件在电气控制柜和机械设备上的实际安装位置，为电气控制设备的制造、安装、维修提供必要的资料。电气元件布置图可根据电气控制系统复杂程度，采取集中绘制或单独绘制。图中各代号应与有关电路图和元件清单上所有元器件代号相同。各电气元件的安装位置是由机床的结构和工作要求决定的。

图 4.2 所示为 CW6132 型车床控制盘电气元件布置图，图中 FU1～FU4 为熔断器，KM 为接触器，FR 为热继电器，TC 为照明变压器，XT 为接线端子板。

图 4.3 所示为 CW6132 型车床电气设备安装布置图，图中 QF 为电源开关，Q1 为转换开关，Q2 为照明开关，SB1 为停止按钮，SB2 为启动按钮，M1、M2 分别为主轴电动机和冷却泵电动机，EL 为照明灯。

三、了解电气安装接线图

电气安装接线图用来表明电气设备或装置之间的接线关系，它可以清楚地表明电气设备外部元件的相对位置及它们之间的电气连接，是实际安装布线的依据。安装接线图主要用于电器的安装接线、线路检查、线路维修和故障处理，通常与电气原理图和元件布置图一起使用。在绘制电气安装接线图时，一般应遵循以下原则。

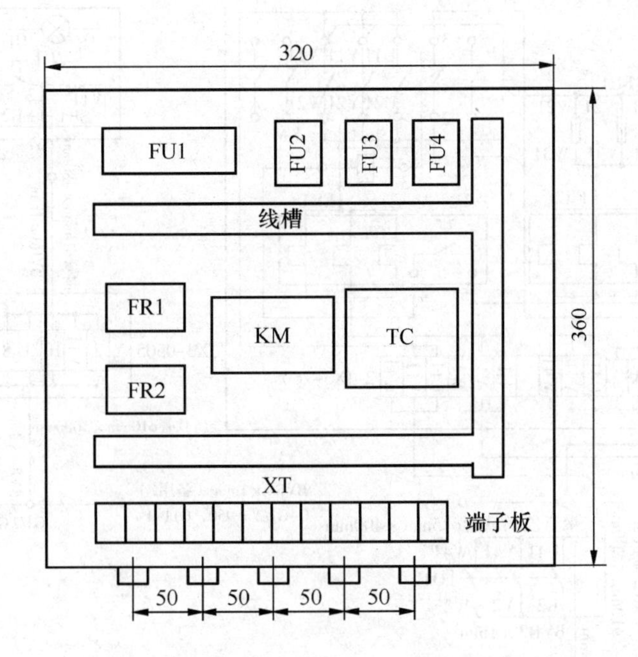

图 4.2　CW6132 型车床控制盘电气元件布置图

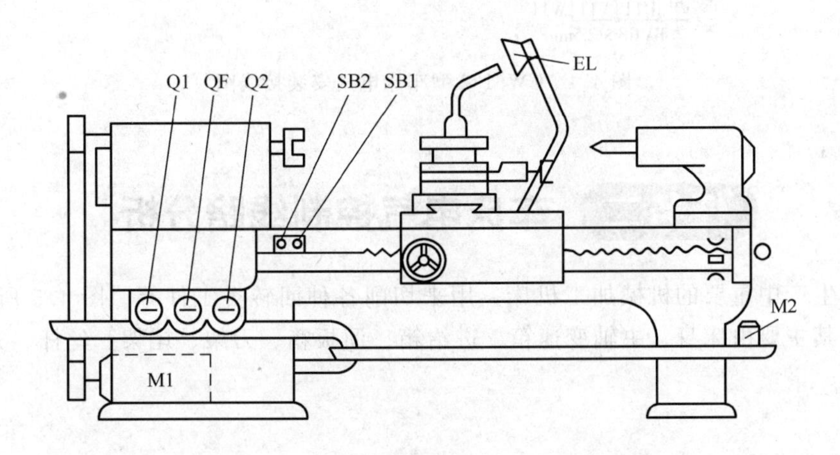

图 4.3　CW6132 型车床电气设备安装布置图

① 各电气元件均按实际安装位置绘出，元件所占图面按实际尺寸以统一比例绘制，尽可能符合电器的实际情况。电气元件的图形、文字符号应与电气原理图标注完全一致。同一件的各带电部件必须画在一起，并用点划线框起来，各元件的位置应与实际安装位置一致。

② 各电气元器件上凡需接线的部件端子都应绘出，控制柜内外元件的电气连接一般应通过端子板进行，各接线端子的编号必须与电气原理图上的编号一致，按电气原理图的接线编号连接。

③ 走向相同的多根导线可用单线或线束来表示。

④ 接线图中应标明连接导线的规格、型号、根数、颜色和穿线管的尺寸等。

图 4.4 所示为根据上述原则绘制的与图 4.1 所对应的电气安装接线图。

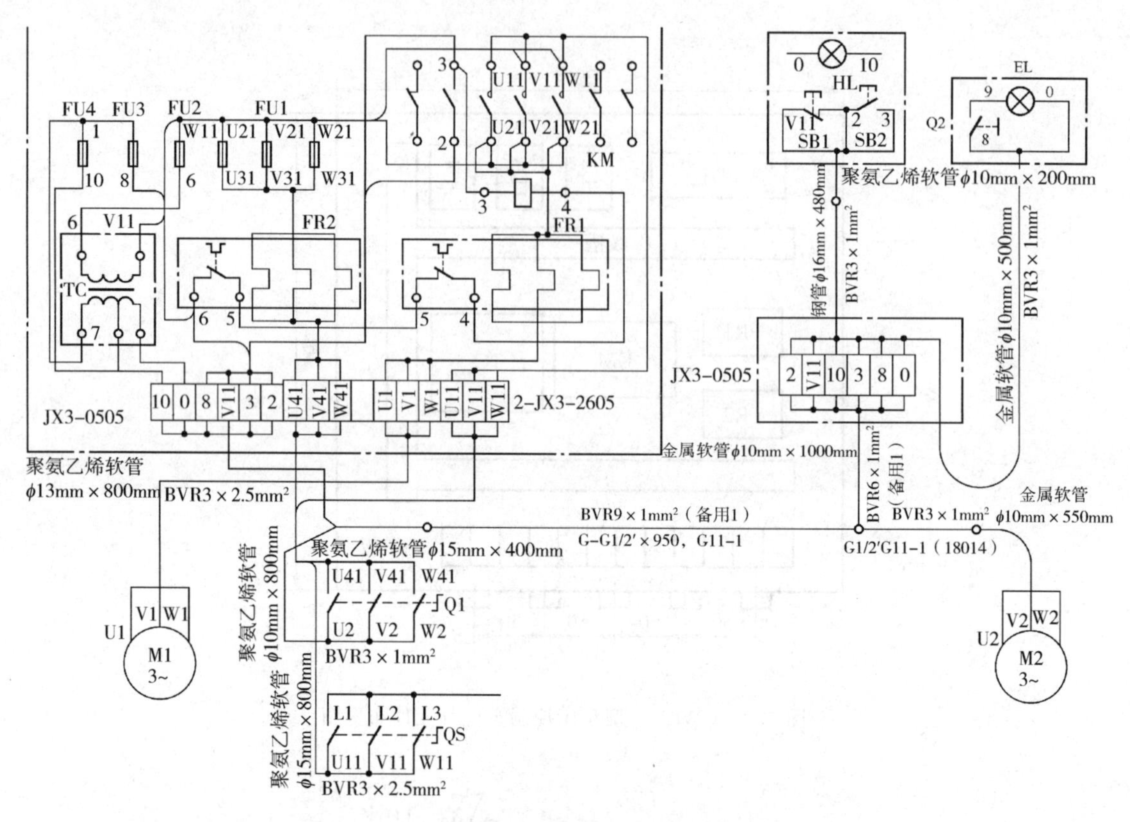

图 4.4　CW6132 型车床电气安装接线图

任务二　车床电气控制线路分析

车床是生产中重要的机械加工机床，用来切削各种回转类工件等。图 4.5 所示为 C650 卧式车床，其主要由床身、主轴变速箱、进给箱、溜板箱、刀架、尾架、丝杆、光杆等部分组成。

图 4.5　C650 卧式车床外观图

1—床身；2—主轴变速箱；3—进给箱；4—溜板箱；5—刀架；6—尾架；7—丝杆；8—光杆

车床的主运动为主轴带动工件的旋转运动，车削加工时，应根据工件材料、刀具、工件加工工艺要求等来选择不同的切削速度，所以主轴要求有变速功能。普通车床一般采用机械变速。

车床的进给运动有手动和机动两种。加工螺纹时，要求工件的切削速度与刀架横向进给速度之间应有严格的比例关系，所以车床的主运动与进给运动由一台电动机拖动，并通过各自的变速箱来改变主轴转速与进给速度。为提高生产效率，减轻劳动强度，C650 卧式车床的溜板箱还能快速移动，这种运动形式称为辅助运动。

一、分析 C650 型车床的电气控制线路

C650 卧式车床采用 3 台三相笼型异步电动机拖动，即主电动机 M1、冷却泵电动机 M2 和溜板箱快速移动电动机 M3。各台电动机的控制方案如下。

① 主电动机 M1 功率为 30kW，允许在空载下直接启动。主电动机要求能实现正、反转，从而经主轴变速箱实现主轴的正、反转，或通过挂轮箱传给溜板箱来拖动刀架实现刀架的横向左右移动。为便于进行车削加工前的对刀，要求主轴拖动工件作调整点动，所以要求主电动机能实现单方向旋转的低速点动控制。主电动机停车时，由于加工工件转动惯量较大，故需采用反接制动。主电动机除具有短路保护和过载保护外，在主电路中还设有电流监视环节。

② 冷却泵电动机 M2 功率为 0.15kW，用以在车削加工时供给冷却液，对工件与刀具进行冷却。

③ 快速移动电动机 M3 功率为 2.2kW，由于溜板箱一般为短时工作，故 M3 只要求单向点动，短时运转，不设过载保护。

④ 电路有必要的联锁和保护环节及安全可靠的照明。

1. 主电路分析

自动空气断路器 QF 将三相交流电源引入，FU1 为主电动机 M1 短路保护用熔断器，FR1 为 M1 过载保护用热继电器；R 为限流电阻，一方面限制反接制动的电流，另一方面在点动时实现降压启动，减小点动时启动电流造成的过载；通过电流互感器 TA 接入电流表来监视主电动机的线电流。KM1、KM2 分别为主电动机正、反转接触器。接触器 KM3 用于点动和反接制动时串入限流电阻 R；主电动机 M1 正反转运行时短接限流电阻 R。KT 与电流表 A 用于检测运行电流；速度继电器 SR 在反接制动时，用于主电动机 M1 转速的检测。

冷却泵电动机 M2 通过接触器 KM4 的控制来实现单向连续运转，FU2 为 M2 的短路保护用熔断器，FR2 为其过载保护用热继电器。

快速移动电动机 M3 通过接触器 KM5 控制实现单向旋转短时工作，FU3 为其短路保护用熔断器。

C650 普通车床电气控制原理如图 4.6 所示。

2. 控制电路分析

控制变压器 TC 供给控制电路 110V 的交流电，同时还为照明电路提供 36V 的交流电，FU5 为控制电路短路保护用熔断器，FU6 为照明电路短路保护用熔断器，车床局部照明灯 EL 由开关 SA 控制。

（1）主电动机 M1 的点动控制

SB2 为主电动机 M1 的点动控制按钮，按下点动按钮 SB2，电路 1-3-5-7-9-11-4-2（数字

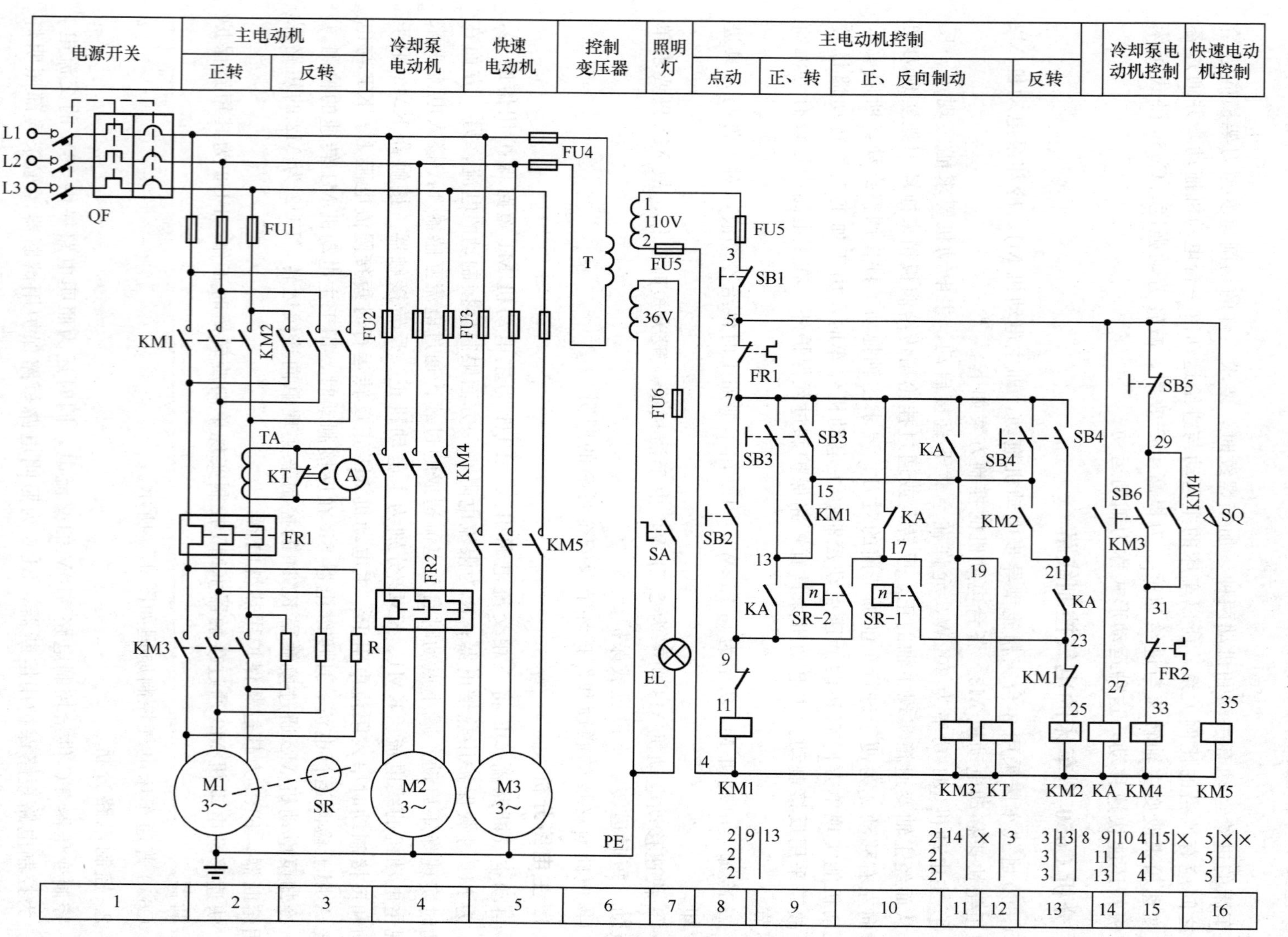

图 4.6　C650 普通车床电气控制原理图

为线号，下同）接通，KM1线圈通电吸合，其常开主触点闭合，主电动机M1定子绕组经限流电阻R与电源接通（电流表A被KT延时断开常闭触点短接），M1正转降压启动。若M1转速大于速度继电器SR的动作值120r/min，SR-1常开触点闭合，为点动停止时的反接制动做准备。松开点动按钮SB2，KM1线圈断电释放，KM1常开主触点断开；当M1转速大于120r/min时，SR-1常开触点仍闭合，使KM2线圈通电吸合，其常开主触点闭合，M1接入反相序三相交流电源，并串入限流电阻R进行反接制动；当转速小于100r/min时，SR-1常开触点断开，KM2线圈断开，反接制动结束，电动机停止。

（2）主电动机M1的正、反转控制

主电动机的正反转分别由正向、反向启动按钮SB3与SB4控制。正转时，按下启动按钮SB3，电路1-3-5-7-15-4-2接通，KM3、KT线圈通电吸合，其KM3常开主触点闭合，将限流电阻R短接。同时电路1-3-5-27-4-2接通，使中间继电器KA线圈通电吸合；电路1-3-5-7-13-9-11-4-2接通，使接触器KM1线圈通电吸合，其常开主触点闭合，主电动机M1在全电压下正向直接启动。由于KM1、KA常开触点闭合，使KM1和KM3线圈自锁，M1正向连续旋转。启动完毕，KT延时时间到（2s左右），A接入主电路并检测运行电流。

反转与正转控制相类似。按下反向启动按钮SB4，电路1-3-5-7-15-4-2接通，KM3、KT、KA线圈通电闭合，电路1-3-5-7-21-23-25-4-2接通，KM2线圈通电吸合，KM2主触点使电动机M1反相序接入三相交流电源，电动机M1在全电压下反向直接启动。同时，由于KM2和KA的常开触点闭合使KM3、KM2线圈自锁，M1反向连续旋转。

接触器KM1与KM2的常闭触点互相串接在对方线圈电路中，实现电动机M1正反转的互锁。

（3）主电动机M1的停车制动控制

主电动机停车时采用反接制动。反接制动电路由正反转可逆电路和速度继电器组成。

当M1正转运行时，接触器KM1、KM3和中间继电器KA线圈通电吸合，当电动机转速大于120r/min时，速度继电器SR-1常开触点闭合，为正转制动做好准备。如需停车，按下停止按钮SB1，KM1、KT、KM3、KA线圈同时断电释放。此时电动机由于惯性高速旋转，SR-1常开触点仍处于闭合状态。当松开停止按钮SB1时，电路1-3-5-7-17-23-25-4-2接通，反转接触器KM2线圈通电吸合，电动机定子串入电阻R，接入反相序三相交流电源，主电动机进入反接制动状态，电动机转速迅速下降。当电动机转速小于100r/min时，SR-1常开触点断开，使KM2线圈断电释放，电动机脱离反相序三相交流电源，反接制动结束，电动机自然停车。

反转制动与正转制动相似，电动机反转时，速度继电器SR-2常开触点闭合。

停车时，按下停止按钮SB1，KM3、KT、KM2、KA线圈同时断电释放。当电动机转速大于120r/min时，速度继电器SR-2常开触点闭合，使KM1线圈通电吸合，电动机M1进入反接制动状态，当电动机M1转速小于到100r/min时，SR-2触点断开，KM1线圈断电释放，电动机脱离三相交流电源，反接制动结束，电动机自动停车。

（4）冷却泵电动机M2的控制

由停止按钮SB5、启动按钮SB6和接触器KM4构成冷却泵电动机M2单向旋转启动停止控制电路。按下SB6，KM4线圈通电并自锁，M2启动旋转；按下SB5，KM4线圈断电释放，M2断开三相交流电源，自然停车。

（5）刀架快速移动电动机 M3 的控制

刀架快速移动是通过转动刀架手柄压动行程开关 SQ 来实现的。当手柄压下行程开关 SQ 时，接触器 KM5 线圈通电吸合，其常开主触点闭合，电动机 M3 启动旋转，拖动溜板箱与刀架作快速移动；松开刀架手柄，行程开关 SQ 复位，KM5 线圈断电释放，M3 停止转动，刀架快速移动结束。刀架移动电动机为单向旋转，而刀架左、右移动由机械传动实现。

（6）辅助电路

为了监视主电动机的负载情况，在电动机 M1 的主电路中，通过电流互感器 TA 接入电流表。为防止电动机启动、点动时启动电流和停车制动时制动电流对电流表的冲击，线路中接入一个时间继电器 KT，且 KT 线圈与 KM3 线圈并联。启动时，KT 线圈通电吸合，其延时断开的常闭触点将电流表短接，经过一段延时（2s 左右）后，启动过程结束，KT 延时断开的常闭触点断开，正常工作电流流经电流表，以便监视电动机在工作中电流的变化情况。

二、C650 型车床电气控制特点总结

① 采用 3 台电动机拖动，车床溜板箱的快速移动由一台快速移动电动机 M3 拖动。

② 主电动机 M1 不但能正、反向运转，还可进行单向低速点动的调整控制，M1 正反向停车时均进行反接制动停车控制。

③ 设有检测主电动机工作电流的环节。

④ 具有完善的保护和联锁功能，主电动机 M1 正反转之间有互锁，熔断器 FU1～FU6 可实现各电路的短路保护；热继电器 FR1、FR2 实现 M1、M2 的过载保护；接触器 KM1、KM2、KM4 采用按钮与自锁环节对 M1、M2 实现欠电压与零电压保护。

任务三 铣床电气控制线路分析

铣床运动形式有主运动、进给运动及辅助运动，其中铣刀的旋转运动即主轴的旋转运动为主运动，工作台可进行上下、前后、左右 3 个相互垂直方向上的工作进给运动，工作台的快速直线移动以及回转运动为辅助运动。主轴由主轴电动机拖动，工作台的工作进给与快速移动皆由进给电动机拖动，圆工作台的旋转也是由进给电动机拖动。另外设有冷却泵电动机。

为适应铣削加工需要，铣床主轴需要调速，因此主轴电动机经主轴变速箱拖动主轴，利用主轴变速箱使主轴获得多种转速。

铣床加工方式有顺铣和逆铣两种，要求主轴能正、反转，但旋转方向不需经常变换，仅在加工前预选主轴旋转方向。因此主轴电动机应能正、反转，并由转向选择开关来选择电动机的旋转方向。

铣削加工时为减轻负载波动带来的影响，往往在主轴传动系统中加入飞轮，以加大转动惯量，这样对主轴制动带来了影响，为此主轴电动机停车时设有制动环节。同时主轴在上刀时也应使主轴制动。X62W 型卧式万能铣床采用电磁离合器来控制主轴停车制动和主轴上刀制动。

为使主轴变速时齿轮顺利啮合，减小齿轮端面的冲击，主轴电动机在主轴变速时有主轴变速冲动环节。

为适应铣削加工时操作者在铣床正面或侧面的操作要求，主轴电动机的启动、停止等控

制设有两地操作站。

一、分析 X62W 型卧式万能铣床控制线路

X62W 型卧式万能铣床是生产中常用的典型机床，它可用各种圆柱铣刀、圆片铣刀、角度铣刀、成型铣刀和端面铣刀加工平面、斜面、沟槽、齿轮等，其外形如图 4.7 所示，主要由底座、床身、悬梁、刀杆支架、升降台、溜板、工作台等部分组成。

1. 进给系统分析

① X62W 型卧式万能铣床工作台进给运动与快速移动是在工作台进给电磁离合器与快速移动电磁离合器控制下完成的。

② 为减少按钮数量，避免误操作，对进给电动机的控制采用电气开关、机械挂挡相互联动的手柄操作，而且要求操作手柄扳动方向与运动方向一致，增强直观性。

③ 工作台的进给电动机能实现正反转控制。采用的操作手柄有两个，一个是纵向操作手柄，另一个是垂直与横向操作手柄。前者有左、右、中间 3 个位置，后者有上、下、前、后、中间 5 个位置。

④ 进给运动和快速移动的控制为两地操作方式。纵向操作手柄与垂直、横向操作手柄各有两套，可在工作台正面与侧面实现两地操作，且这两套操作手柄是联动的。

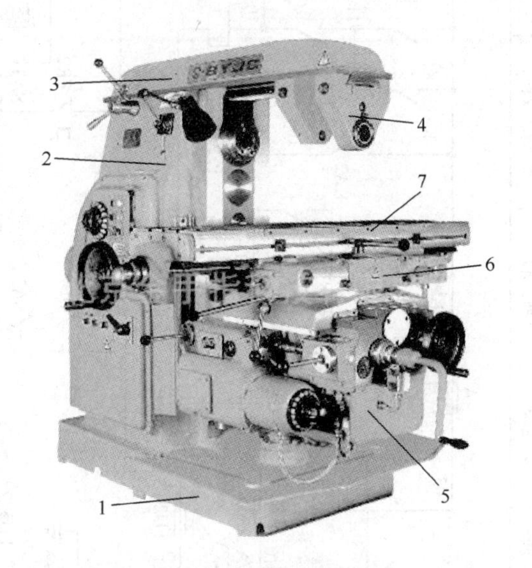

图 4.7 X62W 型卧式万能铣床外观图
1—底座；2—床身；3—悬梁；4—刀杆支架
5—升降台；6—溜板；7—工作台

⑤ 工作台同一时间只允许一个方向的运动，因此，应具有 6 个方向的联锁控制环节。

⑥ 进给运动经进给变速机构可获得 18 种进给速度。为使变速后齿轮顺利啮合，减小齿轮端面的撞击，进给电动机应在变速后作瞬时点动。

⑦ 为使铣床安全可靠地工作，铣床工作时，要求先启动主轴电动机（若换向开关扳在中间位置，主轴电动机不旋转），才能启动进给电动机。停车时，主轴电动机与进给电动机同时停止，或先停进给电动机，后停主轴电动机。

⑧ 工作台上、下、左、右、前、后 6 个方向的移动应设有限位保护。

2. 电气控制电路分析

X62W 型卧式万能铣床电气控制原理如图 4.8 所示。图中 M1 为主轴电动机，M2 为工作台进给电动机，M3 为冷却泵电动机。该电路有两个突出的特点：一个是采用电磁离合器控制，另一个是机械操作与电气开关动作密切配合进行。

SQ1、SQ2 为纵向进给行程开关；SQ3、SQ4 为垂直、横向进给行程开关，SQ5 为主轴变速冲动开关，SQ6 为进给变速冲动开关，SA1 为冷却泵选择开关，SA2 为主轴上刀制动开关，SA3 为圆工作台转换开关，SA4 为主轴电动机转向预选开关，SA5 为冷却泵电动机 M3 开关。

三相交流电源由自动空气断路器 QF 控制。主轴电动机 M1 由接触器 KM1、KM2 控制，

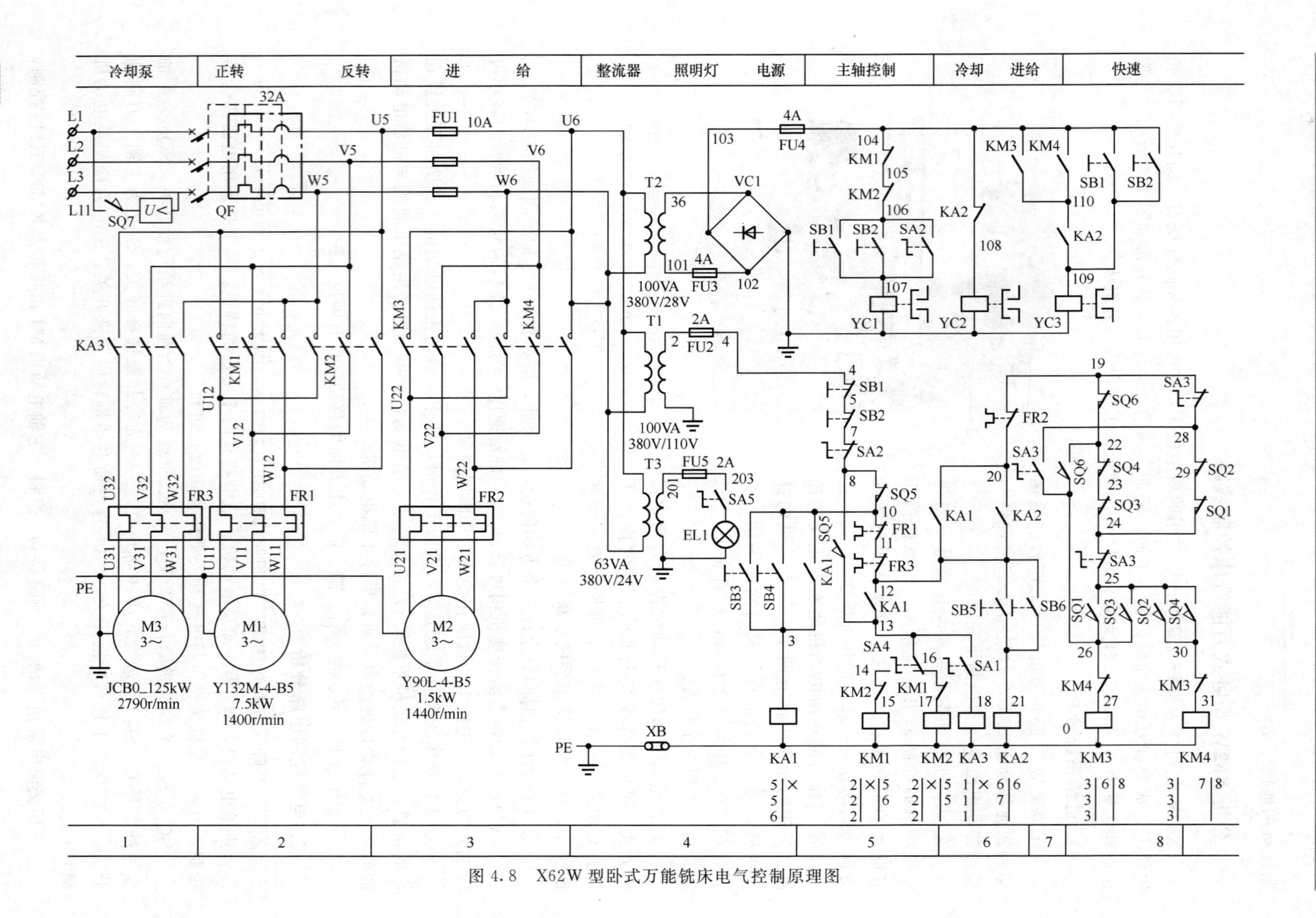

图 4.8　X62W 型卧式万能铣床电气控制原理图

实现正反向旋转，由热继电器 FR1 作过载保护。进给电动机 M2 由接触器 KM3、KM4 控制，实现正反向旋转，由热继电器 FR2 作过载保护，熔断器 FU1 作短路保护。冷却泵电动机 M3 由中间继电器 KA3 控制，单向旋转，由热继电器 FR3 作过载保护。整个电气控制电路由自动空气断路器 QF 作过短路、过载保护。

主轴电动机 M1 由正、反转接触器 KM1、KM2 实现正反转全压启动，由主轴换向开关 SA4 预选电动机的正、反转。

主轴停止按钮 SB1（或 SB2）、正转接触器 KM1（或反转接触器 KM2）以及主轴制动电磁离合器 YC1，构成主轴制动停车控制环节。电磁离合器 YC1 安装在第一根传动轴上。主轴停车时，按下 SB1 或 SB2，KM1 或 KM2 线圈断电释放，断开主轴电动机三相交流电源，同时电磁离合器 YC1 线圈通电，产生磁场，在电磁吸力作用下将摩擦片压紧，使主轴迅速制动，当松开 SB1（或 SB2）时，YC1 线圈断电，摩擦片松开，制动结束。

在主轴上刀换刀时主轴电动机不得旋转，否则将发生严重人身事故。为此设有主轴上刀制动环节，由主轴上刀制动开关 SA2 控制。在主轴上刀换刀前，将 SA2 扳到“接通”位置，触点 SA2（7-8）断开，使主轴启动控制电路失电，主轴电动机不能启动或旋转；而 SA2 另一触点（106-107）闭合，使主轴制动电磁离合器 YC1 线圈得电吸合，使主轴处于制动状态。上刀换刀结束后，再将 SA2 扳至“断开”位置，SA2 触点（106-107）断开，解除主轴制动状态，同时，SA2 触点（7-8）闭合，为主电动机启动作准备。

设定主轴转速的操作如下：

① 将主轴变速手柄压下，使手柄的榫块自槽中滑出，然后拉动手柄，使榫块落到第二个槽内；

② 转动变速刻度盘，把所需转速刻度对准指针；

③ 把手柄推回原来位置，使榫块落进槽内。

在将变速手柄推回原位置时，将瞬间压下主轴变速行程开关 SQ5，使 SQ5 触点（8-13）闭合，触点（8-10）断开。KM1 线圈（或 KM2 线圈）瞬间通电闭合。主触点瞬间接通主轴电动机作瞬时转动，利于齿轮啮合，当变速手柄样块落入槽内时，SQ5 不再受压，SQ5 触点（8-13）断开，切断主轴电动机瞬时点动电路。

主轴变速行程开关 SQ5 的触点（8-10）是为主轴旋转时进行变速而设的，此时无须按下主轴停止按钮，只需将主轴变速手柄拉出，压下 SQ5，使 SQ5 触点（8-10）断开，从而断开主轴电动机的正转或反转接触器线圈，电动机停车；然后再进行主轴变速操作。变速完成后需再次启动电动机。

工作台进给电动机 M2 的正反转由行程开关 SQ1、SQ3 与 SQ2、SQ4 来控制的，行程开关又是由两个机械操作手柄控制的。这两个机械操作手柄，一个是纵向机械操作手柄，另一个是垂直与横向操作手柄。扳动机械操作手柄后，在完成相应的机械挂挡的同时压合相应的行程开关，从而接通接触器，启动进给电动机，拖动工作台按预定方向运动。在工作进给时，快速移动继电器 KA2 线圈处于断电状态，而进给移动电磁离合器 YC2 线圈通电。

SQ1、SQ2 为与纵向机械操作手柄有机械联系的行程开关；SQ3、SQ4 为与垂直、横向操作手柄有机械联系的行程开关。当这两个机械操作手柄处于中间位置时，SQ1、SQ4 都处在未被压下的原始状态。当扳动机械操作手柄时，将压下相应的行程开关。

SA3 为圆工作台转换开关，其有“接通”与“断开”两个位置，有三对触点。当不需要圆工作台时，SA3 置于“断开”位置，此时 SA3 触点（24-25）、（28-19）闭合，（28-26）

断开。当使用圆工作台时，SA3 置于“接通”位置，此时 SA3 触点（24-25）、（19-28）断开，（28-26）闭合。

在启动进给电动机之前，应先启动主轴电动机，即合上电源开关 QF，按下主轴启动按钮 SB3 或 SB4，中间继电器 KA1 线圈通电并自锁，其 KA1 常开触点（20-12）闭合，为启动进给电动机做准备。

若需工作台向右工作进给，将纵向进给操作手柄扳向右侧，在机械上通过联动机构接通纵向进给离合器，压下行程开关，SQ1 触点（25-26）闭合、触点（29-24）断开，后者切断通往 KM3、KM4 的另一条通路，前者使进给电动机 M2 的接触器 KM3 线圈通电吸合，M2 正向启动旋转，拖动工作台向右工作进给。

向右工作进给结束，将纵向进给操作手柄由右位扳到中间位置，行程开关 SQ1 不再受压，SQ1 触点（25-26）断开，KM3 线圈断电释放，M2 停转，工作台向右进给停止。

将垂直与横向进给操作手柄扳到“向前”位置，在机械上接通了横向进给离合器，压下行程开关 SQ3，SQ3 触点（25-26）闭合，触点（23-24）断开，正转接触器 KM3 线圈通电吸合，进给电动机 M2 正向转动，拖动工作台向前进给。向前进给结束，将垂直与横向进给操作手柄扳回中间位置，SQ3 不再受压，KM3 线圈断电释放，M2 停止旋转，工作台向前进给停止。

工作台向下进给电路工作情况与“向前”时相似，只是将垂直与横向操作手柄扳到“向下”位置，在机械上接通垂直进给离合器，并压下行程开关 SQ3，KM3 线圈通电吸合，M2 正转，拖动工作台向下进给。

电路情况与向前和向下进给运动的控制相似，只是将垂直与横向操作手柄扳到“向后”或“向上”位置，在机械上接通垂直或横向进给离合器并压下行程开关 SQ4，接触器 KM4 线圈通电吸合，进给电动机 M2 反向启动旋转，拖动工作台实现向后或向上的进给运动。当操作手柄扳回中间位置时，进给结束。

进给变速箱是一个独立部件，装在升降台的左边，进给速度的变换由进给操纵箱来控制，进给操纵箱位于进给变速箱前方。进给变速的操作顺序是：

① 将蘑菇形手柄拉出；

② 转动手柄，把刻度盘上所需的进给速度值对准指针；

③ 把蘑菇形手柄向前拉到极限位置，此时借变速孔盘压下行程开关 SQ6；

④ 将蘑菇形手柄推回原位，此时 SQ6 不再受压。

就在蘑菇形手柄已向前拉到极限位置，且没有被反向推回时，SQ6 压下，SQ6 触点（22-26）闭合，（19-22）断开。此时，接触器 KM3 线圈瞬时通电吸合，进给电动机瞬时正向旋转，获得变速冲动。如果一次瞬间点动时齿轮仍未进入啮合状态，此时变速手柄不能复原，可再次拉出手柄并再次推回，实现再次瞬间点动，直到齿轮啮合为止。

进给方向的快速移动是由电磁离合器改变传动链来实现的。主轴启动后，将进给操作手柄扳到所需移动方向对应位置，则工作台以选定的进给速度作工作进给。此时如按下快速移动按钮 SB5（或 SB6），快速移动继电器 KA2 线圈通电吸合，KA2 常闭触点（104-108）断开，切断工作进给电磁离合器 YC2 线圈电路，KA2 常开触点（110-109）闭合，快速移动电磁离合器 YC3 线圈通电吸合，工作台按原运动方向作快速移动。松开 SB5（或 SB6），快速移动立即停止，仍以原进给速度继续进给，所以，快速移动为点动控制。

圆工作台的回转运动是由进给电动机经传动机构驱动的，使用圆工作台时，首先把圆工作台转换开关 SA3 扳到“接通”位置。按下主轴启动按钮 SB3（或 SB4），KA1、KM1（或 KM2）线圈通电吸合，主轴电动机启动旋转。接触器 KM3 线圈经 SQ1、SQ4 行程开关常闭触点和 SA3（28-26）触点通电闭合，送给电动机启动旋转，拖动圆工作台单向回转。此时工作台进给两个机械操作手柄均处于中间位置。工作台不动，只拖动圆工作台回转。

冷却泵电动机 M3 通常在铣削加工时由冷却泵转换开关 SA1 控制，当 SA1 板到“接通”位置时，冷却泵启动继电器 KA3 线圈通电吸合，M3 启动旋转，并由热继电器 FR3 作长期过载保护。

二、X62W 型卧式万能铣床电气控制特点总结

① 采用电磁离合器的传动装置，实现主轴电动机的停车制动和主轴上刀时的制动，以及对工作台工作进给和快速进给的控制。

② 进给电动机的控制采用机械挂挡—电气开关联动的手柄操作，而且操作手柄扳动方向与工作台运动方向一致，具有运动方向的直观性。

③ 工作台上、下、左、右、前、后 6 个方向的运动具有联锁保护。

任务四 镗床电气控制线路分析

T68 型卧式镗床的外形如图 4.9 所示，主要由床身、镗头架、前立柱、主轴、下溜板、上溜板和工作台、后立柱等组成。

图 4.9 T68 型卧式镗床外观图

1—床身；2—镗头架；3—前立柱；4—主轴；5—下溜板、上溜板和工作台；6—后立柱

其运动形式主要有 3 种：

① 主运动：镗轴水平旋转运动；

② 进给运动：镗轴的轴向进给，溜板的径向进给，镗头架的垂直进给，工作台的纵向进给和横向进给；

③ 辅助运动：工作台的回转，后立柱的轴向移动，尾座的垂直移动及各部分的快速移动等。

一、T68 型卧式镗床电力拖动控制要求分析

① 主轴旋转与进给量都有较大的调速范围，主运动与进给运动由一台电动机拖动，为简化传动机构，采用双速异步电动机拖动。

② 由于各种进给运动都需正、反方向的运转，要求主电动机能正、反转。

③ 为满足加工过程中调整工作的需要，主电动机应能实现正、反转的点动控制。

④ 要求主轴停车迅速、准确，主电动机应有制动停车环节。

⑤ 为便于主轴变速和进给变速时齿轮啮合，应有变速低速冲动。

⑥ 为缩短辅助时间，各进给方向均能快速移动。

⑦ 主电动机为双速电动机，有高、低两种速度供选择，高速运转时应先经低速再进入高速。

⑧ 由于卧式镗床运动部件多，应有必要的联锁和保护环节。

二、T68 型卧式镗床电气控制电路分析

T68 型卧式镗床电气控制原理如图 4.10 所示。T68 型卧式镗床由两台电动机拖动。三相电源由自动空气断路器 QF 引入，熔断器 FU1 为总电路提供短路保护，也为主轴电动机 M1 提供短路保护，熔断器 FU2 为进给电动机与变压器 T 提供短路保护。

主轴电动机 M1 为三角形-双星形接法的双速笼型异步电动机，由接触器 KM1、KM2 控制正、反转；低速时由接触器 KM6 控制，将定子绕组接成三角形；高速时由 KM7、KM8 控制，将定子绕组接成双星形。高、低速转换由行程开关 SQ 控制。低速时可直接启动，高速时先低速启动，而后自动转换为高速运行，以减小启动电流；M1 能正反转运行、正反向点动及反接制动。在点动、制动以及变速中的脉动慢转时，在定子电路中均串入限流电阻 R，以减少启动和制动电流；主轴变速和进给变速均可在停车或工作中进行。只要进行变速，M1 就缓慢转动，以利于齿轮啮合，使变速过程顺利进行。电阻 R 为反接制动及点动控制的限流电阻，接触器 KM3 为电阻 R 的短接接触器。

三相交流电源经自动空气断路器 QF 和熔断器 FU1、FU2 加在变压器 T 初级绕组上，经降压后输出 110V 交流电压供给控制电路，输出 36V 交流电压供机床工作照明。合上自动空气断路器 QF，6 区电源信号灯 HL 亮，表示控制电路电压正常。行程开关 SQ 为主轴高低速转换开关，SQ 压下为高速。

将高、低速变速手柄扳到“低速”挡，行程开关 SQ 断开。由于行程开关 SQ1、SQ3 首先是被压合的，故它们的常开触点闭合，常闭触点断开。按下启动按钮 SB1（主轴电动机 M1 正转），中间继电器 KA1 线圈通电吸合并自锁，其 11 区及 14 区常开触点闭合；KA1（11 区）常开触点闭合，接触器 KM3 线圈通电吸合，电路为 1-2-3-4-5-10-11-12-0（数字为线号，下同），KM3 主触点短接了主轴电动机 M1 中的制动电阻 R；KA1（14 区）常开触点闭合，接触器 KM1 线圈通电吸合，电路为 1-2-3-4-5-18-15-16-0，KM1 常开触点闭合（18 区），KM6 线圈通电吸合；接触器 KM1 接通 M1 正转电源，接触器 KM6 主触点将 M1 绕组接成三角形接法，主轴电动机 M1 低速正转启动运行。按下主轴电动机 M1 的停止按钮 SB6，KA1、KM3、KM1、KM6 线圈断电释放，主轴电动机 M1 制动停止。

将高、低速手柄扳到“低速”挡位置。按下反转启动按钮 SB2，中间继电器 KA2 得电吸合并自锁，其 10 区及 15 区的 KA2 常开触点闭合，分别使接触器 KM3、KM2、KM6 线

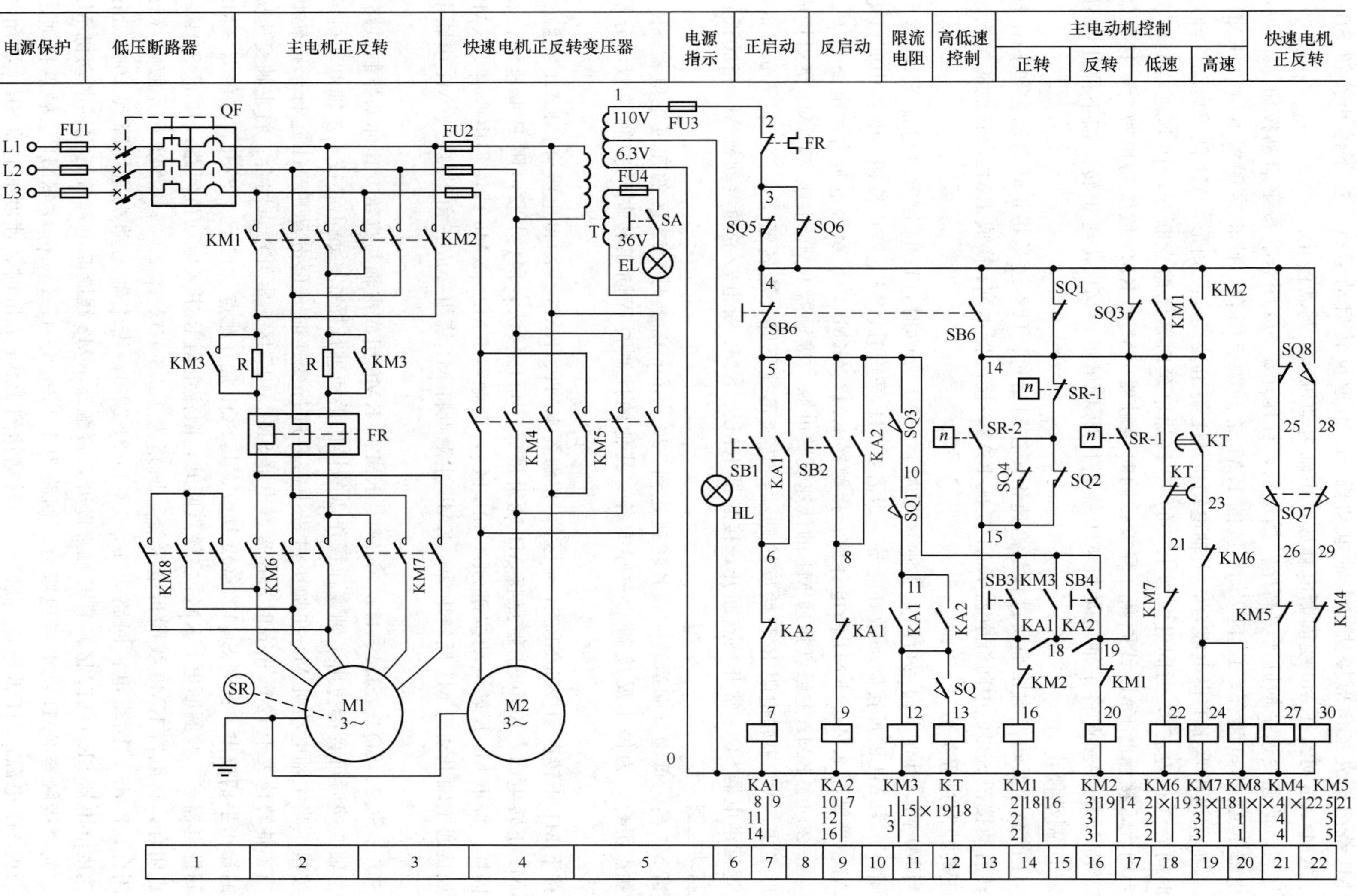

图 4.10　T68 型卧式镗床电气控制原理图

圈得电吸合。KM3主触点短接了制动电阻R，接触器KM2接通M1反转电源，KM6主触点把M1绕组接成三角形接法，主轴电动机M1低速反转启动运行。按下停止按钮SB6，KA2、KM3、KM2、KM6线圈断电释放，主轴电动机M1制动停止。

将高、低速变速手柄扳到“高速”挡位置，行程开关SQ闭合。按下启动按钮SB1，中间继电器KA1得电闭合，11区及14区的KA1常开触点闭合，使得接触器KM3、KM1、KM6及时间继电器KT得电吸合，主轴电动机M1绕组被接成三角形，M1低速启动。经过一定时间后（3s左右），时间继电器KT的18区通电延时常闭触点断开，19区通电延时常开触点闭合，接触器KM6线圈断开释放；同时接触器KM7、KM8线圈得电吸合，接触器KM7、KM8的主触点将主轴电动机M1绕组接成双星形，M1高速正转。按下停止按钮SB6，M1制动停止。

M1的高速反转控制原理及过程与高速正转控制相同，只不过是将正转启动按钮SB1换成反转启动按钮SB2，中间继电器KA1换成KA2，接触器KM1换成KM2，其他的控制过程同正转控制过程类似。

当M1高、低速正向运行时，主轴转速大于120 r/min时，17区速度继电器SR-1常开触点闭合，为M1的反接制动做好准备。当需要M1停止时，按下停止按钮SB6，中间继电器KA1、接触器KM3、KM1断电释放，接触器KM2（KM6）线圈得电吸合，电路为1-2-3-4-14-19-20-0。KM2主触点接通M1的低速反转电源，接触器KM6主触点将M1绕组接成三角形接法，M1串联电阻R开始反接制动，转速迅速下降。当转速下降到100 r/min时，16区速度继电器SR-1常开触点断开，接触器KM2、KM6断电，主轴电动机M1完成正转反接制动控制。

当M1高、低速反向运转时，其转速达到120 r/min以上时，13区的速度继电器SR-2常开触点闭合，为停车反接制动做好准备。其他的控制过程同正转制动控制类似，分析省略。

按下M1正转点动按钮SB3（14区），接触器KM1、KM6线圈得电吸合，KM1主触点接通M1正转电源，KM6主触点将M1绕组接成三角形接法，M1串联电阻R低速正转点动。同样，按下M1反转点动按钮SB4（16区），接触器KM2、KM6线圈得电吸合，KM2主触点接通主轴电动机M1反转电源，KM6主触点将M1绕组接成三角形接法，M1串联电阻R反转点动。

SQ1、SQ2、SQ3、SQ4、KT、KM1、KM2、KM6组成主轴与进给变速冲动控制电路。

主轴变速时可直接拉出主轴变速操作盘的操作手柄进行操作，而不必按下主轴电动机的停止按钮。当主轴电动机M1在加工过程中需要进行变速时，设电动机M1运行于正转状态，当主轴转速大于120r/min时，速度继电器SR-1（17区）常开触点闭合；将主轴变速操作盘的操作手柄拉出，此时SQ1、SQ2复位，其SQ1常开触点（11区）断开，接触器KM3与时间继电器KT线圈断电，KM3主触点断开，限流电阻R串入电动机回路；15区SQ1常闭触点闭合，接触器KM2线圈得电吸合，回路为1-2-3-4-14-19-20-0；KM2常开触点（19区）闭合，KM6线圈得电，回路为1-2-3-4-14-21-22-0；当主轴电动机速度降到100r/min时，速度继电器SR-1（17区）常开触点断开，接触器KM2线圈断电释放，主轴电动机M1停转，同时接触器KM1线圈得电吸合，回路为1-2-3-4-14-17-15-16-0，KM1主触点接通主轴电动机M1电源，M1低速正转启动。当转速达到120 r/min时，速度继电器SR-1常闭触点（15区）断开，主轴电动机M1又停转。当转速小于100 r/min时，速度继电器SR-1常闭触点又复位闭合，主轴电动机 M1 又正转启动。如此反复，直到新的变速齿轮啮合好为止。此时转动变速操作盘，选择新的速度后，将变速手柄压回原位。

进给变速控制过程与主轴变速控制过程基本相似，只不过拉出的变速手柄是进给变速操作手柄，将主轴变速控制中的行程开关 SQ1、SQ2 换成 SQ3、SQ4，其工作过程分析省略。

机床工作台的纵向和横向快速进给、主轴的轴向快速进给、主轴箱的垂直快速进给都是由电动机 M2 通过机械齿轮的啮合来实现的。将快速手柄扳至快速正向移动位置，行程开关 SQ7（21、22 区）被压下，21 区常开触点闭合，接触器 KM4 线圈得电闭合，进给电动机 M2 启动正转，带动各种进给正向快速移动。将快速手柄扳至反向位置时压下行程开关 SQ8，行程开关 SQ8（21、22 区）被压下，22 区常开触点闭合，接触器 KM5 线圈得电闭合，进给电动机 M2 反向启动运转，带动各种进给反向快速移动。当快速操作手柄扳回中间位置时，SQ7、SQ8 均不受压，M2 停车，快速移动结束。

为了防止工作台或主轴箱机动进给时的误操作，设置了与工作台、主轴箱进给操纵手柄有机械联动的行程开关 SQ5，在主轴箱上设置了与主轴、溜板进给手柄有机械联动的行程开关 SQ6。

当工作台、主轴箱进给操纵手柄扳在机动进给位置时，压下 SQ5，其常闭触点（7 区）断开。若此时又将主轴、溜板进给手柄扳在机动进给位置，则压下 SQ6，其常闭触点（8 区）断开，于是切断了控制电路电源，使主电动机 M1 和快速移动电动机 M2 无法启动，从而可避免由于误操作带来的运动部件相撞，实现了主轴箱或工作台与主轴或平旋盘刀具溜板的联锁保护。

M1 主电动机正转与反转之间、高速与低速运行之间，快速移动电动机 M2 的正转与反转之间，均设有互锁控制环节。

T68 卧式镗床设有 36V 安全电压局部照明灯 EL，由开关 SA 手动控制。电路还设有 6.3V 电源指示灯 HL，指示电源电压是否正常。

三、T68 型卧式镗床电气控制特点总结

① 主电动机 M1 为双速笼型异步电动机，实现机床的主轴旋转和工作进给。低速时由接触器 KM6 控制，将电动机三相定子绕组接成三角形连接；高速时由接触器 KM7、KM8 控制，将电动机三相定子绕组接成双星形连接。高、低速由主轴孔盘变速机构内的行程开关 SQ 控制。选择低速时，电动机为直接启动。高速时，电动机采用先低速启动，再自动转换为高速启动运行的两级启动控制，以减小启动电流的冲击。

② 主电动机 M1 能正反向点动、正反向连续运行控制，并具有停车反接制动功能。在点动、反接制动以及变速中的脉动低速旋转时，定子绕组接成三角形接法，电路串入限流电阻 R，以减小启动和反接制动电流。

③ 主轴变速与进给变速可在停车情况下或在运行中进行变速，此时主电动机 M1 定子绕组接成三角形接法，电动机连续反复低速运行，以利齿轮啮合，使变速过程顺利进行。

④ 主轴箱、工作台与主轴、溜板由快速移动电动机 M2 拖动，它们之间的机动进给设有机械和电气的联锁保护。

【拓展训练】

使用亚龙 T68 镗床电路智能实训考核单元模块，使学生更好地认识了解镗床原理并能

够模拟操作，排除故障。实训考核单元模块如图 4.11 所示。

WK107
T68镗床电路智能实训考核单元

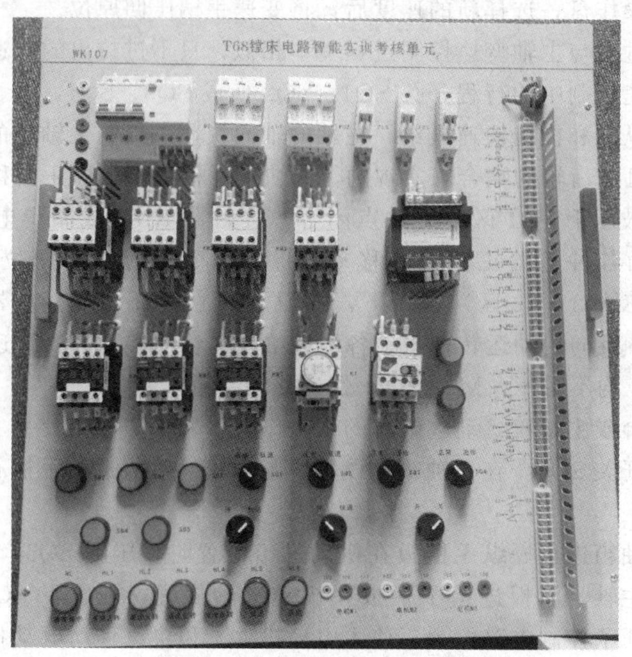

图 4.11　T68 镗床电路智能实训考核单元模块

借助该设备，可以对学生的排除电气故障水平进行精确检测，通过配套的软件可以人为设置需要的故障点，再由学生进行排除。具体操作如下。

首先双击桌面的智能实训考核系统（教师端）图标，打开操作界面，设置镗床相关参数，在用户密码栏输入“yalong”后登录，出现 两个选项，单击试卷管理图标，然后单击新建按钮，出现图 4.12 所示的新试卷对话框。

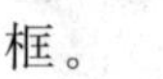

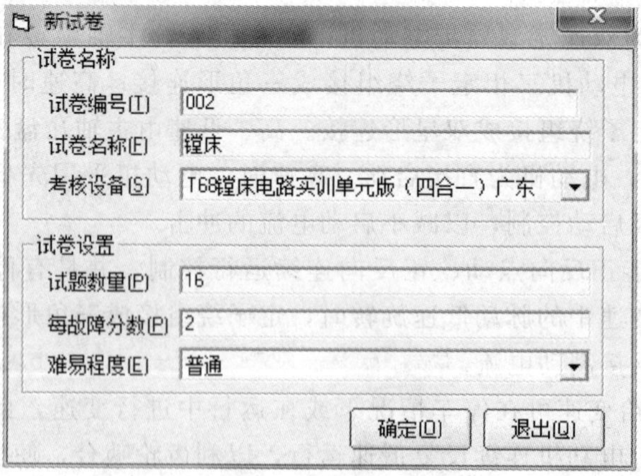

新试卷
试卷名称
试卷编号(I) 002
试卷名称(E) 镗床
考核设备(S) T68镗床电路实训单元版（四合一）广东
试卷设置
试题数量(P) 16
每故障分数(P) 2
难易程度(E) 普通
确定(O)
退出(Q)

图 4.12　新试卷对话框

试卷编号与试卷名称栏根据实际内容填写，考核设备根据设备所对应的型号进行选取，试题数量与故障分数根据实际情况进行填写，填写完成后单击确定。最终确定选择需要排除的故障。

故障编号	故障现象	起始位置	结束位置	系统编号
1	所有电机缺相，控制回路失效。	085	090	T68镗床电路实训单元版（四合一）广东
2	主轴电机及工作台进给电机，无论正反转均缺相，控制回路正常。	096	111	T68镗床电路实训单元版（四合一）广东
3	主轴正转缺一相。	098	099	T68镗床电路实训单元版（四合一）广东
4	主轴正、反转均缺一相。	107	108	T68镗床电路实训单元版（四合一）广东
5	主轴电机低速运转制动电磁铁YB不能动作。	137	143	T68镗床电路实训单元版（四合一）广东
6	进给电机正转时缺一相。	146	151	T68镗床电路实训单元版（四合一）广东
7	进给电机无论正反转均缺一相。	151	152	T68镗床电路实训单元版（四合一）广东
8	控制变压器缺一相.控制回路及照明回路均没电。	155	163	T68镗床电路实训单元版（四合一）广东
9	主轴电机正转点动与启动均失效。	018	019	T68镗床电路实训单元版（四合一）广东
10	控制回路全部失效。	008	030	T68镗床电路实训单元版（四合一）广东
11	主轴电机反转点动与启动均失效。	029	042	T68镗床电路实训单元版（四合一）广东
12	主轴电机的高低速运行及快速移动电机的快速移动均不可启动。	030	052	T68镗床电路实训单元版（四合一）广东
13	主轴电机的低速不能启动，高速时，无低速的过渡。	048	049	T68镗床电路实训单元版（四合一）广东
14	主轴电机的高速运行失效。	054	055	T68镗床电路实训单元版（四合一）广东
15	快速移动电动机，无论正反转均失效。	066	073	T68镗床电路实训单元版（四合一）广东
16	快速移动电动机正转不能启动。	072	073	T68镗床电路实训单元版（四合一）广东
17	YB失效。	120	138	T68镗床电路实训单元版（四合一）广东
18	EL灯失效。	169	170	T68镗床电路实训单元版（四合一）广东
19	主轴电机反转运行时，HL1,HL2，HL3均失效。	179	180	T68镗床电路实训单元版（四合一）广东
20	主轴电机正，反运行是，HL1,HL2,HL3,HL4均失效。	199	200	T68镗床电路实训单元版（四合一）广东

最后由学生登录智能实训考核系统（学生端），排除故障并答题。

【思考与练习】

1. 绘制电气原理图的原则是什么？

2. 交流接触器在运行中有时在线圈断电后，衔铁掉不下来，电动机不能停止，这时应如何处理？故障原因在哪里？应如何清除？

3. 在XA6132型铣床电气控制电路中，电磁离合器YC1、YC2、YC3的作用是什么？

4. 在XA6132型铣床电气控制电路中，行程开关SQ1～SQ6的作用各是什么？

5. XA6132型铣床主轴变速能否在主轴停止或主轴旋转时进行？为什么？

6. T68型镗床电气控制具有哪些控制特点？

7. 试述T68型卧式铣床主轴高速启动时的操作和电路工作情况。

PLC控制

·项目五·

PLC基本指令的应用

任务一 认识PLC

一、认识 PLC 的作用

利用接触器可以实现三相异步电动机的点动控制。如图 5.1 所示，合上开关 QS，按下启停按钮 SB1，接触器线圈 KM 得电，接触器的主触点和辅助触点闭合，三相电动机启动；松开启停按钮 SB1，接触器 KM 线圈失电，三相电动机停止。

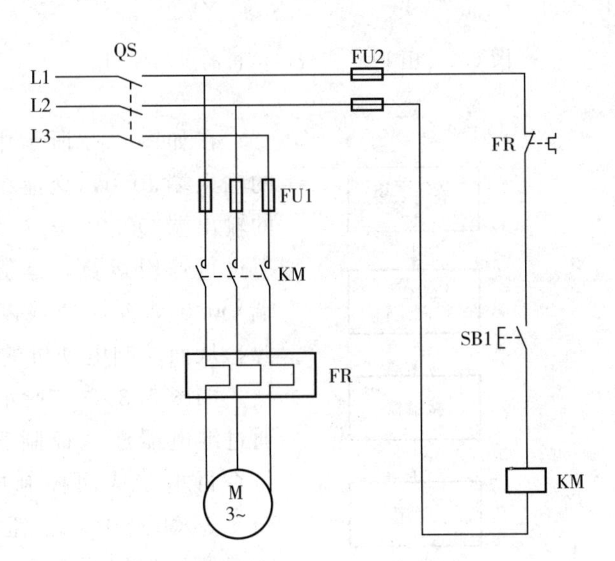

图 5.1 用接触器实现三相异步电动机的点动控制电路

继电接触控制系统采用硬件接线安装而成。一旦控制要求改变，控制系统就必须重新配线安装，工作量大，加上机械触点易损坏，因而系统的可靠性较差，检修工作相当困难。若采用 PLC 对电动机进行控制，将变得简单可靠。采用 PLC 控制，主电路仍然不变，如图 5.2所示，用户只需要将输入设备接到 PLC 的输出端口，再接上电源、输入程序就可以了。图 5.2 所示为用 PLC 控制电动机点动的硬件接线图和软件程序。

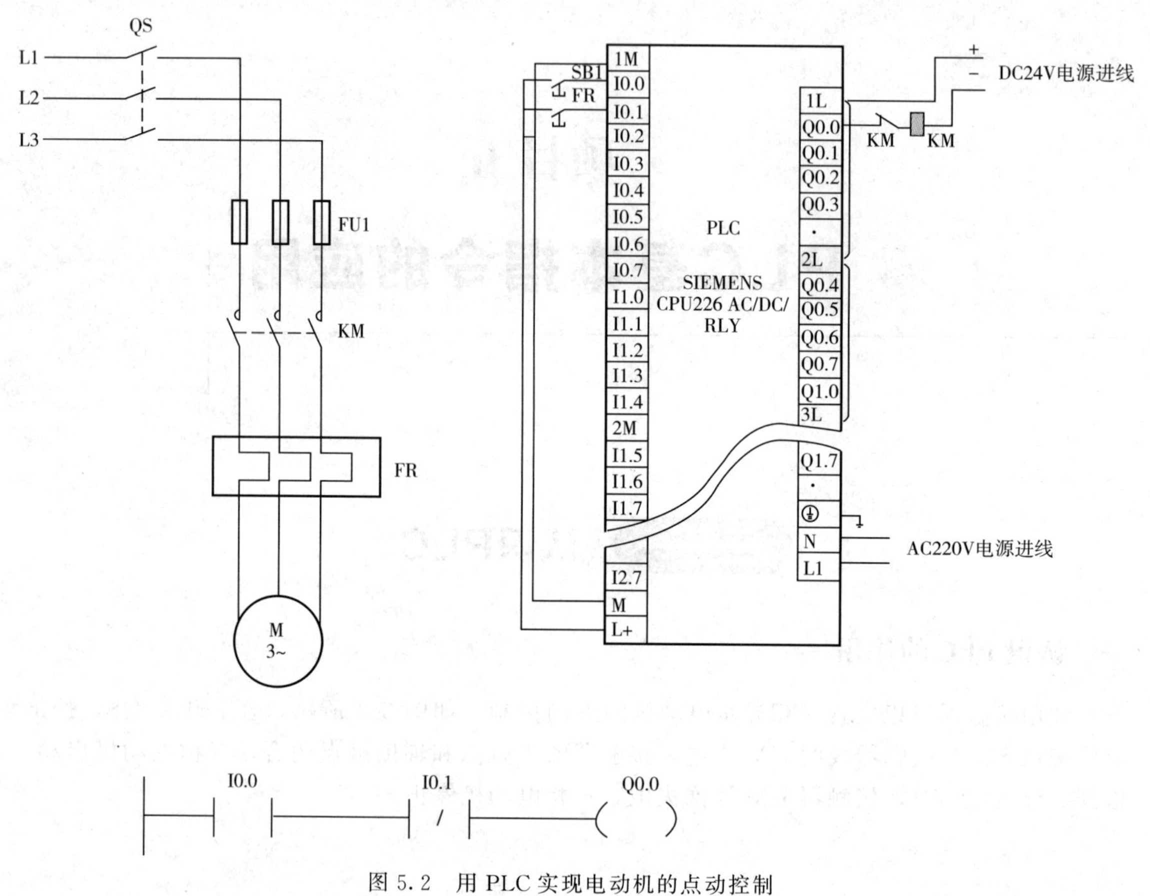

图 5.2　用 PLC 实现电动机的点动控制

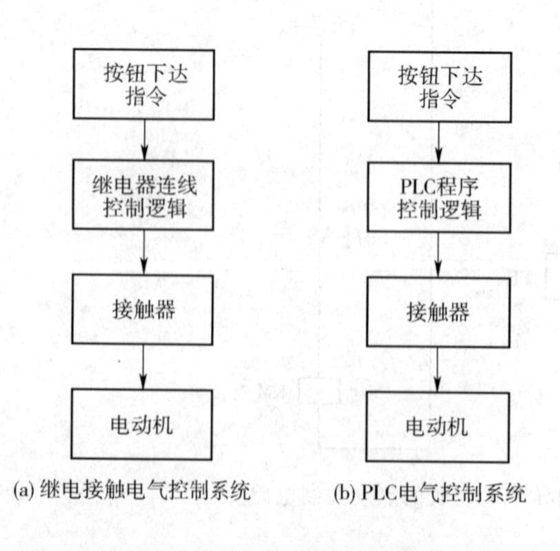

图 5.3　两种电气控制系统框图

在如图 5.2 所示中，启停按钮接 PLC 的输入端 I0.0，交流接触器的线圈接 PLC 的输出端 Q0.0。PLC 程序对启停按钮的状态进行逻辑运算，运算的结果决定了输出端 Q0.0 是否接通或断开接触器线圈的电源，从而控制电动机的工作状态。

如图 5.3（a）所示，按钮下达指令后，通过继电器连线控制逻辑决定接触器线圈是否得电，从而控制电动机的工作状态。图 5.3（b）中，按钮下达指令后，通过 PLC 程序控制逻辑决定接触器线圈是否得电，从而控制电动机的工作状态。PLC 利用程序中的“软继电器”取代传统的物理继电器，使控制系统的硬件结构大大简化，具有控制功能强、可靠性高、控制灵活等一系列优点。因此PLC控制系统在各个行业的电气控制中得到非常广泛的应用。

PLC的应用领域如下。

(1) 开关量逻辑控制

开关量逻辑控制是现今PLC应用最广泛的领域，可以取代传统的继电接触控制系统，实现逻辑控制和顺序控制。PLC可用于单机、多机群控以及生产线的自动化控制。

(2) 模拟量过程控制

PLC配上特殊模块后，可对温度、压力、流量、液面高度等连续变化的模拟量进行闭环过程控制。

(3) 运动控制

PLC可采用专用的运动控制模块对伺服电机和步进电机的速度与位置进行控制，从而实现对各种机械的运动控制，如金属切削机床、数控机床、工业机器人等。

(4) 现场数据采集处理

目前PLC都具有数据处理指令、数据传送指令、算术与逻辑运算指令和循环移位与移位指令，所以由PLC构成的监控系统，可以方便地对生产现场数据进行采集、分析和加工处理。数据处理常用于柔性制造系统、机器人和机械手的大、中型控制系统中。

(5) 通信联网多级控制

PLC通过网络通信模块及远程I/O控制模块，实现PLC与PLC之间、PLC与上位机之间、PLC与其他智能设备（如触摸屏、变频器等）之间的通信功能，还能实现PLC分散控制、计算机集中管理的集散控制，这样可以增加系统的控制规模，甚至可以使整个工厂实现生产自动化。

二、认识PLC的分类

(1) 按结构形式分类

PLC按结构形式分类可分为整体式和模块式两类。

将电源、CPU、存储器及I/O等各个功能集成在一个机壳内的PLC是整体式PLC，其特点是结构紧凑、体积小、价格低，小型PLC多采用这种结构，如三菱FX系列的PLC。整体式PLC一般配有许多专用的特殊功能模块，如模拟量I/O模块、通信模块等。

将电源模块、CPU模块、I/O模块作为单独的模块安装在同一底板或框架上的PLC是模块式PLC。其特点是配置灵活、装配维护方便，大、中型PLC多采用这种结构，如西门子S7-300系列的PLC。

(2) 按I/O点数和存储容量分类

小型PLC：I/O点数在256点以下，存储器容量2K步；

中型PLC：I/O点数在256～2048点之间，存储器容量2～8K步；

大型PLC：I/O点数在2048点以上，存储器容量8K步以上。

三、认识PLC的组成

PLC主要由CPU（中央处理器）、存储器、输入/输出（I/O）接口电路、电源、外设接口、I/O（输入/输出）扩展接口组成。

CPU是PLC的逻辑运算和控制指挥中心，协调工作。存储器主要用来存放系统程序、用户程序和数据。PLC 的存储器 ROM 中固化着系统程序，用户不能直接存取、修改。存储器 RAM 中存放用户程序和工作数据，使用者可对用户程序进行修改。为保证掉电时不会丢失 RAM 存储信息，一般用锂电池作为备用电源供电。

输入/输出电路是 PLC 和现场信号连接的接口。输入电路用来接受来自生产设备的各种控制信号和检测信号；输出电路用来驱动与 PLC 连接的外部电器设备，使它们按照 PLC 的控制命令完成对生产设备的控制。

PLC 一般采用 AC 220V 电源，经整流、滤波、稳压后可提供 PLC 的 CPU、存储器等电路工作所需的直流电，有的 PLC 也采用 DC 24V 电源供电。为保证 PLC 工作可靠，大都采用开关型稳压电源。有的 PLC 还向外部提供 24V 直流电源。

外设接口是在主机外壳上与外部设备配接的插座，通过电缆线可配接编程器、计算机、打印机、EPROM 写入器、触摸屏等。

I/O 扩展接口是用来扩展输入、输出点数的。当用户输入、输出点数超过主机的范围时，可通过 I/O 扩展接口与 I/O 扩展单元相接，以扩充 I/O 点数。A/D 和 D/A 单元以及链接单元一般也通过该接口与主机连接。

四、认识 PLC 的工作流程

PLC 工作过程见图 5.4。控制任务的执行是 PLC 工作过程十分重要的环节，它可分为以下三个阶段。

（1）输入采样阶段

在这个阶段中，PLC 读取输入接点的状态，并将它们存放在输入映象寄存器中。

（2）程序执行阶段

在这个阶段中，PLC 根据本次采样的输入数据和前面得到的运算结果，按照用户程序的顺序逐行逐句执行用户程序。执行的结果存储在相应元件的映象寄存器中。

（3）输出刷新阶段

这是一个工作周期的最后阶段。PLC 将本次执行用户程序得到的输出结果一次性地从输出映象寄存器区送到各个输出口，对输出状态进行刷新。

为了连续地完成 PLC 所承担的工作，系统必须周而复始地重复执行这一系列的工作，我们把这种工作方式叫做循环扫描工作方式。

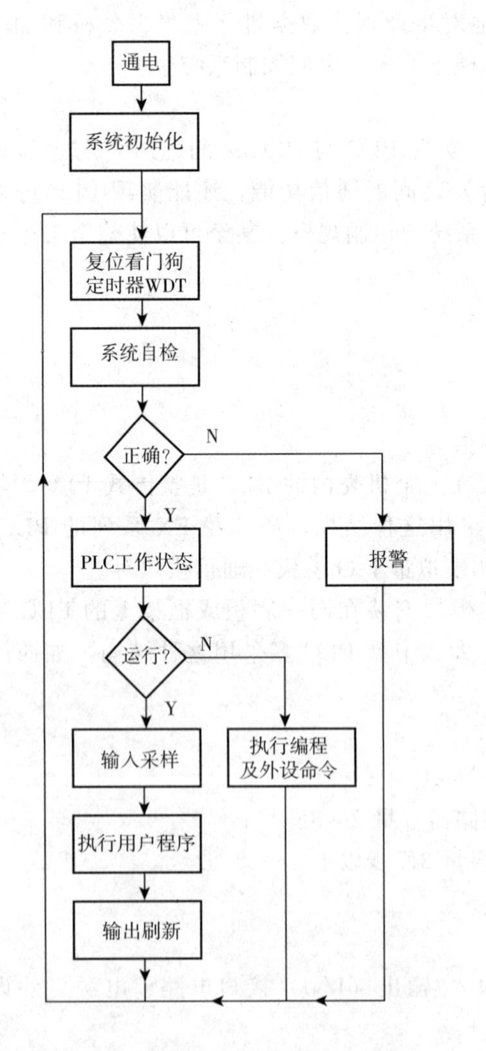

图 5.4　PLC 工作过程示意图

PLC 有两种基本的工作状态，即运行（RUN）状态和停止（STOP）状态。运行状态是执行用户程序的状态。停止状态一般用于用户程序的编辑和修改。

PLC 在 RUN 工作状态时，执行一次循环所需的时间称为扫描周期，其典型值为 1～100ms。当扫描周期大于规定值时，PLC 控制系统可能对输入信号不能及时采样，出现信号丢失，造成采样不准确，给系统的安全和稳定工作带来隐患。为了避免上述问题的发生，在 PLC 中设置了看门狗定时器（WDT），当扫描周期大于规定时间后，会发出报警信号，使系统停止工作。

PLC 的梯形图和继电器-接触器控制电路图虽然相似，但这二者在工作过程上有着根本的不同。

对于继电器-接触器控制电路来说，同一个继电器的所有触点的动作和它的线圈通电或断电是同时发生的，即继电器-接触器控制电路采用并行工作方式。

在 PLC 中，由于指令分时扫描执行，同一个器件的线圈和它的各个触点的动作并不同时发生，且当前使用的数据为前面的计算结果，因此 PLC 采用串行工作方式。

五、认识西门子 S7-200 系列 PLC

西门子 S7-200 系列 PLC 应用非常广泛，采用模块式结构，其基本模块是一个完整的控制装置，可独立工作。为了实现 PLC 的灵活配置和功能的灵活扩展，S7-200 系列产品还配有开关量扩展模块、模拟量扩展模块和通信模块等。图 5.5 为 S7-200 系列 PLC 基本模块带开关量扩展模块外观。

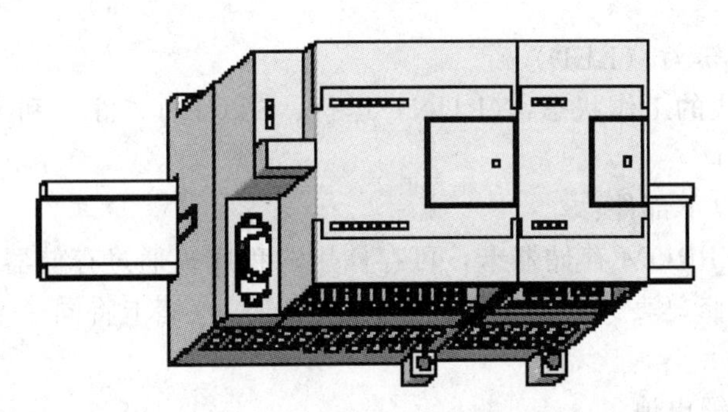

图 5.5　S7-200 系列 PLC 基本模块带扩展模块外观

1. 基本模块

S7-200 的基本模块包括中央处理器（CPU）、存储器、电源以及开关量输入/输出(I/O)接口，这些部件集中在一个箱体中。

S7-200 系列 PLC 提供 6 种不同型号的基本模块。这六个基本模块为 CUP221、CPU222、CPU224、CPU224XP、CPU226、CPU226XM（这里的 CPU×××表示的是S7-200基本模块的型号，并非中央处理器 CPU 的型号）。图 5.6 所示为 CPU222 的外部结构。

（1） 输入端子

外部输入信号与 PLC 连接的接线端子。

（2） 输入状态指示灯（LED)

显示输入接点的当前状态。接点接通时指示灯亮，接点断开时指示灯灭。

（3） 输出端子

外部负载与 PLC 连接的接线端子。

（4） 输出状态指示灯（LED)

显示输出接点的当前状态。接点接通时指示灯亮，接点断开时指示灯灭。

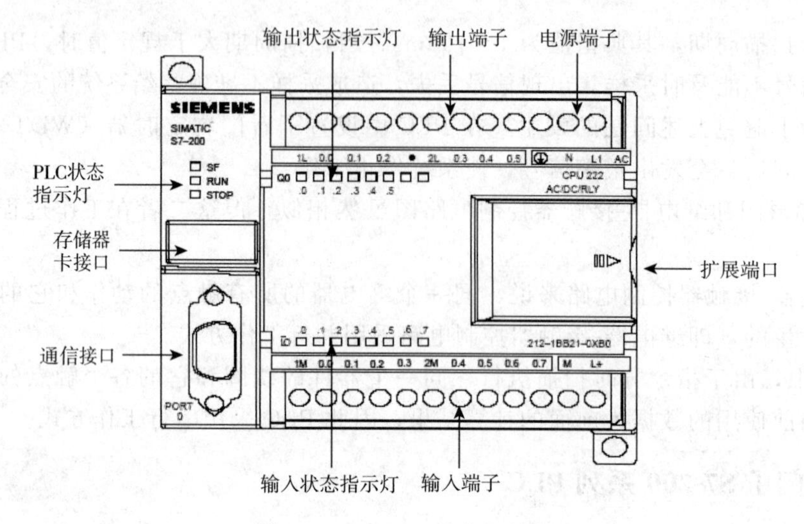

图 5.6　CPU222 的外部结构

(5) 电源端子

PLC 基本模块连接外部电源的接线端子。S7-200 使用的电源为 DC 24V 或 AC 110V/220V。

(6) PLC 状态指示灯（LED）

分别显示基本模块的工作状态：(RUN) 运行、STOP（停止）和 SF（报警）。

(7) 存储器卡接口

该端口用于安装以下部件：

① 存储器卡。EEPROM 存储器卡，可存储用户程序。通过存储器卡可以将程序重新写入到 PLC 中，以快速修复丢失或损坏的程序；也可通过存储卡将同一个程序写入到其他 S7-200 的基本模块中。

② 锂电池。专用锂电池。

③ 可产生标准日期和时间信号的实时时钟芯片。

(8) 通信接口

通过通信电缆实现 PLC 与编程器、PLC 与计算机、PLC 与 PLC 或其他设备的通信。

(9) 扩展端口

该端口包括以下部件：

① 基本模块与扩展模块连接的接口；

② 工作方式开关：手动选择 PLC 的工作方式：STOP（停止）和 RUN（运行）；

③ 电位器调节旋钮：对 PLC 进行外部模拟量信号给定。

2. 扩展模块

S7-200 的开关量输入/输出扩展模块包括输入接点、输出接点、状态指示灯和扩展端口等部件，这些部件集中在一个箱体中，与基本模块通过扩展线相连。开关量输入/输出扩展模块不能独立工作，它受基本模块控制，完成输入/输出扩展接点对输入信号的采集和对外部负载的驱动。

3. S7-200 PLC 的安装接线

S7-200 既可以安装在控制柜背板上，也可以安装在标准导轨上。既可以水平安装，也可以垂直安装。在安装时要避免设备受热、高压和电噪声。应参照以下原则布置和接线：

① 使 S7-200 远离高压和高噪声设备。

② 当 S7-200 安装在有发热设备的机柜中时，应将 PLC 放在机柜的较冷区域，在高温环境下使用电气设备，都将缩短其使用寿命。

③ 为保证 PLC 能够自然对流冷却，PLC 上、下必须留有至少 25mm 的间隙；前面板与背板的板间距离也应保持至少 75mm。

④ S7-200 PLC 的外部电源使用 DC 24V 或 AC 110V/220V 电源供电。当 PLC 工作在电气干扰严重的环境时，可采样隔离变压器、稳压器、开关电源等抗干扰措施。也可用单独的电源给 PLC 供电。

⑤ S7-200 PLC 为基本模块提供 DC 5V 内部电源。当扩展配置需要的电源容量大于基本模块提供的电源容量时，必须减少模块或选择可以提供更大电源容量的基本模块。S7-200 PLC 为输入和扩展模块上的继电器线圈提供 DC 24V 电源，同时还可为 DC 24V 传感器提供电源。应避免外部电源与基本模块电源并行连接，防止对 PLC 内部电源的损害和干扰。

⑥ S7-200 基本模块所需的电源要采用单独的开关供电，并安装过流保护器件（断路器或熔断器）。

⑦ S7-200 基本模块所有输出电路都要设置熔断器，防止由于负载故障造成的短路。

⑧ 采用外部 DC 24V 电源供电的输入电路要设置过流保护装置（断路器或熔断器）。

⑨ 为了减少可能出现的冲击电流，PLC 要单独接地，接地导线要采用 $2mm^2$ 以上的专业接地线，接地电阻要小于 10Ω。

⑩ 应避免将 PLC 低压信号线与交流供电线和高能量、开关频率很高的直流线路布置在一个线槽中。

⑪ 当采用晶体管输出时，对于电感性负载，负载两端需要并联一个续流二极管；如果需要更短的断开时间，可同时并入稳压二极管。

⑫ 对于交流有噪声负载，可在每个负载两端并联一个阻容滤波器，以减少交流噪声对线路的干扰。

PLC 输入电路分为漏型、源型和混合型。漏型输入电路的电流是从 PLC 的输入端流进，从公共端流出，即公共端接电源的负极。源型输入电路的电流从 PLC 公共端流进，从输入端流出，即 PLC 公共端接电源的正极。混合型输入电路的 PLC 公共端既可以接电源的正极，也可以接负极，同时具有源型输入电路和漏型输入电路的特点。不同 PLC 生产厂家对源型和漏型输入的定义不同，但工作原理一样。

S7-200 的输入端为混合型输入电路，可采用漏型输入，如图 5.7 所示，也可采用源型输入，如图 5.8 所示。但同一个公共端的每个输入点只能采用同一种接线方式。

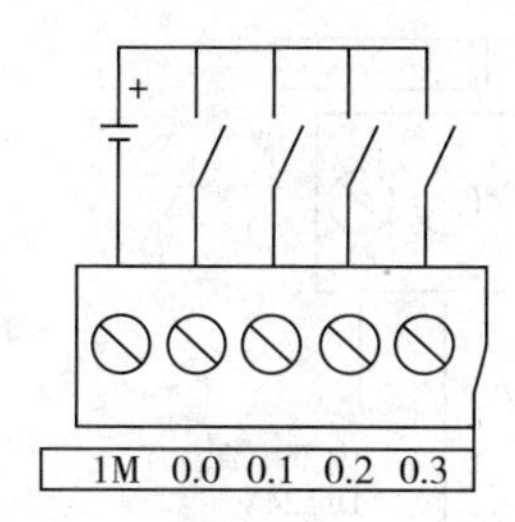

图 5.7　漏型输入接线图

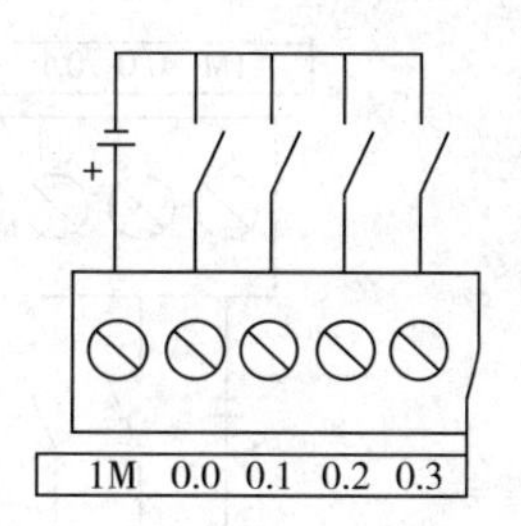

图 5.8　源型输入接线图

由于S7-200的模块类型（基本模块、扩展模块）、输出类型（继电器、晶体管）、外部电源（DC 24V、AC 220V）不同，因此接线也不尽相同。以下为几种S7-200基本模块和扩展模块的接线图。

（1）CPU222 DC/DC/DC型号的接线图

CPU222 DC/DC/DC型号基本模块型号为CPU222，为PLC供电的电源为DC 24V，输入电源为DC 24V，输出为晶体管输出DC 24V，接线如图5.9所示。

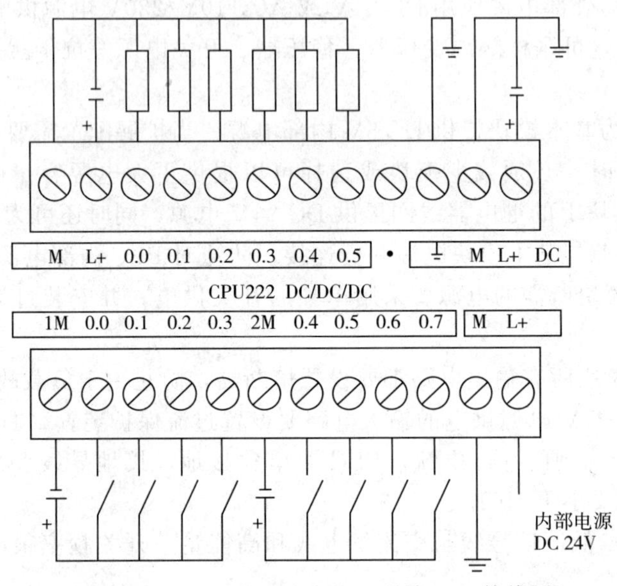

图5.9　CPU222 DC/DC/DC型号PLC接线图

（2）CPU222 AC/DC/RLY型号接线图

CPU222 AC/DC/RLY型号PLC基本模块型号为CPU222，为PLC供电的电源为AC 110V/220V，输入电源为DC 24V，输出为继电器输出，接线如图5.10所示。

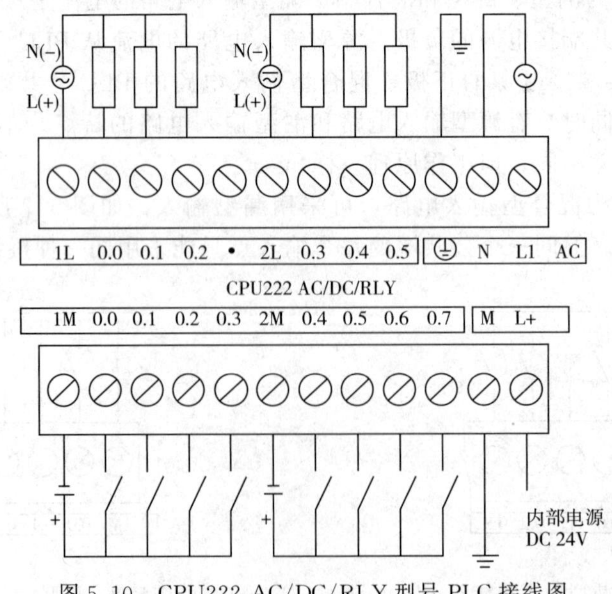

图5.10　CPU222 AC/DC/RLY型号PLC接线图

（3）EM221（8×DC 24V）型号接线图

EM221（8×DC 24V）型号输入电源为DC 24V，输入接点数为8个，接线如图5.11所示。

（4）EM222（8×RLY）型号接线图

EM222（8×RLY）型号输出类型为继电器输出，输出接点数为8个，接线如图5.12所示。

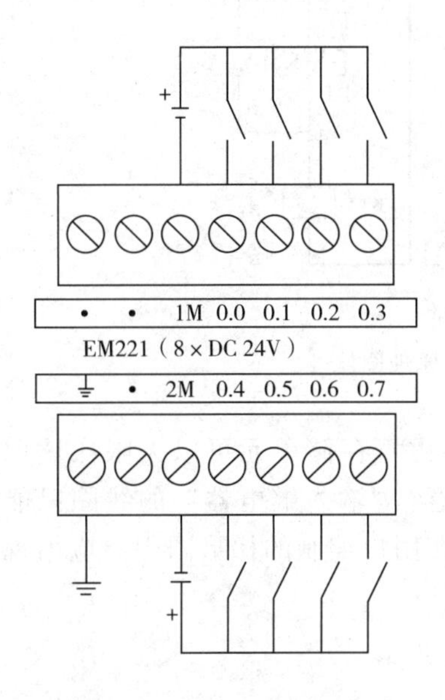

图5.11　EM221（8×DC 24V）型号PLC接线图

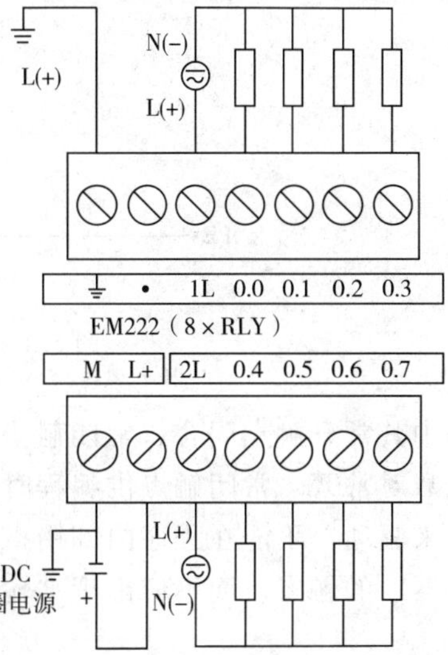

图5.12　EM222（8×RLY）型号PLC接线图

任务二　应用PLC实现电动机自锁控制

三相异步电动机自锁控制的继电接触控制系统如图5.13所示，现要改用PLC来实现电动机的自锁控制。具体设计要求：当按下启动按钮SB1时，电动机启动并连续运行；当按下停止按钮SB2或热继电器FR动作时，电动机停止。

一、相关知识介绍

当采用PLC控制电动机时，必须将按钮的控制指令送到PLC的输入端，再通过PLC的输出信号去驱动接触器KM线圈，电动机才能运行。为此首先介绍一下PLC的输入输出映像寄存器和编程语言。

（一）输入映像寄存器

输入映像寄存器又称为输入继电器，是PLC用来接收用户设备输入信号的接口。PLC中的“继电器”与继电器控制系统中的继电器有本质性的差别，是“软继电器”，它实质是存储单元。每一个“输入继电器”线圈都与相应的PLC输入端相连（如“输入继电器”I0.0的线圈与PLC的输入端子0.0相连）。当外部开关信号接通时，“输入继电器线圈”得电，

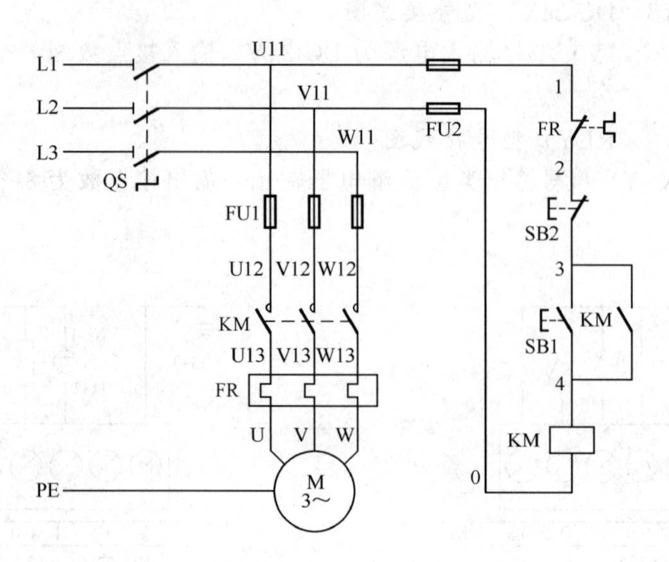

图 5.13　电动机自锁控制线路原理图

在程序中其常开触点闭合，常闭触点断开，见图 5.14。由于存储单元可以无限次读取，所以有无数对常开、常闭触点供编程时使用。编程时应注意，“输入继电器”的线圈只能由外部信号来驱动，不能在程序内部用指令来驱动，因此，在用户编制的梯形图中只应出现“输入继电器”的触点，而不应出现“输入继电器”的线圈。

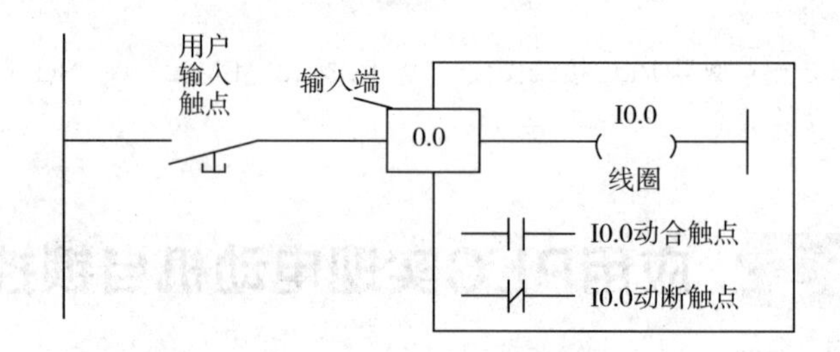

图 5.14　输入映像寄存器

S7-200 输入映像寄存器区域有 16 个字节的存储单元。系统对输入映像寄存器是以字节（8 位）为单位进行地址分配的。输入映像寄存器可以按位进行操作，每一位对应一个数字量的输入点。输入映像寄存器可采用位、字节、字或双字来存取，存取的地址编号范围为 I0.0～I15.7。

（二）输出映像寄存器

输出映像寄存器又叫输出继电器，是用来将输出信号传送到负载的接口，每一个“输出继电器”线圈都与相应的 PLC 输出相连，并有无数对常开和常闭触点供编程时使用。除此之外，还有一对常开触点与相应 PLC 输出端相连（如输出继电器 Q0.0 有一对常开触点与 PLC 输出端子 0.0 相连），用于驱动负载，见图 5.15。输出继电器线圈的通断状态只能在程序内部用指令驱动。

S7-200 输出映像寄存器区域有 16 个字节的存储单元。系统对输出映像寄存器也是以字

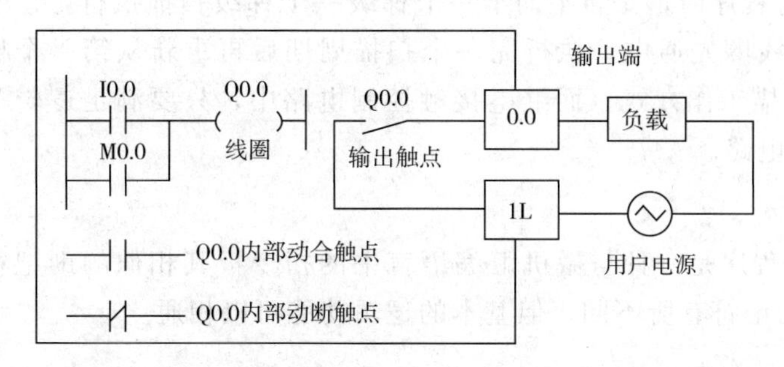

图 5.15　输出映像寄存器

节（8 位）为单位进行地址分配的。输出映像寄存器可以按位进行操作，每一位对应一个数字量的输出点。未使用的位和字节均可在用户程序中作为内部标志位使用。输出继电器可采用位、字节、字或双字来存取。输出继电器位存取的地址编号范围为 Q0.0～Q15.7。

（三）PLC 的编程语言

PLC 常用的 5 种编程语言：顺序功能图、梯形图、指令表、功能块图及高级语言。其中，用得最多的是顺序功能图、梯形图和指令表 3 种编程语言。

1. 顺序功能图

顺序功能图主要用来编制顺序控制程序，主要由步、有向连线、转换条件和动作组成。

2. 梯形图

梯形图编程语言是由电气原理图演变而来的，它沿用了继电接触逻辑控制图中的触点、线圈、串并联等术语和图形符号，具有形象、直观、实用的特点，电气技术人员容易接受，是目前使用最多的一种 PLC 编程语言。

图 5.16 所示为梯形图程序。图中左、右母线类似于继电接触控制图中的电源线，输出线圈类似于负载，输入触点类似于按钮。梯形图由若干梯级组成，每个梯级表示一个逻辑关系。在梯级中，触点表示逻辑输入条件，如外部的开关、按钮和内部条件等；线圈通常代表逻辑结果，用来控制外部的指示灯、接触器和内部的输出标志位等。梯形图自上而下排列，每个梯级起于左母线，经触点、线圈，止于右母线，右母线也可以不画。

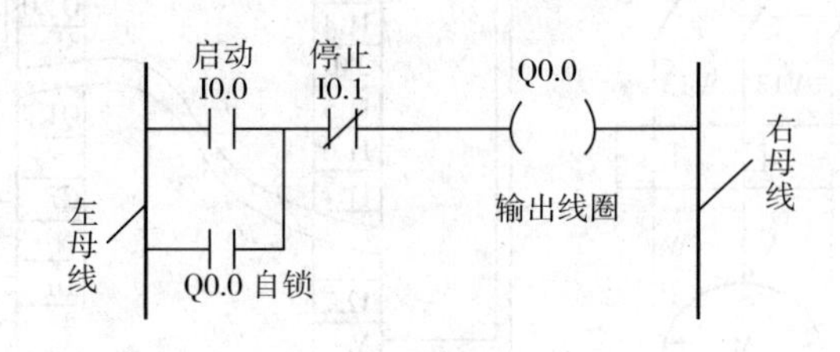

图 5.16　梯形图程序

注意：

① 梯形图每一个梯级中并没有真正的电流流过。

② PLC 在执行程序时，是自上而下一个梯级一个梯级扫描执行，位于梯形图上一级的线圈要比下一级的线圈先通电，执行完一个扫描周期后再重新从第一个梯级开始执行，即 PLC 是串行周期扫描工作方式。而继电接触控制电路中，只要满足逻辑关系，可以同时执行满足条件的分支电路。

3. **指令表**

PLC 的指令表程序是一种与微机汇编语言中的指令极其相似的助记符表达式，不同厂家 PLC 的指令表助记符有所不同，但基本的逻辑功能可以相通。

二、电动机自锁控制实施方案

(一) 分配 I/O 地址

根据电动机自锁控制的要求可知：输入信号有启动按钮 SB1、停止按钮 SB2 和热继电器的触点 FR；输出信号有接触器的线圈 KM。确定它们与 PLC 中的输入继电器和输出继电器的对应关系，可得 PLC 控制系统的 I/O 端口地址分配如下。

输入信号：启动按钮 SB1—I0.0；

停止按钮 SB2—I0.1；

热继电器 FR—I0.2。

输出信号：接触器线圈 KM—Q0.0。

根据 PLC 的 I/O 分配，可以设计出电动机自锁控制电路的 I/O 接线图，如图 5.17 所示。

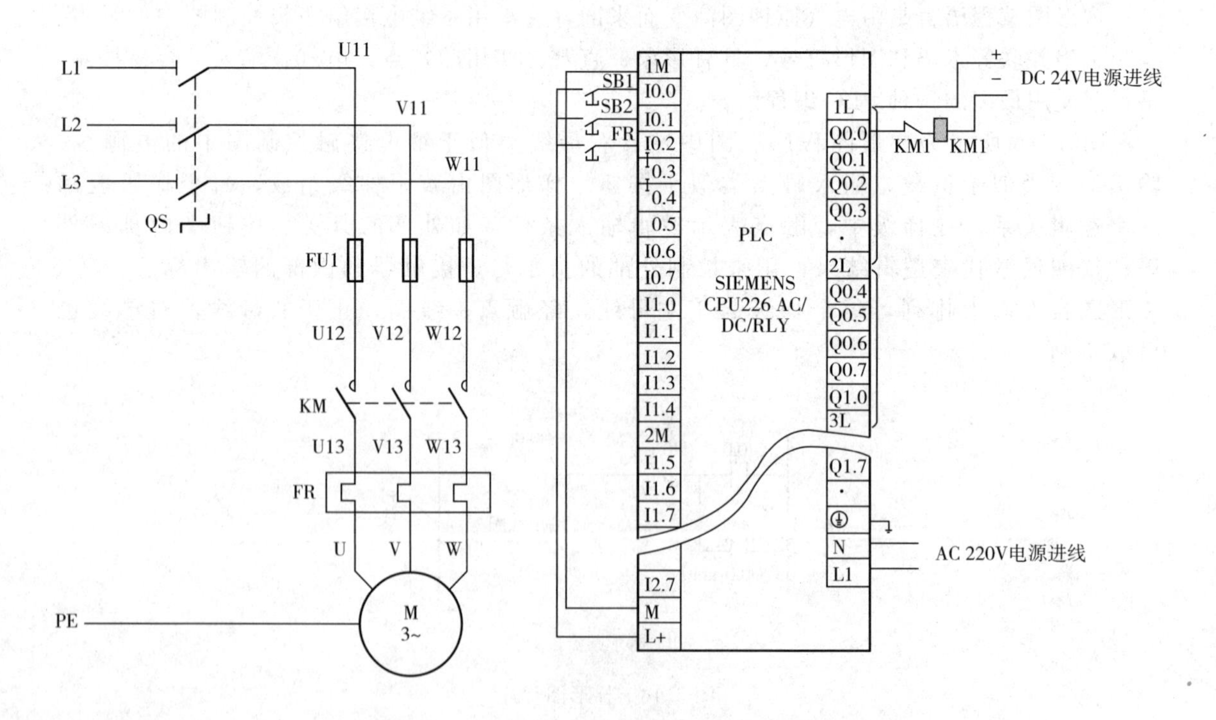

图 5.17 电动机自锁控制电路的 I/O 接线图

（二）程序设计

在编制 PLC 控制的梯形图时，要特别注意输入常闭触点的处理问题。还有一些输入设备只能接常闭触点（如热继电器触点），下面以电动机的自锁控制电路来分析。

在 PLC 的接线图中，PLC 输入端的停止按钮接常开触点，输入继电器 I0.1 的线圈不“通电”，其在梯形图 5.18 中 I0.1 采用常闭触点，其状态为 ON；热继电器的常开触点接 I0.2，这时 I0.2 的输入继电器线圈不“通电”，其在梯形图中的常闭触点为 ON。此时按下启动按钮 SB1，则 I0.0 的常开触点闭合，Q0.0“通电”，电动机旋转，这和继电接触控制电路原理图是相同的。

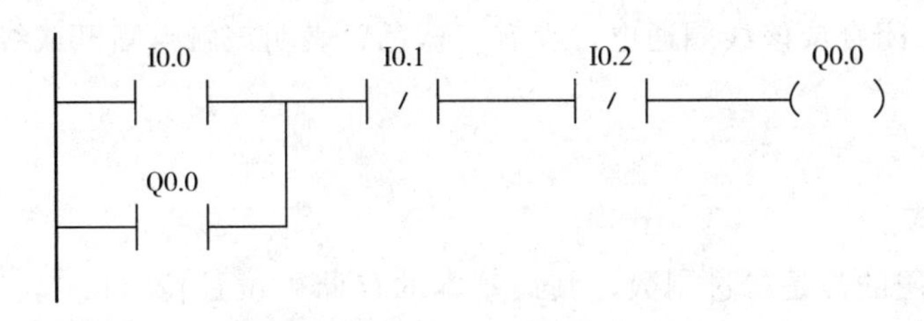

图 5.18　电动机自锁控制电路的程序

PLC 外部的输入触点既可以接常开触点，也可以接常闭触点。若输入为常闭触点，则梯形图中触点的状态与继电接触电路原理图采用的触点相反。若输入为常开触点，则梯形图中触点的状态与继电接触电路原理图中采用的触点相同。

教学中 PLC 的输入触点经常使用常开触点，便于进行原理分析。但在实际控制中，停止按钮、限位开关及热继电器等要使用常闭触点，以提供安全保障。

为了节省成本，应尽量少占用 PLC 的 I/O 点数，因此有时也将热继电器的常闭触点 FR 串接在其他常闭输入或负载输出回路中，如将 FR 的常闭触点可以与停止按钮串联在一起，再接到 PLC 的输入端子上。

（三）接线时注意事项

① 要认真核对 PLC 的电源规格。

② PLC 的直流电源输出端 24＋为外部传感器供电，该端不能接外部直流电源。

③ PLC 的空端子“•”上不能接线，以防损坏 PLC。

④ PLC 不要与电动机公共接地。

（四）操作步骤

① 按照图 5.17 所示将主电路和 PLC 的 I/O 接线图连接起来。

② 用专用编程电缆将装有编程软件的上位机的 RS-232 口与 PLC 的 RS-422 口连接起来。

③ 接通电源，PLC 电源指示灯（POWER）亮，说明 PLC 已通电。将 PLC 的工作方式开关扳到 STOP 位置，使 PLC 处于编程状态。

④ 用编程软件将程序下载到 PLC 中。

⑤ 调试运行。当程序输入完毕后，按下启动按钮 SB1，输入继电器 I0.0 通电，PLC 的输出指示灯 Q0.0 亮，接触器 KM 吸合，电动机旋转。按下停止按钮 SB2，输入继电器 I0.1 得电，I0.1 的常闭触点断开，Q0.0 失电，接触器 KM 释放，电动机停止。

在调试中注意：

a. 首先检查 PLC 的输出指示灯是否动作，若输出指示灯不亮，说明是程序错误；若输出指示灯亮，说明故障在 PLC 的外围电路中。

b. 检查 PLC 的输出回路，先确认输出回路有无电压，若有电压，查看熔断器是否熔断，若没有熔断，查看接触器的线圈是否断线。

c. 若接触器吸合而电动机不转，查看主电路中熔断器是否熔断，若没有熔断，查看三相电压是否正常，若电压正常，查看热继电器动作后是否复位，三个热元件是否断路；若热继电器完好，查看电动机是否断路。

⑥ 监控运行。在编程软件中单击监控图标，就可以监控 PLC 的程序运行过程。其中“蓝色”表明该触点闭合或该线圈通电。没有“蓝色”表明该触点断开或线圈失电。

【知识拓展】

（一）数据格式

在计算机中使用的都是二进制数，其最基本的存储单位是位（bit），8 位二进制数组成 1 个字节（Byte），其中的第 0 位为最低位（LSB），第 7 位为最高位（MSB），如图 5.19 所示。两个字节（16 位）组成 1 个字（Word），两个字（32 位）组成 1 个双字（Double word），如图 5.20 所示。把位、字节、字和双字占用的连续位数称为长度。

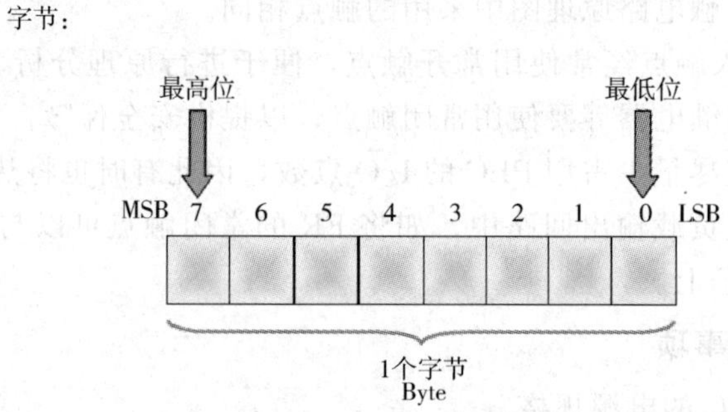

字节：

最高位　最低位

MSB 7 6 5 4 3 2 1 0 LSB

1个字节
Byte

图 5.19　位与字节

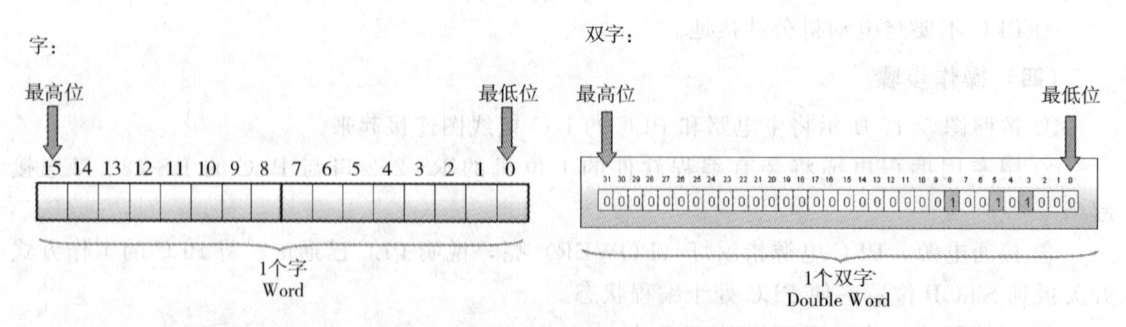

图 5.20　字和双字

二进制数的“位”只有 0 和 1 两种的取值，开关量（或数字量）也只有两种不同的状态，如触点的断开和接通，线圈的失电和得电等。在 S7-200 梯形图中，可用“位”描述它们，如果该位为1，则表示对应的线圈为得电状态，触点为转换状态（常开触点闭合、常闭触点断开）；如果该位为0，则表示对应线圈、触点的状态与前者相反。数据格式和取值范围见表5.1。

表5.1　数据格式和取值范围

寻址格式	数据长度 (二进制数)	数据类型	取值范围
BOOL(位)	1(位)	布尔数(二进制数)	0,1
BYTE(字节)	8(字节)	无符号整数	0～255； 0～FF(H)
INT(整数)	16(字)	有符号整数	−32768～32767； 8000～7FFF(H)
WORD(字)		无符号整数	0～65535； 0～FFFF(H)
DINT(双整数)	32(双字)	有符号整数	−2147483648～2147483647； 80000000～7FFFFFFF(H)
DWORD(双字)		无符号整数	0～4294967295； 0～FFFFFFFF(H)
REAL(实数)		IEEE 32位 单精度浮点数	−3.402823E+38～−1.175495E−38(负数)； +1.175495E−38～+3.402823E+38(正数)
ASCII	8(字节)/1个	字符列表	ASCII字符,汉字内码(每个汉字两字节)
STEING(字符串)		字符串	1～254个ASCII字符、汉字内码(每个汉字两字节)

（二）数据的寻址方式

S7-200 CPU将信息存储在不同的存储器单元中，每个单元都有地址。S7-200 CPU使用数据地址访问所有的数据，称为寻址。数字量和模拟量输入/输出点，中间运算数据等各种数据具有各自的地址定义方式。S7-200的大部分指令都需要指定数据地址。

在S7-200系统中，可以按位、字节、字和双字对存储单元寻址。

寻址时，数据地址以代表存储区类型的字母开始，随后是表示数据长度的标记，然后是存储单元编号，如图5.21所示；对于二进制位寻址，还需要在一个小数点分隔符后指定编号，如图5.22所示。

（三）S7-200数据存储区及地址分配

1. 变量存储器

变量存储器主要用于存储变量。可以存放数据运算的中间运算结果或设置参数，在进行数据处理时，变量存储器会被经常使用。变量存储器可以是位寻址，也可按字节、字、双字为单位寻址，其位存取的编号范围根据CPU的型号有所不同，CPU221/222为V0.0～V2047.7，共2KB存储容量，CPU224/226为V0.0～V5119.7，共5KB存储容量。

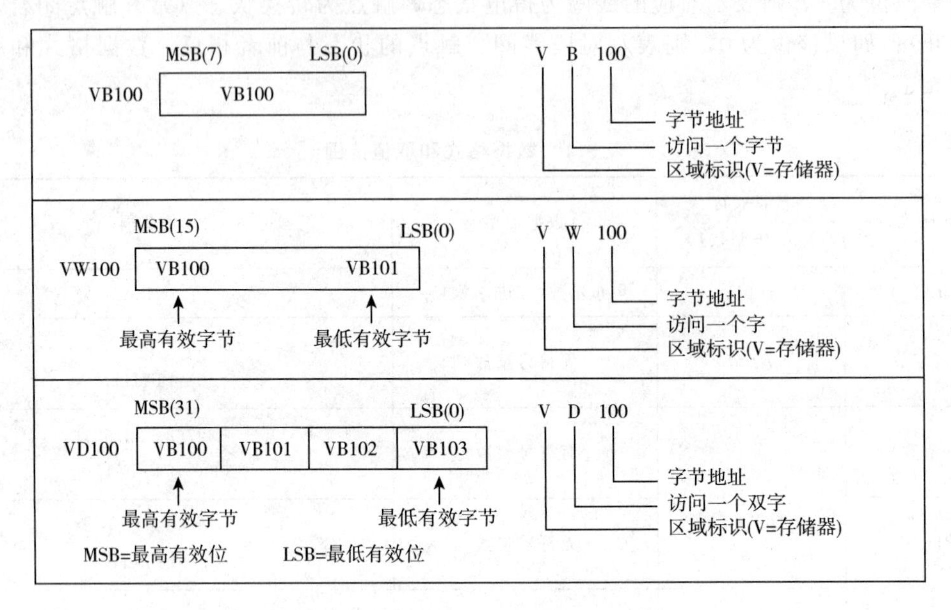

图 5.21　字节、字和双字寻址示例

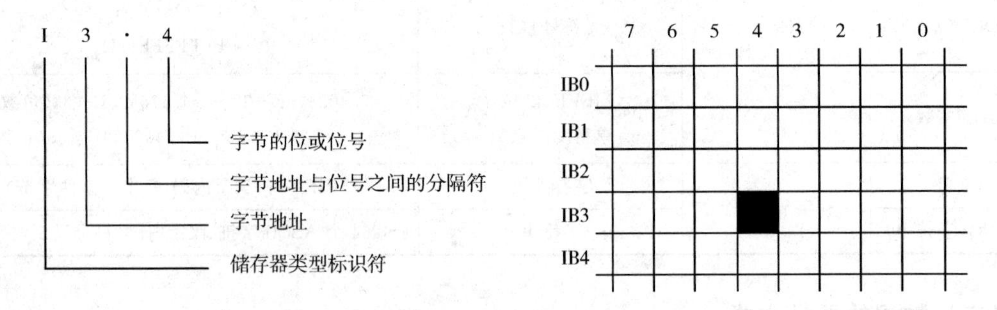

图 5.22　位寻址示例

2. 内部标志位存储器（中间继电器）

内部标志位存储器用来保存控制继电器的中间操作状态，其作用相当于继电器控制中的中间继电器，内部标志位存储器在 PLC 中没有输入/输出端与之对应，其线圈的通断状态只能在程序内部用指令驱动，其触点不能直接驱动外部负载，只能在程序内部驱动输出继电器的线圈，再通过输出继电器的触点去驱动外部负载。

内部标志位存储器可采用位、字节、字或双字来存取数据。内部标志位存储器位存取的地址编号范围为 M0.0～M31.7，共 32 个字节。

3. 特殊标志位存储器

PLC 中还有若干特殊标志位存储器，特殊标志位存储器可存储大量的状态和控制信息，用来在 CPU 和用户程序之间交换信息，特殊标志位存储器以位、字节、字或双字来存取，CPU224 的 SM 的位地址编号范围为 SM0.0～SM179.7 共 180 个字节。其中 SM0.0～SM29.7 的 30 个字节为只读型区域。

常用的特殊存储器的用途如下：

SM0.0：运行监视。SM0.0始终为“1”状态。当PLC运行时可以利用其触点驱动输出继电器，在外部显示程序是否处于运行状态。

SM0.1：初始化脉冲。每当PLC的程序开始运行时，SM0.1线圈接通一个扫描周期，因此SM0.1的触点常用于调用初始化程序等。

SM0.3：开机进入RUN时，接通一个扫描周期，可用在启动操作之前，给设备提前预热。

SM0.4、SM0.5：占空比为50%的时钟脉冲。当PLC处于运行状态时，SM0.4产生周期为1min的时钟脉冲，SM0.5产生周期为1s的时钟脉冲。若将时钟脉冲信号送入计数器作为计数信号，可起到定时器的作用。

SM0.6：扫描时钟，1个扫描周期闭合，另一个为OFF，循环交替。

SM0.7：工作方式开关位置指示，开关放置在RUN位置时为1。

SM1.0：零标志位，运算结果=0时，该位置1。

SM1.1：溢出标志位，结果溢出或非法值时，该位置1。

SM1.2：负数标志位，运算结果为负数时，该位置1。

SM1.3：被0除标志位。

其他特殊存储器的用途可查阅相关手册。

4. 局部变量存储器

局部变量存储器L用来存放局部变量，局部变量存储器L和变量存储器V十分相似，主要区别在于全局变量是全局有效，即同一个变量可以被任何程序（主程序、子程序和中断程序）访问。而局部变量只是局部有效，即变量只和特定的程序相关联。

S7-200有64个字节的局部变量存储器，其中60个字节可以作为暂时存储器，或给子程序传递参数。后4个字节作为系统的保留字节。PLC在运行时，根据需要动态地分配局部变量存储器，在执行主程序时，64个字节的局部变量存储器分配给主程序，当调用子程序或出现中断时，局部变量存储器分配给子程序或中断程序。

局部存储器可以按位、字节、字、双字直接寻址，其位存取的地址编号范围为L0.0～L63.7。L可以作为地址指针。

5. 定时器

PLC所提供的定时器作用相当于继电器控制系统中的时间继电器。每个定时器可提供无数对常开和常闭触点供编程使用。其设定时间由程序设置。

每个定时器有一个16位的当前值寄存器，用于存储定时器累计的时基增量值（1～32767），另有一个状态位表示定时器的状态。若当前值寄存器累计的时基增量值大于等于设定值，定时器的状态位被置“1”，该定时器的常开触点闭合。

定时器的定时精度包括1ms、10ms和100ms三种，CPU222、CPU224及CPU226的定时器地址编号范围为T0～T225，它们分辨率、定时范围并不相同，用户应根据所用CPU型号及时基正确选用定时器的编号。

6. 计数器

计数器用于累计输入端接收到的脉冲个数。计数器可提供无数对常开和常闭触点供编程使用，其设定值由程序赋予。

计数器的结构与定时器基本相同，每个计数器有一个16位的当前值寄存器，用于存储计数器累计的脉冲数，另有一个状态位表示计数器的状态，若当前值寄存器累计的脉冲数大于等于设定值，计数器的状态位被置“1”，该计数器的常开触点闭合。计数器的地址编号范围为 C0～C255。

7. 高速计数器

一般计数器的计数频率受扫描周期的影响，不能太高。而高速计数器可用来累计比 CPU 的扫描速度更快的脉冲。高速计数器的当前值是一个双字长（32 位）的整数，且为只读值。

高速计数器的地址编号范围根据 CPU 的型号有所不同，CPU221/222 各有 4 个高速计数器，CPU224/226 各有 6 个高速计数器，编号为 HC0～HC5。

8. 累加器

累加器是用来暂存数据的寄存器，它可以用来存放运算数据、中间数据和结果。CPU 提供了 4 个 32 位的累加器，其地址编号为 AC0～AC3。累加器的可用长度为 32 位，可采用字节、字、双字的存取方式，按字节、字只能存取累加器的低 8 位或低 16 位，双字可以存取累加器全部的 32 位。

9. 顺序控制继电器

顺序控制继电器是使用步进顺序控制指令编程时的重要状态元件，通常与步进指令一起使用，以实现顺序功能流程图的编程。

顺序控制继电器的地址编号范围为 S0.0～S31.7。

10. 模拟量输入/输出映像寄存器

S7-200 的模拟量输入电路可将外部输入的模拟量信号转换成 1 个字长的数字量存入模拟量输入映像寄存器区域，区域标志符为 AI。

模拟量输出电路可将模拟量输出映像寄存器区域的 1 个字长的数字量转换为模拟电流或电压输出，区域标志符为 AQ。

任务三 应用PLC实现电动机点动与自锁混合控制

图 5.23 所示为电动机点动与自锁混合控制的继电接触控制系统电路图，现要改用 PLC 来实现电动机的点动与自锁混合控制。具体设计要求：当按下点动按钮 SB1 时，电动机点动运行；当按下启动按钮 SB3 时，电动机连续运转；当按下停止按钮 SB3 或热继电器 FR 动作时，电动机停止。

一、相关知识介绍

梯形图指令有触点和线圈两大类，触点又分为动合和动断两种形式；语句表指令有与、或以及输出等逻辑关系。位操作指令能够实现基本的位逻辑运算和控制。

梯形图指令由触点或线圈符号和直接位地址两部分组成，含有直接位地址的指令又称位操作指令，基本位操作指令操作数寻址范围：I，Q，M，SM，T，C，V，S，L 等。

（一）LD、LDN 和＝指令

- LD：装载指令，对应梯形图从左侧母线开始，连接动合（常开）触点。

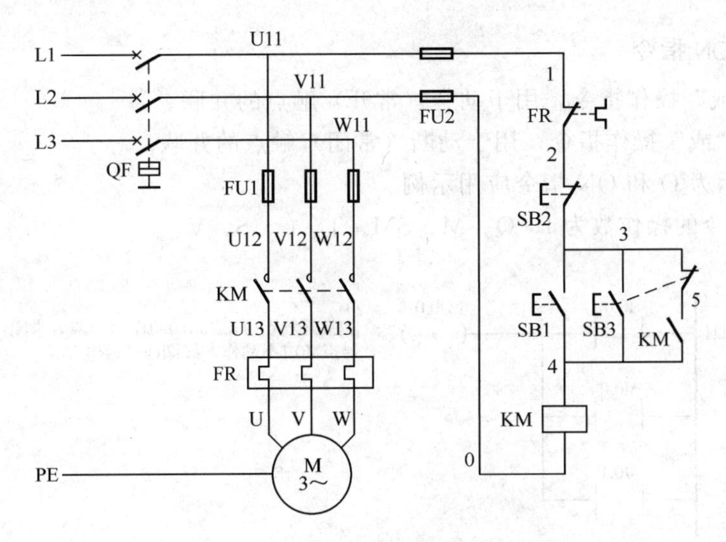

图 5.23　点动与自锁混合控制电路图

• LDN：装载指令，对应梯形图从左侧母线开始，连接动断（常闭）触点。

• ＝：输出指令，也是线圈驱动指令，必须放在梯形图的最右端。

应用示例如图 5.24 所示。

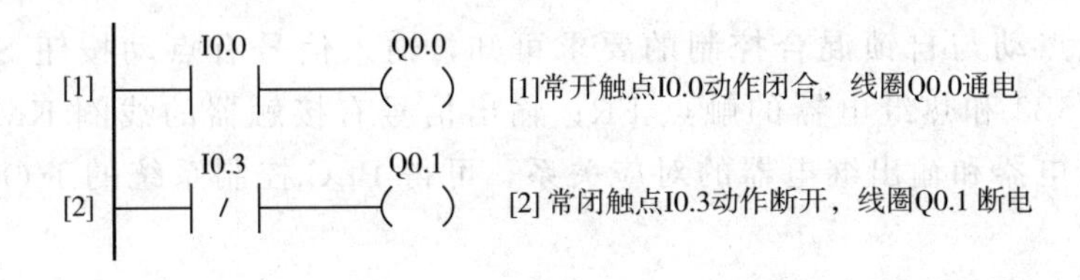

图 5.24　LD、LDN 和＝指令应用示例

LD、LDN 指令操作数为：I、Q、M、T、C、SM、S、V。

＝指令的操作数为：M、Q、T、C、SM、S。

（二）A 和 AN 指令

A：逻辑“与”操作指令，用于动合（常开）触点的串联。

AN：逻辑“与”操作指令，用于动断（常闭）触点的串联。

应用示例如图 5.25 所示。

A 和 AN 指令的操作数为：I、Q、M、SM、T、C、S、V。

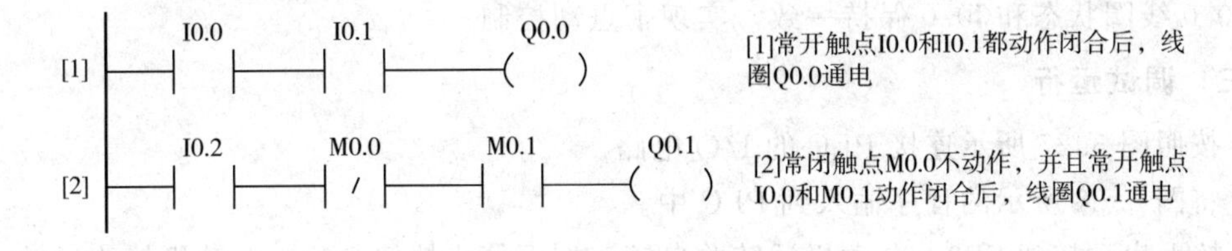

图 5.25　A 和 AN 指令应用示例

（三）O 和 ON 指令

O：逻辑“或”操作指令，用于动合（常开）触点的并联。

ON：逻辑“或”操作指令，用于动断（常闭）触点的并联。

图 5.26 所示为 O 和 ON 指令应用示例。

O 和 ON 指令的操作数为 I、Q、M、SM、T、C、S、V。

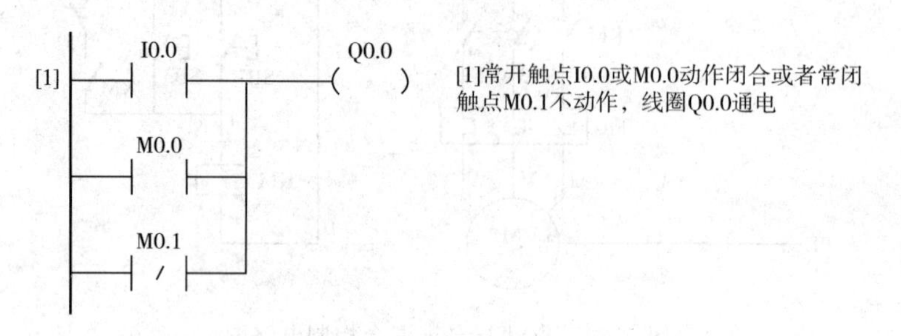

图 5.26　O 和 ON 指令应用示例

二、电动机点动与自锁混合控制实施方案

（一）分配 I/O 地址

根据电动机点动与自锁混合控制的要求可知，输入信号有点动按钮 SB1、启动按钮 SB3、停止按钮 SB2 和热继电器的触点 FR；输出信号有接触器的线圈 KM。确定它们与 PLC 中的输入继电器和输出继电器的对应关系，可得 PLC 控制系统的 I/O 端口地址分配如下。

输入信号：点动按钮 SB1—I0.0；

启动按钮 SB3—I0.1；

停止按钮 SB2—I0.2；

热继电器 FR—I0.3。

输出信号：接触器线圈 KM—Q0.0。

根据 PLC 的 I/O 分配，可以设计出电动机点动与自锁混合控制的 I/O 接线图，如图 5.27所示。

（二）程序设计

程序如图 5.28 所示，当 I0.1 接通时，辅助继电器 M0.0 线圈通电并自锁，Q0.0 有输出；给 I0.0、I0.2、I0.3 一个输入信号，其常闭触点断开，M0.0 线圈断电并解除自锁，Q0.0 无输出，这是常用的自锁控制程序；当 I0.0 有信号时，M0.0 线圈断电并解除自锁，同时 Q0.0 线圈状态和 I0.0 保持一致，实现了点动控制。

（三）调试运行

① 按照图 5.27 所示连接 PLC 的 I/O 电路。

② 将图 5.28 所示的程序输入到 PLC 中。

③ 按下启动按钮 SB3，电动机运转并自锁；按下停止按钮 SB2，电动机停止运转；按下点动按钮 SB1，电动机运转，松开点动按钮 SB1，电动机停止运转。

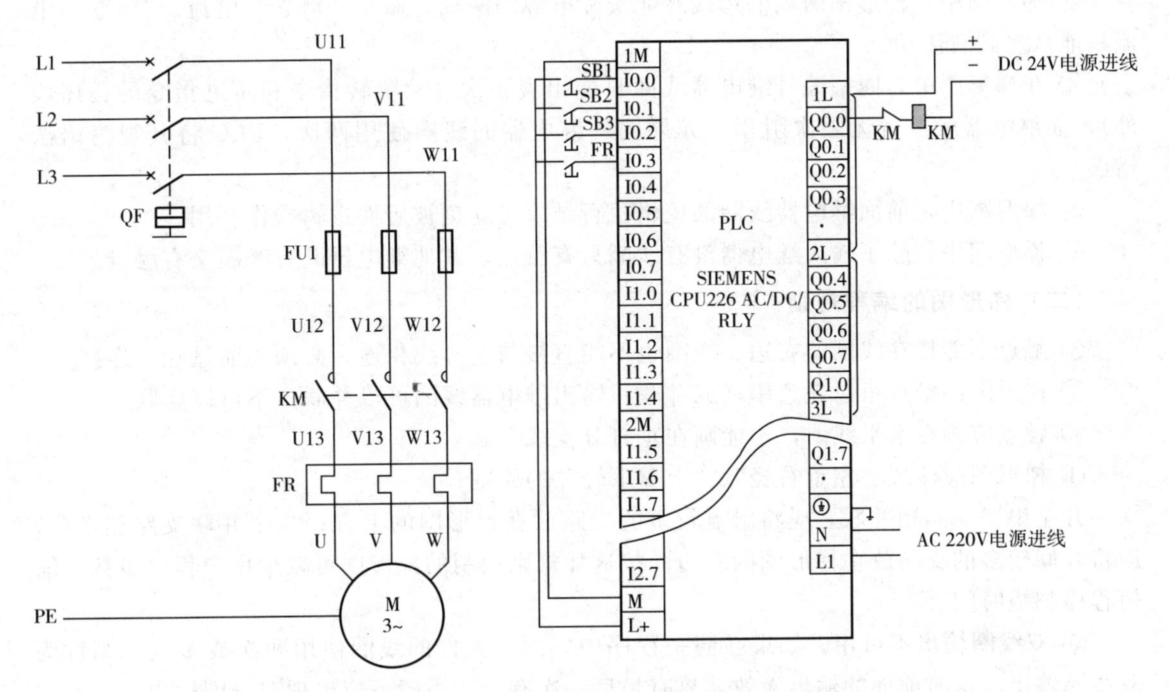

图 5.27　电动机点动与自锁混合控制电路 I/O 接线图

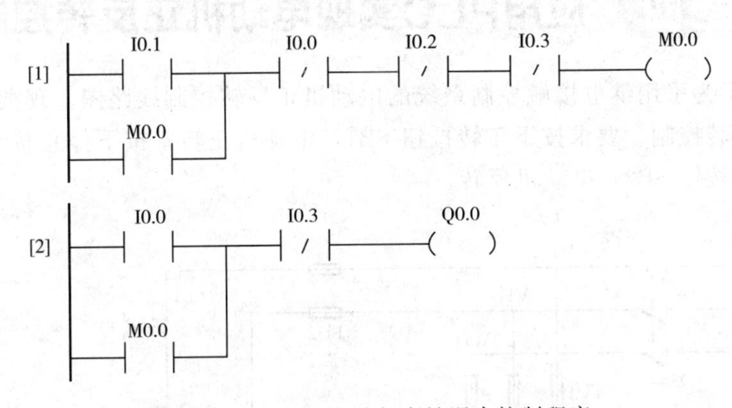

图 5.28　电动机点动与自锁混合控制程序

【知识拓展】

(一) 梯形图的特点

① 梯形图按自上而下、从左到右的顺序排列。程序按从上到下、从左到右的顺序执行。每个继电器线圈为一个逻辑行，即一层阶梯。每一逻辑行开始于左母线，然后是触点的连接，最后终止于继电器线圈。母线与线圈之间一定要有触点，而线圈与右母线之间不能有任何触点。

② 梯形图中，每个继电器均为存储器中的一位，称“软继电器”。存储器状态为“1”表示该继电器线圈得电，其常开触点闭合或常闭触点断开。

③ 梯形图中，梯形图两端的母线并非实际电源的两端，而是“概念”电流。“概念”电流只能从左到右流动。

④ 在梯形图中，同一编号继电器线圈只能出现一次（除跳转指令和步进指令的程序段外），而继电器触点可无限次引用。如果同一继电器的线圈使用两次，PLC 将其视为语法错误。

⑤ 梯形图中，前面继电器线圈的逻辑执行结果可立刻被后面逻辑操作利用。

⑥ 梯形图中，除了输入继电器没有线圈只有触点，其他继电器既有线圈又有触点。

（二）梯形图的编程规则

① 触点不能接在线圈的右边；线圈也不能直接与左母线相连，必须要通过触点连接。

② 梯形图中触点可以任意串联或并联；输出继电器线圈可以并联，不可以串联。

③ 触点应画在水平线上，不能画在垂直分支线上。

④ 梯形图应体现“左重右轻”、“上重下轻”的原则。

几个串联支路相并联，应将触点较多的支路放在梯形图的上方；几个并联支路相串联，应将并联较多的支路放在梯形图的左边。按这样规则编制的梯形图可减少用户程序步数，缩短程序扫描时间。

⑤ 双线圈输出不可用。如果在同一程序中，同一元件的线圈使用两次或多次，则称为双线圈输出。这时前面的输出无效，只有最后一次有效。一般不应出现双线圈输出。

任务四 应用PLC实现电动机正反转控制

图 5.29 所示为采用继电接触控制系统的电动机正反转控制线路图。现要改用 PLC 来实现电动机的正反转控制。要求按下正转按钮 SB1，电动机正转；按下停止按钮 SB3，电动机停止；按下反转按钮 SB2，电动机反转。

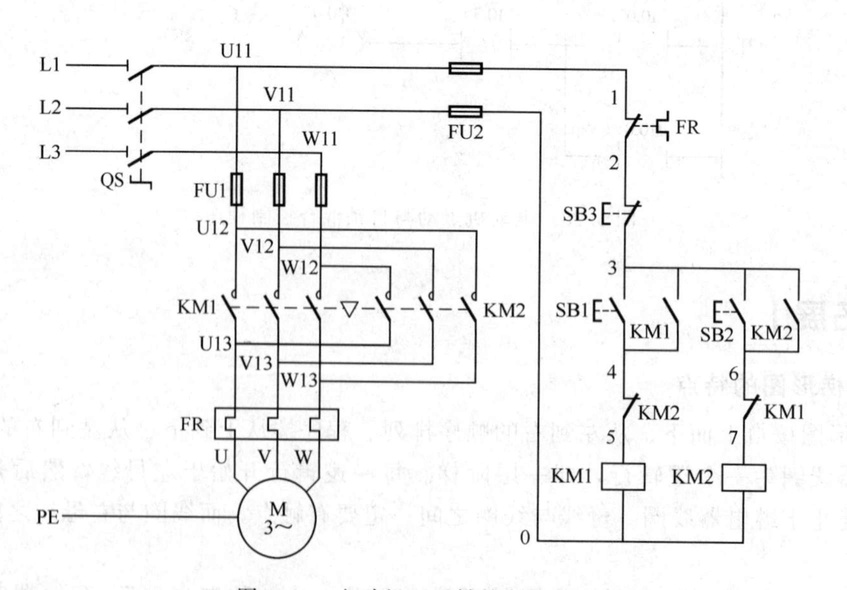

图 5.29 电动机正反转控制线路图

一、相关知识介绍

继电器线圈获得能量流时线圈通电（存储器位置 1），能量流不能到达时，线圈断电（存储器位置 0），梯形图利用线圈通、断电描述存储器位的置位、复位操作。置位线圈受到脉冲前沿触发时，线圈通电锁存（存储器位置 1），复位线圈受到脉冲前沿触发时，线圈断电锁存（存储器位置 0），下次置位、复位指令操作信号到来前，线圈状态保持不变（自锁）。指令格式见表 5.2。

表 5.2　置位/复位指令格式

LAD	STL	功能
S-bit —(S) N　　S-bit —(R) N	S　S-bit，N R　S-bit，N	从起始位(S-bit)开始的 N 个元件置 1 从起始位(S-bit)开始的 N 个元件清零

置位指令代码为 S，复位指令代码为 R。S 和 R 的操作数为 I、Q、M、SM、T、C、S、V 和 L。

如图 5.30 所示，若 I0.0 常开触点接通，则线圈 Q0.0 通电（置 1）并保持该状态；当 I0.1 闭合时，线圈 Q0.0 断电（置 0）并保持该状态。

编程时，置位、复位线圈之间间隔的网络个数可以任意设置。置位、复位线圈通常成对使用，也可以单独使用或与指令盒配合使用。

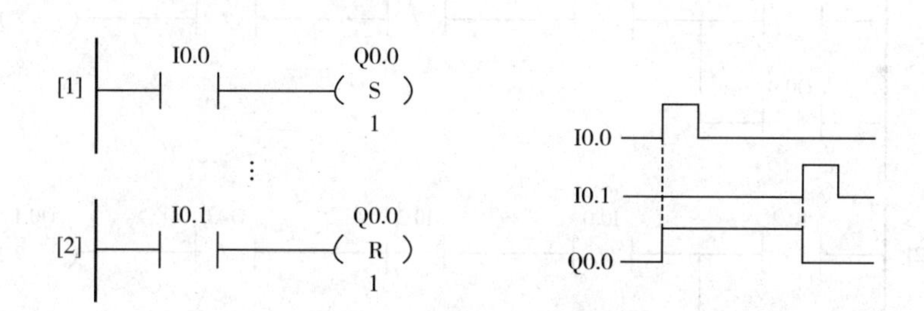

图 5.30　置位/复位指令应用程序示例

二、控制方案

（一）分配 I/O 地址

通过分析控制要求知，电动机正反转控制系统有 4 个输入：正转按钮 SB 对应 I0.1，反转按钮 SB2 对应 I0.2，停止按钮 SB3 对应 I0.3，过载保护 FR 对应 I0.0；输出有 2 个：正转接触器线圈 KM1 对应 Q0.0，反转接触器线圈 KM2 对应 Q0.1。接线图如图 5.31 所示。

（二）程序设计

有两种程序设计方法。方法一是用位逻辑指令来实现，程序如图 5.32 所示。在正反转控制中要注意的是在正转线圈 Q0.0 的网络上要串联上反转输出继电器 Q0.1 的常闭触点；同样，在反转线圈 Q0.1 的网络上要串联上正转输出继电器 Q0.0 的常闭触点，这样可以实现自锁控制。

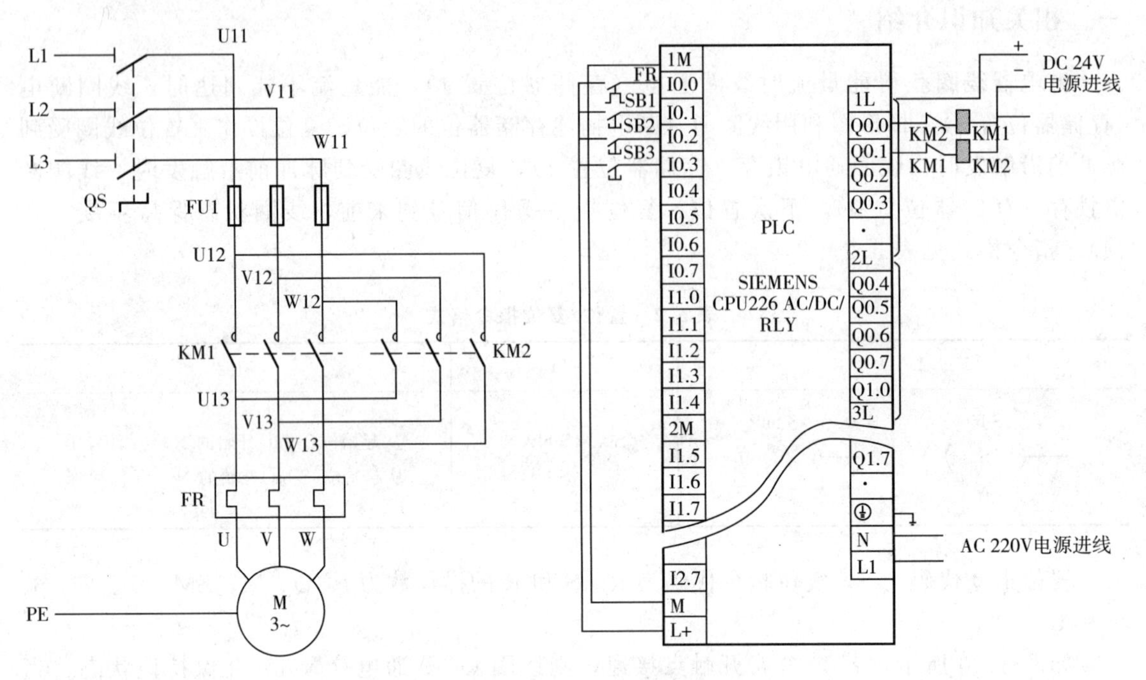

图 5.31　电动机正反转控制接线图

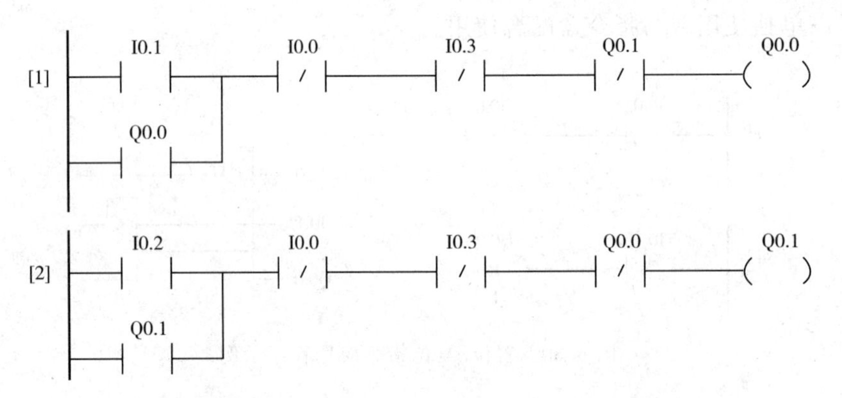

图 5.32　用位逻辑指令实现的电动机正反转控制程序

方法二是用置位复位指令实现的电动机正反转控制程序，如图 5.33 所示，当按下正转按钮时，输入继电器 I0.1 接通，输出继电器 Q0.0 置位，电动机正转运转；当按下停止按钮时，输入继电器 I0.3 接通，对输出继电器 Q0.0 和 Q0.1 复位，电动机停止运转；按下反转按钮，输入继电器 I0.2 接通，则对输出继电器 Q0.1 置位，电动机反转运转。

（三）调试运行

① 按照图 5.31 所示将电路正确连接。

② 将图 5.32 或者 5.33 所示的程序输入到 PLC 中。

③ 按下正转按钮 SB1，电动机正转运转；按下停止按钮 SB3，电动机停止运转；按下反转按钮 SB2，电动机反转运转。

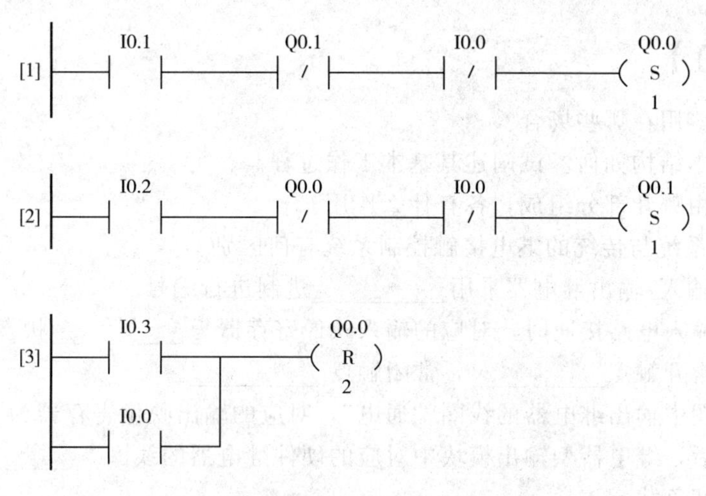

图 5.33　用置位复位指令实现的电动机正反转控制程序

【知识拓展】

采用二分频程序，用一个按钮即可实现对输出线圈的启动/停止控制。图 5.34（a）所示是一个二分频程序。在第一次按按钮 I0.4 时，M0.0 产生一个扫描周期的单脉冲，M0.0 的常开触点闭合（一个扫描周期），使 Q0.0 线圈通电并自锁，Q0.0 为 ON；在第二次按按钮 I0.4 时，由于 M0.0 的常闭触点断开一个扫描周期，Q0.0 线圈断电，自锁解除，Q0.0 为 OFF。如果用 Q0.0 控制一台电动机，则用一个接到 I0.0 的按钮就可以控制电机的启动/停止。

I0.4 第 3 个脉冲到来时，M0.0 又产生单脉冲，Q0.0 再次接通，输出信号又建立；在 I0.4 第 4 个脉冲的上升沿，Q0.0 输出信号再次消失。以后循环往复，不断重复上述过程。由图 5.34（b）可见，如果 I0.4 输入一个固定频率为 f 的连续脉冲信号，Q0.0 线圈输出信号的频率就是 $f/2$。

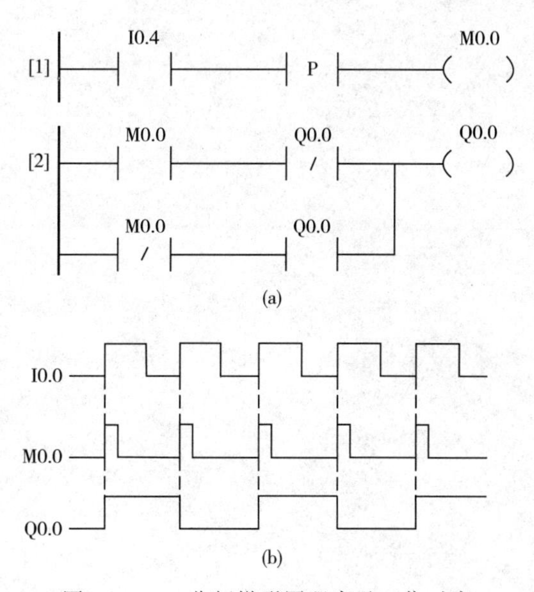

图 5.34　二分频梯形图程序及工作时序

【思考与练习】

1. PLC主要应用在哪些场合？

2. PLC的基本结构如何？试阐述其基本工作过程。

3. PLC硬件由哪几部分组成，各有什么作用？

4. PLC控制系统与传统的继电接触控制系统有何区别？

(1) PLC的输入/输出继电器采用__________进制进行编号。

(2) 外部的输入电路接通时，对应的输入映像寄存器为__________状态，梯形图中对应的输入继电器的常开触点__________，常闭触点__________。

(3) 若梯形图中输出继电器的线圈“通电”，对应的输出映像寄存器为__________状态，在输出处理阶段后，继电器型输出模块中对应的硬件继电器的线圈__________，其常开触点__________，外部负载__________。

(4) 将编程器内编写好的程序写入PLC时，PLC必须处在__________模式。

5. 在PLC控制电路中，停止按钮和热继电器在外部使用常闭触点或使用常开触点时，PLC程序相同吗？实际使用时采用哪一种，为什么？

6. 试编写电动机两地控制的程序，并画出PLC的I/O接线图。

7. 试用PLC来实现下述控制：将三个指示灯接在PLC输出端上，使用SB0、SB1、SB2三个按钮控制，任意一个按钮按下时，灯HL0亮；任意两个按钮按下时，灯HL1亮；三个按钮同时按下时，灯HL2亮；没有按钮按下时，所有灯不亮。

8. 试用PLC实现电动机单按钮启停控制，只用一个按钮控制电动机启停，即第一次按下该按钮，电动机启动，第二次按下该按钮，电动机停止。

9. 试用置位和复位指令来编写电动机点动与自锁混合控制的PLC程序，并且调试运行。

项目六

PLC顺序控制指令的应用

任务一 应用PLC实现电动机顺序启停控制

图 6.1 所示为两台三相异步电动机 M1、M2 顺序启停主电路。现采用 PLC 控制电路对其进行控制。要求采用两个按钮：SB1 和 SB2，SB1 为启动按钮，SB2 为停止按钮，按下启动按钮 SB2，电机 M1 启动并运转，间隔 10s 后电机 M2 启动并运转；按停止按钮 SB1，电机 M2 停止，间隔 10s 后电机 M1 停止。

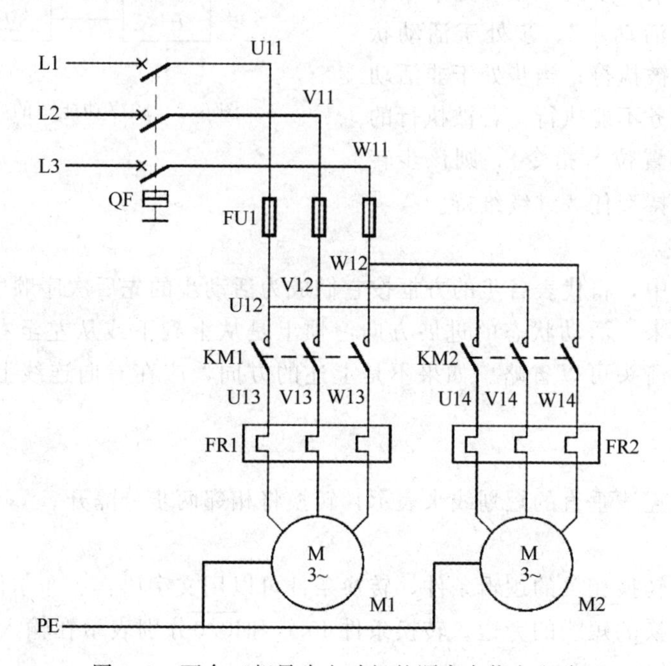

图 6.1　两台三相异步电动机的顺序启停主电路

一、相关知识介绍

（一）顺序功能图的绘制

有许多控制系统可以根据要求分解成若干个具有先后顺序的独立的控制，这样的控制系统称为顺序控制系统，也称为步进控制系统。顺序功能图也称状态转移图，是描述控制系统的控制过程、功能和特性的一种图形，是 PLC 控制系统进行程序设计的重要工具。图 6.2 所示为顺序功能图的一般形式，它主要由步、有向连线、转换、转换条件和任务组成。

（1）步

在顺序功能图中用矩形框表示步，方框内是该步的编号。编程时一般用 PLC 内部状态继电器来代表各步，再根据顺序功能图设计梯形图，这样较为方便。

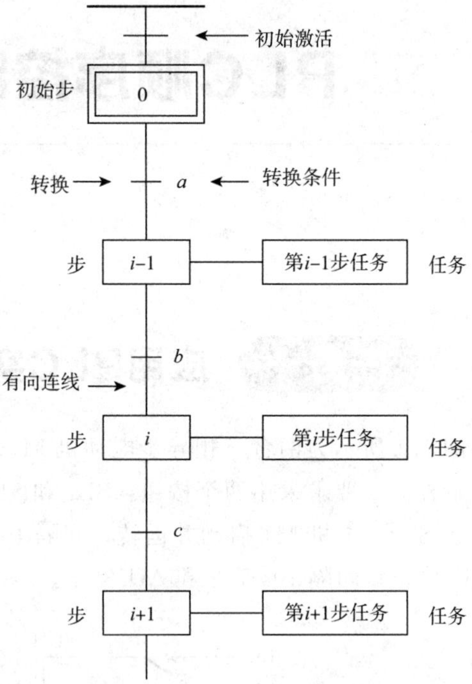

（2）初始步

与系统的初始状态相对应的步称为初始步。初始步用双线框表示，每一个顺序功能图至少应该有一个初始步。

（3）任务

对应于每一个步，控制系统要执行的具体任务。任务用矩形框中的文字或符号表示，该矩形框应与相应的步的符号相连。

（4）活动步

当系统正处于某一步时，该步处于活动状态，称该步为“活动步”。步处于活动状态时，相应的任务被执行；当步处于非活动状态时，相应的任务不能执行。若被执行的任务为保持型（如置位 S 指令），则该步转为不活动步时，保持型任务继续维持。

图 6.2　顺序功能图的一般形式

（5）有向连线

在顺序功能图中，将代表各步的方框按它们成为活动步的先后次序顺序排列，并用有向连线将它们连接起来。活动状态的进展方向习惯上是从上到下或从左至右，在这两个方向上，有向连线上的箭头可以省略。如果不是上述的方向，应在有向连线上用箭头注明进展方向。

（6）转换

转换用与有向连线垂直的短划线来表示，转换将相邻两步分隔开。

（7）转换条件

转换条件是与转换相关的逻辑条件，转换条件可以用文字语言、布尔代数表达式或图形符号标注在表示转换的短线的旁边。转换条件 I0.0 和$\overline{\mathrm{I0.0}}$分别表示在输入信号 I 为“1”状态和“0”状态时转换实现。

（二）顺序功能图的基本结构

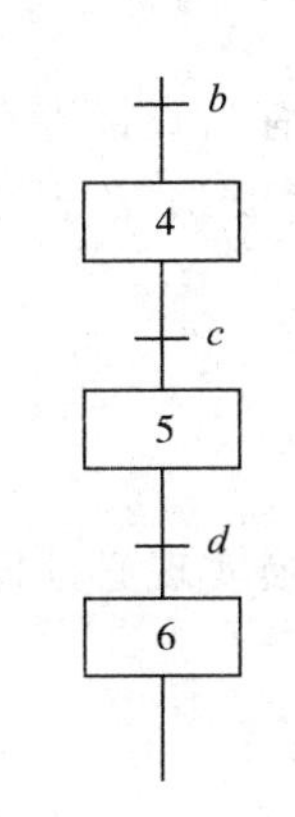

图 6.3 单序列

（1）单序列

单序列由一串相继激活的步组成，每一个步的后面只有一个步可转移，如图 6.3 所示。

（2）选择序列

当有两个以上的步可转移时，这些步称为选择序列，如图 6.4 所示。

选择序列的开始称为分支，分支处的转换符号只能标在各分支上。例如：步 4 是活动的，并且转换条件 $c=1$，则发生由步 4→步 5 的进展；如果步 4 是活动的，并且 $f=1$，则发生由步 5→步 7 的进展。在某一时刻一般只允许选择一个序列。

选择序列的结束称为汇合，汇合处的转换符号只能标在各分支上。例如：步 6 是活动步，并且转换条件 $e=1$，则发生由步 6→步 8 的进展；如果步 7 是活动步，并且 $g=1$，则发生由步 7→步 8 的进展。

（3）并行序列

当转换条件的实现导致几个步同时激活时，这些步称为并行序列，如图 6.5 所示。

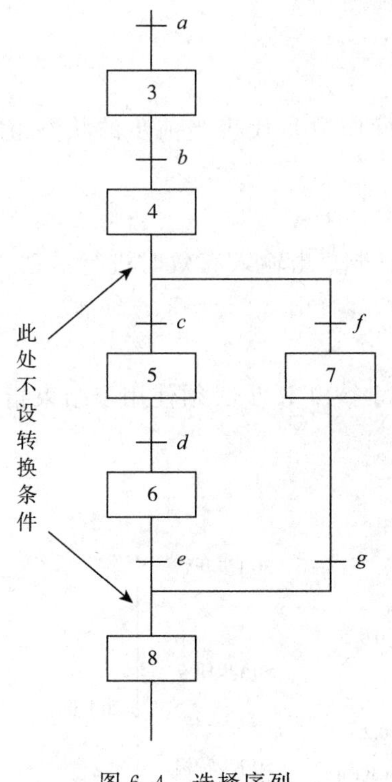

图 6.4 选择序列

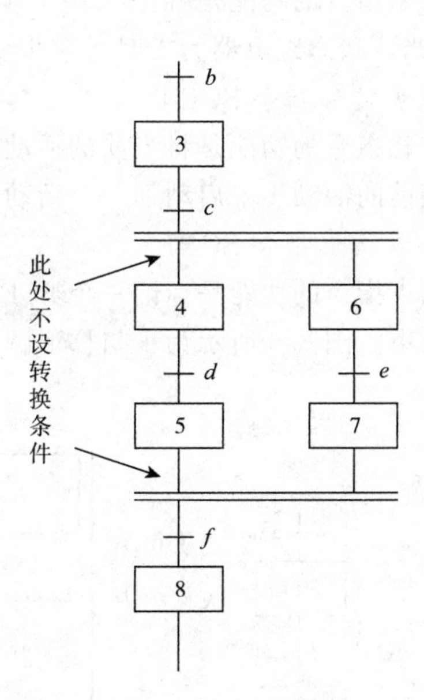

图 6.5 并行序列

并行序列的开始称为分支，分支处的转换符号只能标在主干线上。例如：步 3 是活动步，并且转换条件 $e=1$，则 4、6 这两步同时变为活动步，同时步 3 变为不活动步。为了强调转换的同步实现，水平连线用双线表示。步 4、6 被同时激活后，每个序列中活动步的进展将是独立的。在表示同步的水平双线之上，只允许有一个转换符号。

并行序列的结束称为汇合，汇合处的转换符号只能标在主干线上。只有当直接连在双线上的所有前级步 5、7 都处于活动状态，并且转换条件 $f=1$ 时，才会发生步 5、7 到步 8 的进展，即步 5、7 同时变为不活动步，而步 8 变为活动步。

（三）转换实现的基本规则

（1）转换实现的条件

在顺序功能图中，步的活动状态的进展是由转换的实现来完成的。转换实现必须同时满足两个条件：

① 该转换所有的前级步都是活动步；

② 相应的转换条件得到满足。

（2）转换实现应完成的操作

① 使所有由有向连线与相应转换符号相连的后续步都变为活动步；

② 使所有由有向连线与相应转换符号相连的前级步都变为不活动步。

（3）绘制顺序功能图应注意的问题

① 两个步绝对不能直接相连，必须用一个转换将它们隔开。

② 顺序功能图中初始步是必不可少的，它一般对应于系统等待启动的初始状态，这一步可能没有什么动作执行。如果没有该步，无法表示初始状态。

（四）顺序功能图到梯形图的转换指令

（1）步开始指令 LSCR

步开始指令的功能是标记某一个步的开始，其操作数是代表当前步的状态继电器（如 S0.3），当该状态继电器为 1 时，该步变为活动步。

（2）步转移指令 SCRT

步转移指令的功能是将当前的活动步切换到下一步。当输入有效时进行活动步的转换，即停止当前的活动步，启动下一个活动步。

（3）步结束指令 SCRE

步结束指令的功能是标记一个 SCR 步的结束，每个 SCR 步必须使用步结束指令来表示该步的结束。图 6.6 所示为步与梯形图的转换关系。

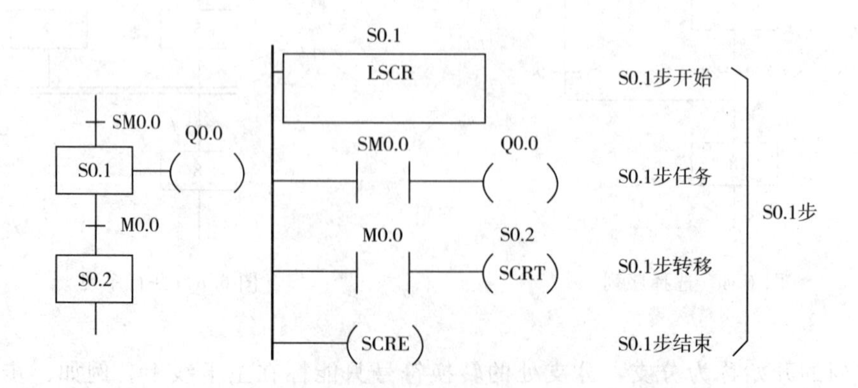

图 6.6　步与梯形图的转换

从图中可以发现，用梯形图描述顺序功能图每一个步时，梯形图中都包含以下四部分：

① 步开始；

② 该步执行的任务；

③ 步转移；

④ 步结束。

（五）状态继电器

状态继电器是顺序功能图编程的重要元件，用来表示各个步的当前状态。S7-200 提供了 256 个状态继电器。状态继电器可以用于主程序、子程序或中断程序中，但不能重复使用。如果状态继电器没有被 SCR 指令调用，它也可作为内部辅助继电器使用。

二、电动机顺序启停控制实施方案

（一）分配 I/O 地址

依据控制要求，输入包括启动按钮 SB2-I0.0、停止按钮 SB1-I0.1、热继电器 FR1-I0.2 和热继电器 FR2-I0.3；输出包括接触器线圈 KM1-Q0.0 和接触器线圈 KM2-Q0.1。PLC 接线图如图 6.7 所示。

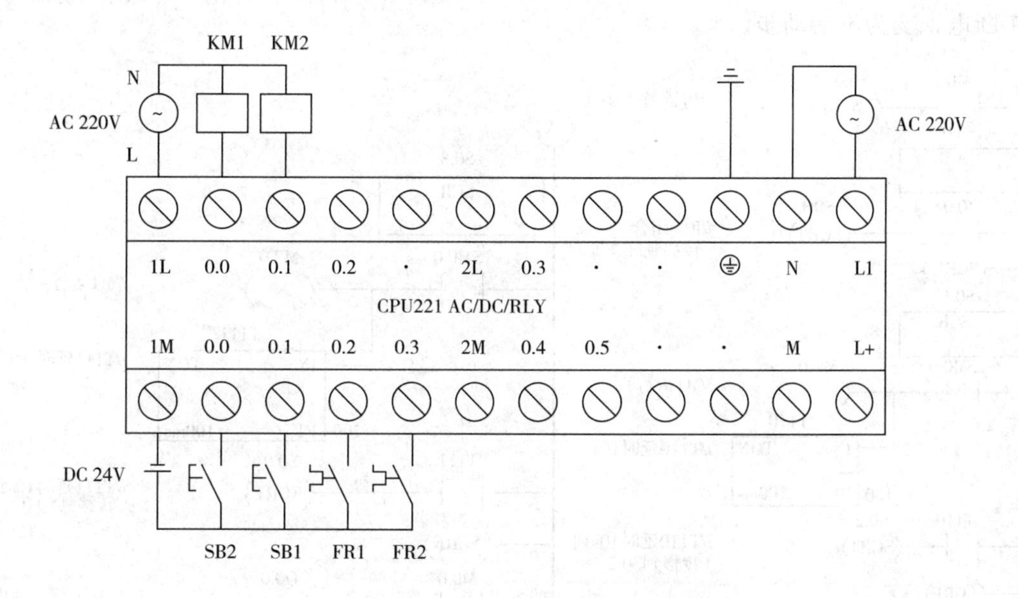

图 6.7 两台电机顺序工作的 PLC 接线图

（二）程序设计

1. 顺序功能图

系统控制过程的顺序功能图如图 6.8 所示。其中初始激活条件为 SM0.1，这样在 PLC 每次接通电源进入运行状态后，顺序功能图初始步被直接激活。

2. 梯形图

使用 SCR 指令，将顺序功能图转换为梯形图，如图 6.9 所示。

3. 工作过程

（1）S0.0 步

开始：PLC 置运行状态→SM0.1 产生初始脉冲→S0.0 得电被激活，变为活动步。

转移：按下 SB2→I0.0 得电→常开接点 I0.0 闭合，满足转移条件。

（2）S0.1 步

开始：S0.1 得电激活，变为活动步；同时 S0.0 断电，变为不活动步。

任务：T110 得电开始延时；M0.0 得电→常开接点 M0.0 闭合→Q0.0 得电→KM1 得电吸合，电机 M1 启动并运转。

转移：T110 延时 10 秒到→常开接点 T110 闭合，满足转移条件。

（3）S0.2 步

开始：S0.2 得电激活，变为活动步；同时 S0.1 断电，变为不活动步。

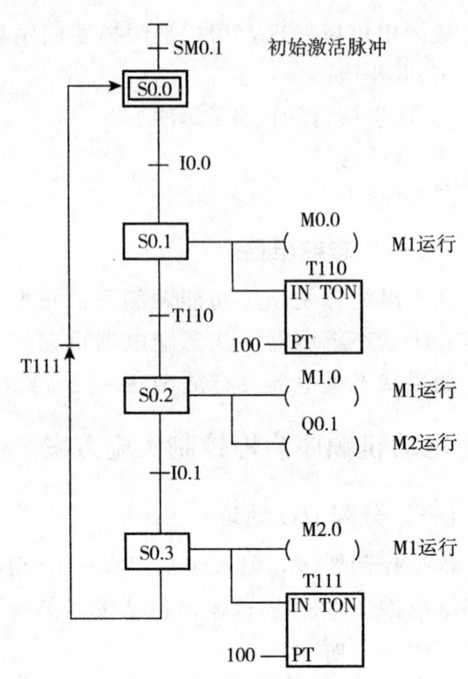

图 6.8　两台电机顺序工作顺序功能图

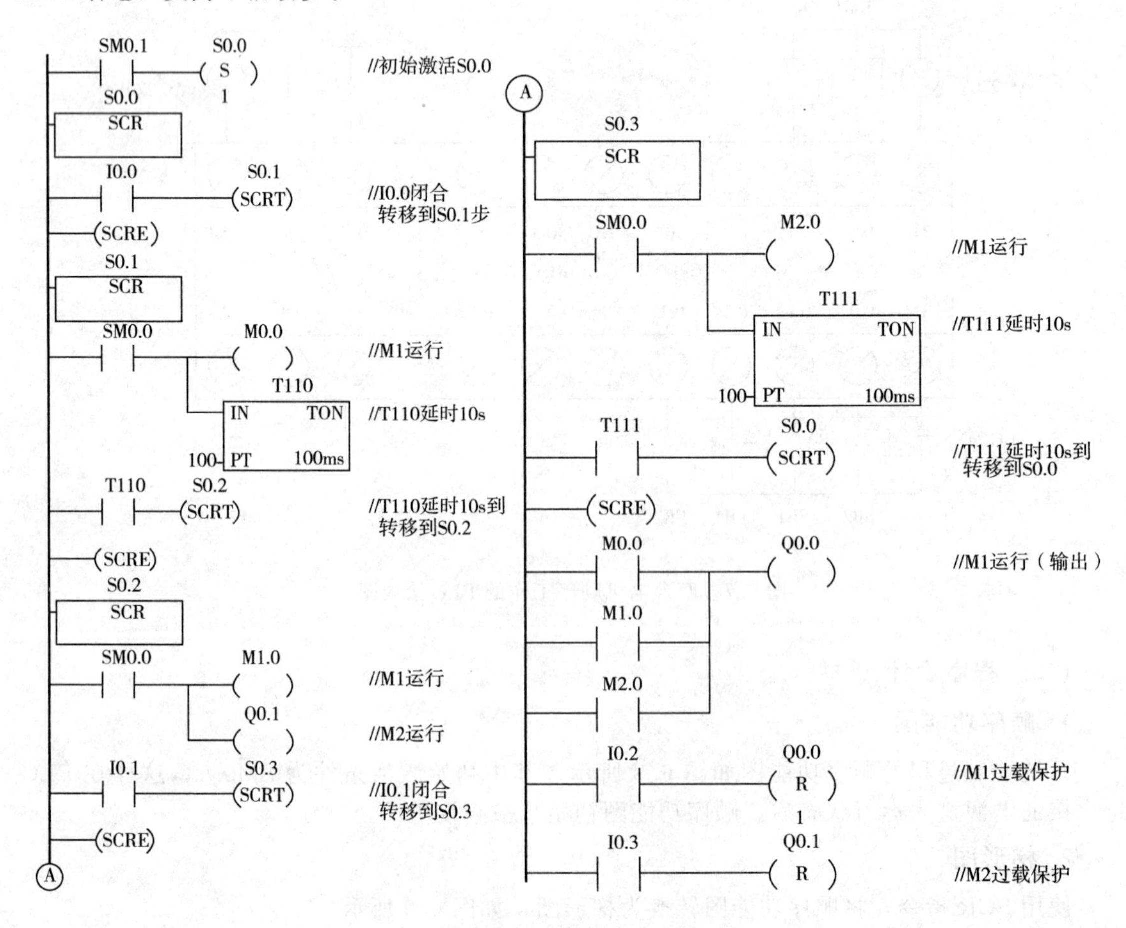

图 6.9　两台电机顺序工作梯形图

任务：Q0.1得电→KM2得电吸合，电机M2启动并运转；

M1.0得电→常开接点M1.0闭合→Q0.0得电→接触器KM1保持吸合，电机M1继续运转。

转移：按下SB1→I0.1得电→常开接点I0.1闭合，满足转换条件。

(4) S0.3步

开始：S0.3得电激活，变为活动步；同时S0.4断电，变为不活动步。

任务：T111得电开始延时；M2.0得电→常开接点M2.0闭合→Q0.0得电，(Q0.1失电)→KM1维持吸合，(KM2断电释放)→电机M1继续运转，(电机M2停止)。

转移：T111延时10秒到，满足转换条件。

(5) 返回到S0.0步

开始：S0.0得电激活，变为活动步；同时S0.3断电，变为不活动步(T111失电；M2.0失电→常开接点M2.0断开→Q0.0失电→接触器KM1断电释放，电机M1停止)。

当两台电机其中任意一台发生过载或断相时，热继电器FR1或FR2常开接点闭合→输入继电器I0.2或I0.3得电→常开接点I0.2或I0.3闭合→通过复位命令R使相应的输出继电器Q0.0或Q0.1失电→KM1或KM2断电释放，电动机M1或M2停止运转，实现保护。

(三) 调试运行

① 按图6.7所示连接I/O接线。

② 用STEP7编程软件编写图6.9所示的梯形图并将编译无误的控制程序下载至PLC中，将模式选择开关拨至RUN状态。

③ 按下启动按钮SB2，电机M1启动并运转，间隔10s后电机M2启动并运转；按停止按钮SB1，电机M2停止，间隔10s后电机M1停止，观察并记录系统响应情况。

【知识拓展】

某机械设备分别由三台三相异步电动机M1、M2、M3驱动，电机采用全压启动方式。当按启动按钮SB2后，三台电机要分别完成如下的工作过程：

① 电机M1直接启动，运行10min后停止，延时10s后重新启动并运行；

② 电机M2延时10s启动，运行5min后停止；

③ 电机M3直接启动，运行6min后停止。

当按停止按钮SB1后，电机M1停止；按启动按钮重复上述工作过程。

实现过程如下。

1. I/O地址分配

地址分配见表6.1；输入/输出设备与PLC的连接如图6.10所示。

表6.1 I/O地址分配表

输入设备			输出设备		
符号	功能	输入地址	符号	功能	输出地址
SB2	启动按钮	I0.0	KM1	M1接触器	Q0.0
SB1	停止按钮	I0.1	KM2	M2接触器	Q0.1
FR1	电机M1热继电器	I0.2	KM3	M3接触器	Q0.2
FR2	电机M2热继电器	I0.3			
FR3	电机M3热继电器	I0.4			

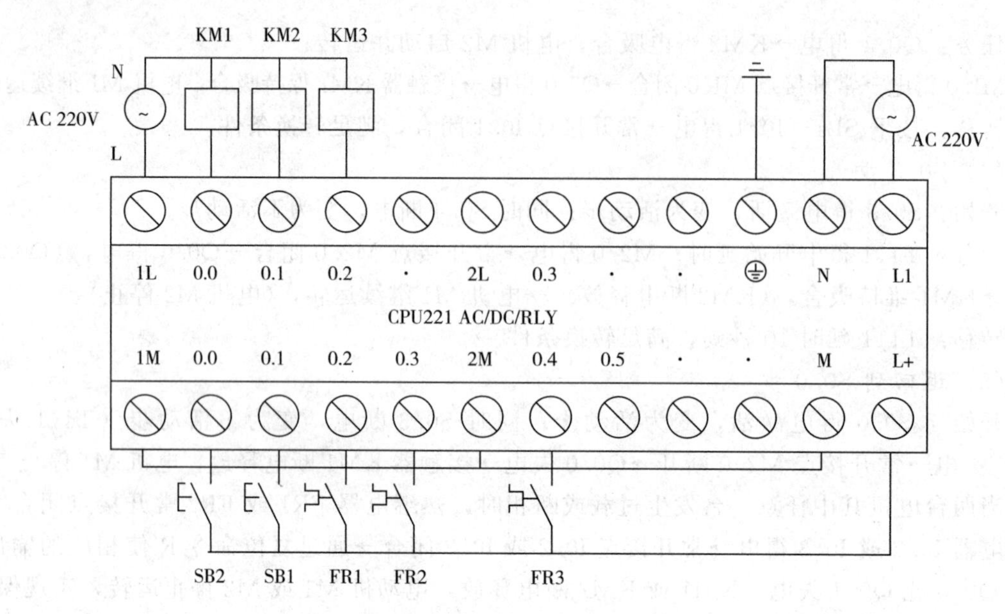

图 6.10 三台电机运行控制的接线图

2. 顺序功能图

系统控制过程的顺序功能图如图 6.11 所示。图中空步 S1.3、S2.2、S0.4 用来保证顺序功能图结构正确，不执行具体任务。

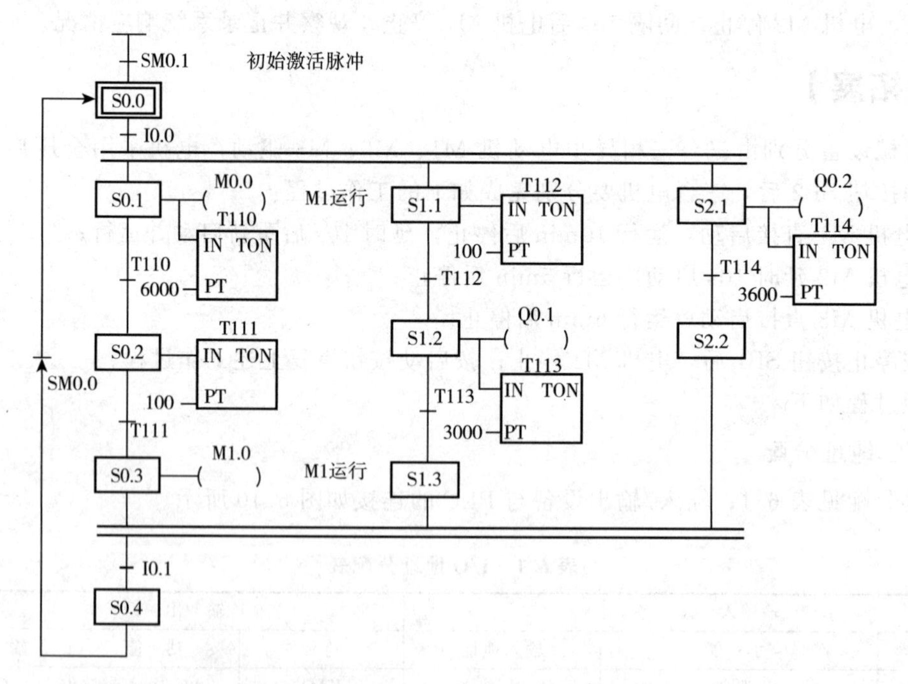

图 6.11 三台电机运行控制系统顺序功能图

3. 梯形图和时序图

使用 SCR 指令，将顺序功能图转换为梯形图，如图 6.12 所示。

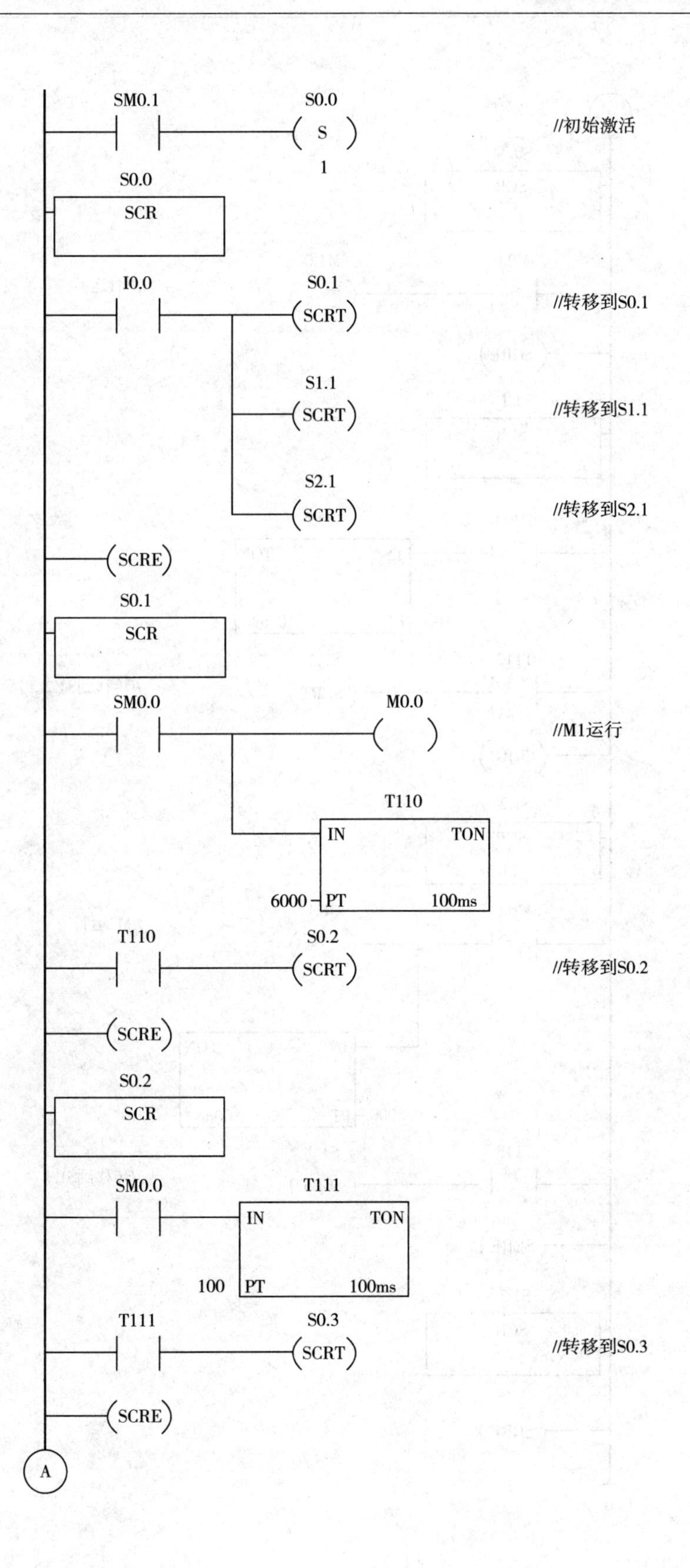
SM0.1
S0.0
S
1
//初始激活
S0.0
SCR
I0.0
S0.1
SCRT
//转移到S0.1
S1.1
SCRT
//转移到S1.1
S2.1
SCRT
//转移到S2.1
SCRE
S0.1
SCR
SM0.0
M0.0
//M1运行
T110
IN
TON
6000
PT
100ms
T110
S0.2
SCRT
//转移到S0.2
SCRE
S0.2
SCR
SM0.0
T111
IN
TON
100
PT
100ms
T111
S0.3
SCRT
//转移到S0.3
SCRE
A

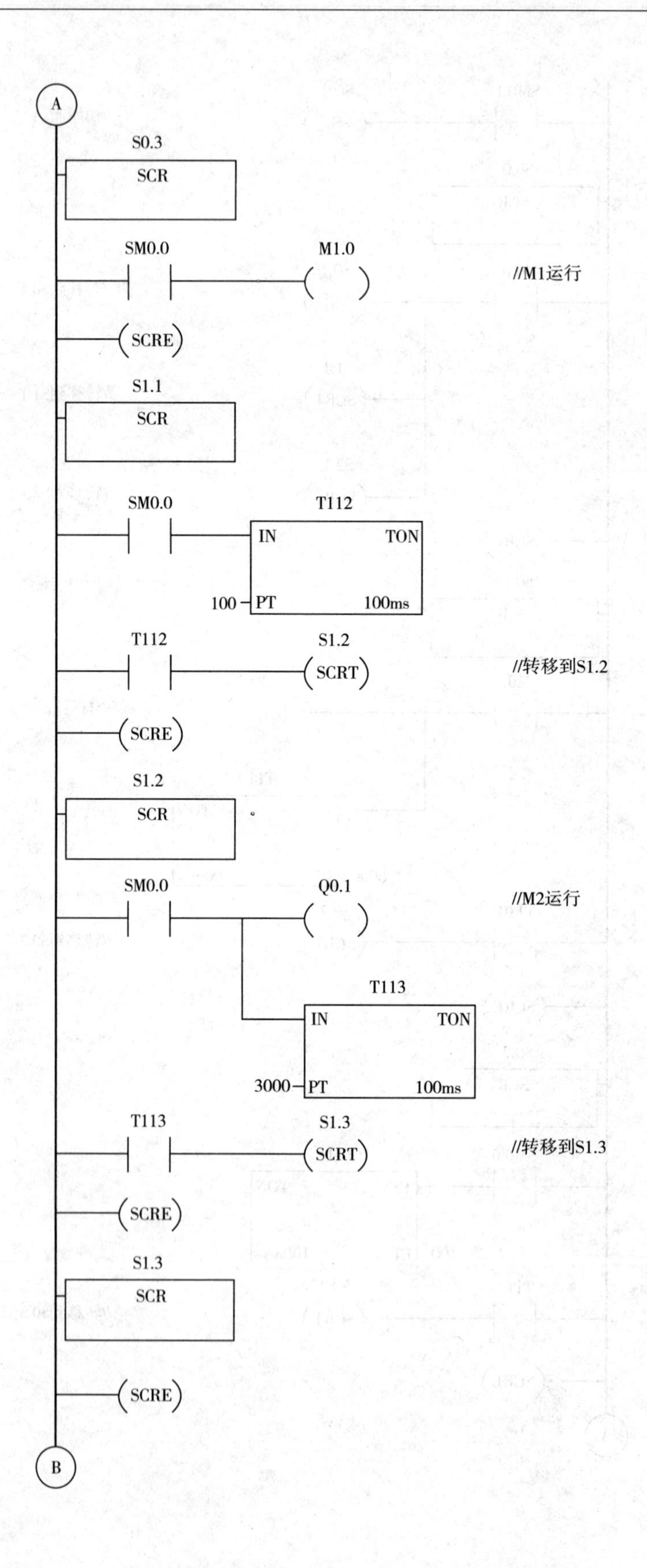
A
S0.3
SCR
SM0.0
M1.0
//M1运行
SCRE
S1.1
SCR
SM0.0
T112
IN
TON
100
PT
100ms
T112
S1.2
SCRT
//转移到S1.2
SCRE
S1.2
SCR
SM0.0
Q0.1
//M2运行
T113
IN
TON
3000
PT
100ms
T113
S1.3
SCRT
//转移到S1.3
SCRE
S1.3
SCR
SCRE
B

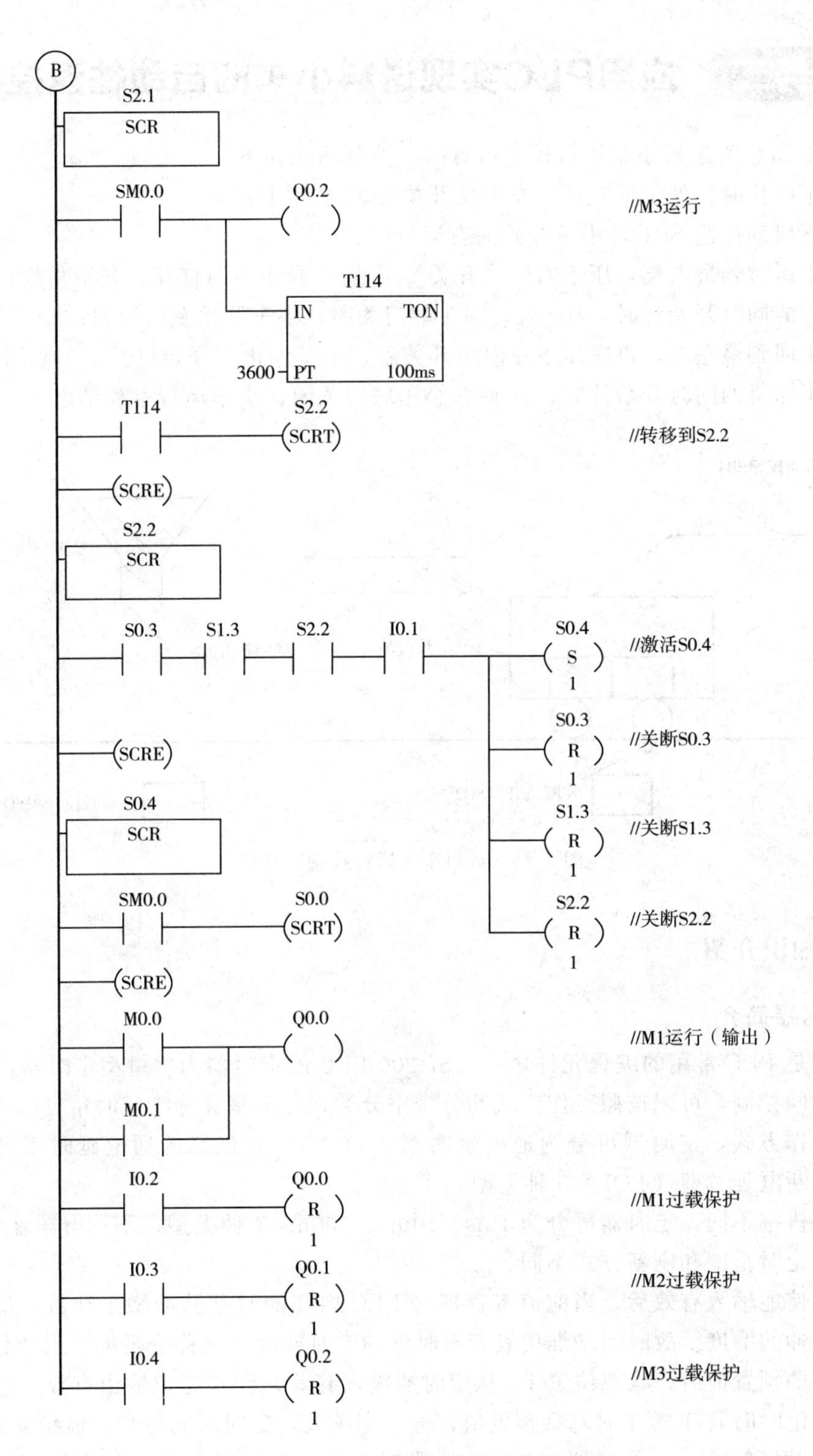

图 6.12 三台电机运行控制系统梯形图

任务二 应用PLC实现送料小车的自动往返控制

图 6.13 所示为运料小车运行控制示意图，控制功能如下：

① 小车停止时，处于最左端，左限位开关 SQ2 被压下；

② 按下启动按钮 SB1 ，小车开始向右运行；

③ 小车运行到最右端，压下右限位开关 SQ1 后，漏斗翻门打开，开始装货；

④ 装货的同时开始计时，10s 后，漏斗翻门关闭，小车开始左行返回；

⑤ 小车回到最左端，再次压下左限位开关后，小车停止，开始打开小车底门卸货；

⑥ 小车卸货的同时开始计时，5s 后，小车底门关闭，小车运行过程结束。

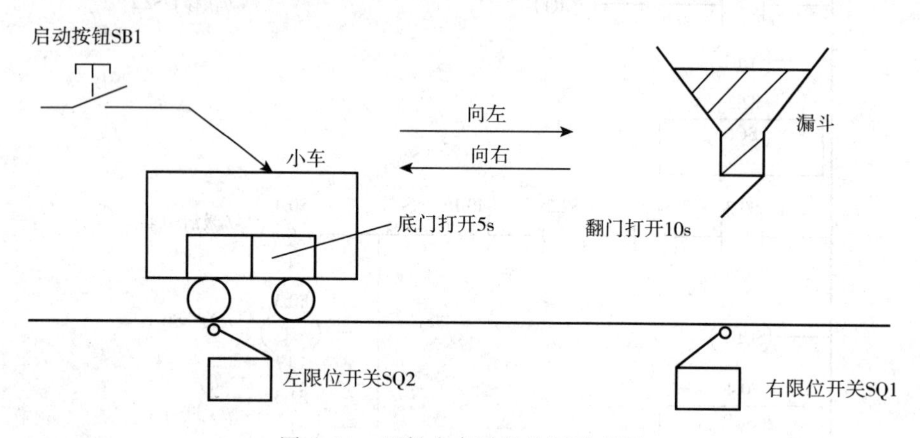

图 6.13 运料小车运行控制示意图

一、相关知识介绍

1. 定时器简介

定时器是 PLC 常用的编程元件之一，S7-200 PLC 的定时器为增量型定时器，用于实现时间控制，可以按照工作方式和分辨率分类，分辨率又称为定时精度。

按照工作方式，定时器可分为通电延时型（TON)、有记忆的通电延时型又叫保持型（TONR)、断电延时型（TOF）3 种类型。

按照分辨率不同，定时器可分为 1ms、10ms、100ms 3 种类型，不同分辨率的定时器，定时精度、定时范围和刷新方式不同。

定时器使能输入有效后，当前值寄存器对 PLC 内部的时基脉冲增 1 计数，最小计时单位为时基脉冲的宽度。故时间基准代表着定时器的定时精度，又称分辨率。当计数值大于或等于定时器的预置值后，状态位置 1。从定时器输入有效，到状态位输出有效经过的时间为定时时间。定时时间 T 等于时基乘预置值，分辨率越大，定时时间越长，但精度越差。

1ms 定时器每隔 1ms 定时器刷新一次，定时器刷新与扫描周期和程序处理无关。扫描周期较长时，定时器一个周期内可能多次被刷新（多次改变当前值)。

10ms 定时器在每个扫描周期开始时刷新。每个扫描周期之内，当前值不变。如果定时器的输出与复位操作时间间隔很短，可调节定时器指令盒与输出触点在网络段中位置。

100ms 定时器是定时器指令执行时被刷新，下一条执行的指令即可使用刷新后的结果，使用方便可靠。但如果该定时器的指令不是每个周期都执行（比如条件跳转时），定时器就不能及时刷新，可能会导致出错。

CPU 22X 系列 PLC 的 256 个定时器分属 TON（TOF）和 TONR 工作方式，以及 3 种分辨率，TOF 与 TON 共享同一组定时器，不能重复使用。定时器的分辨率和编号见表 6.2。

表 6.2　定时器分辨率和编号

工作方式	用毫秒(ms)表示的分辨率	用秒(s)表示的最大当前值	定时器编号
TONR	1	32.767	T0,T64
	10	327.67	T1～T4,T65～T68
	100	3276.7	T5～T31,T69～T95
TON/TOF	1	32.767	T32,T96
	10	327,67	T33～T36,T97～T100
	100	3276.7	T37～T63,T101～T255

使用定时器时应参照表 6.2 中的分辨率和工作方式合理选择定时器编号，同时要考虑刷新方式对程序执行的影响。定时器指令格式见表 6.3。

表 6.3　定时器指令格式

LAD	STL	功能、注释
???? IN TON ????-PT ??? ms	TON	通电延时型
???? IN TONR ????-PT ??? ms	TONR	有记忆通电延时型
???? IN TOF ????-PT ??? ms	TOF	断电延时型

表中，IN 是使能输入端，编程范围 T0～T255；PT 是预置值输入端，最大预置值 32767；PT 数据类型为 INT。

2. 通电延时型定时器 TON

通电延时型定时器（TON）用于单一时间间隔的定时。输入端（IN）接通时开始定时，定时器开始计时，当前值从 0 开始递增，当前值大于等于设定值（PT）时（PT＝1～32767），定时器位变为 ON，定时器对应的输出状态位置 1（输出触点有效，常开触点闭合，长闭触点断开）。达到设定值后，当前值仍继续计数，直到最大值 32767 为止。输入电路断开时，定时器复位，输出状态位置 0，当前值被清零。

通电延时型定时器应用示例程序如图 6.14 所示。

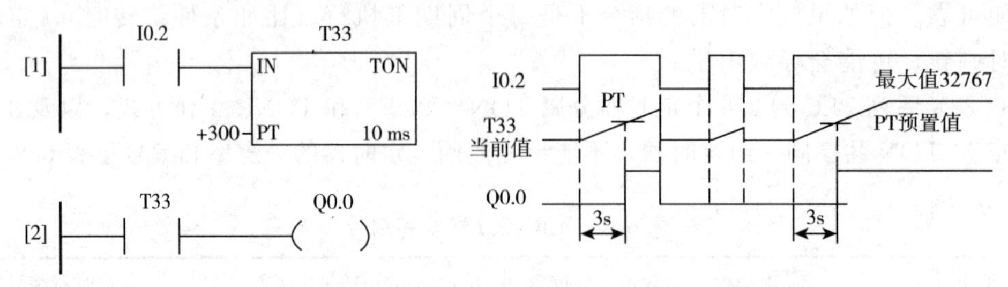

图 6.14　通电延时型定时器应用示例程序及工作时序

3. 断电延时型定时器 TOF

断电延时定时器（TOF）用于断电后的单一间隔时间计时。使能端（IN）输入有效时，定时器输出状态位立即置 1，当前值为 0。当使能端（IN）断开时，开始计时，当前值从 0 递增，当前值达到设定值（PT）时，定时器状态位复位置 0，并停止计时，当前值保持。TOF 定时器可用复位指令 R 复位，复位后定时器状态位为 OFF，当前值为 0。

断电延时型定时器应用示例程序如图 6.15 所示，程序运行结果见时序分析。

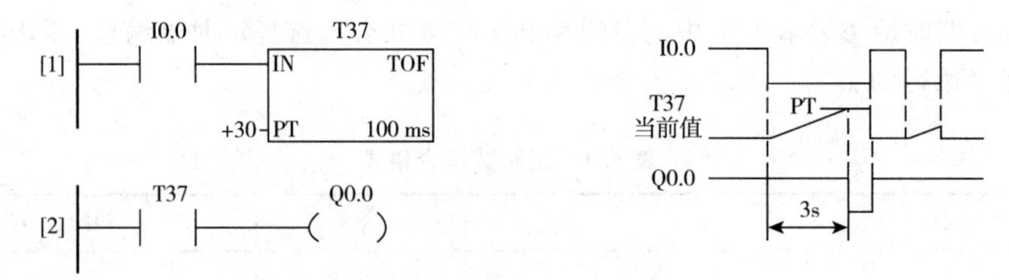

图 6.15　断电延时型定时器应用示例程序

4. 有记忆通电延时型定时器 TONR

有记忆通电延时型定时器 TONR 用于对多个时间间隔段进行累计定时。当使能端（IN）输入有效时（接通），定时器开始计时，当前值从 0 开始递增，当前值大于或等于设定值（PT）时，输出状态位置 1。使能端输入（IN）断开时，当前值保持（记忆），使能端（IN）再次接通有效时，当前值在原保持值基础上继续递增计时。TONR 定时器用复位指令 R 进行复位，复位后定时器当前值清零，定时器状态位为 OFF。

有记忆通电延时型定时器应用示例如图 6.16 所示。

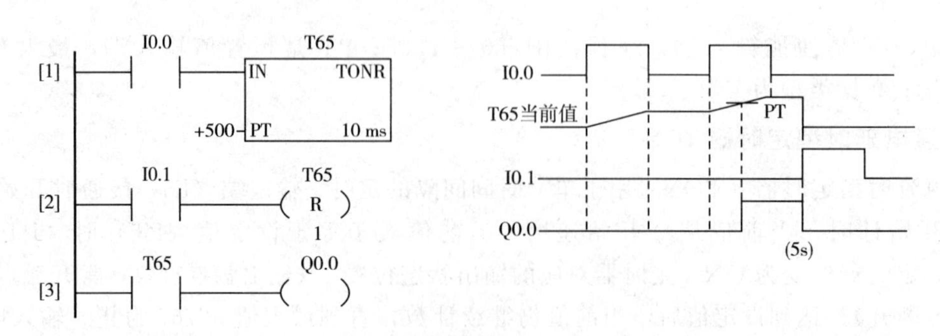

图 6.16　有记忆通电延时型定时器应用示例

二、小车自动往返控制实施方案

(一) I/O 地址分配与硬件接线

地址分配见表 6.4，与之对应的 PLC 硬件接线见图 6.17。

表 6.4 I/O 地址分配表

输入			输出		
变量	地址	注释	变量	地址	注释
SB1	I0.0	启动按钮	KA1	Q0.0	左行继电器
SB2	I0.1	停止按钮	KA2	Q0.1	右行继电器
SQ2	I0.2	左限位开关	KA3	Q0.2	漏斗翻门继电器
SQ1	I0.3	右限位开关	KA4	Q0.3	小车底门继电器

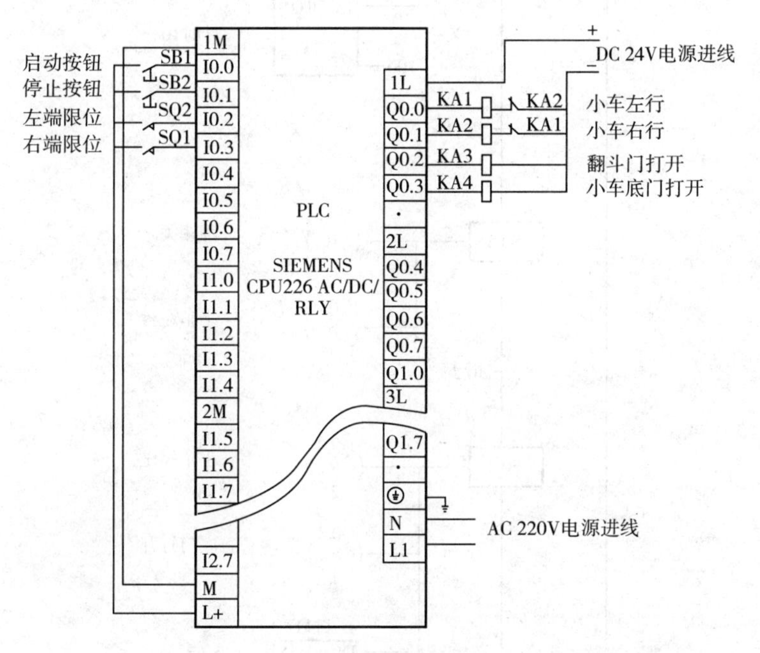

图 6.17 运料小车控制硬件接线图

(二) 程序设计

1. 顺序功能图

系统控制过程的顺序功能图如图 6.18 所示。其中初始激活条件为 SM0.1，这样在 PLC 每次接通电源进入运行状态后，顺序功能图初始步被直接激活。

2. 梯形图

使用 SCR 指令，将顺序功能图转换为梯形图，如图 6.19 所示。

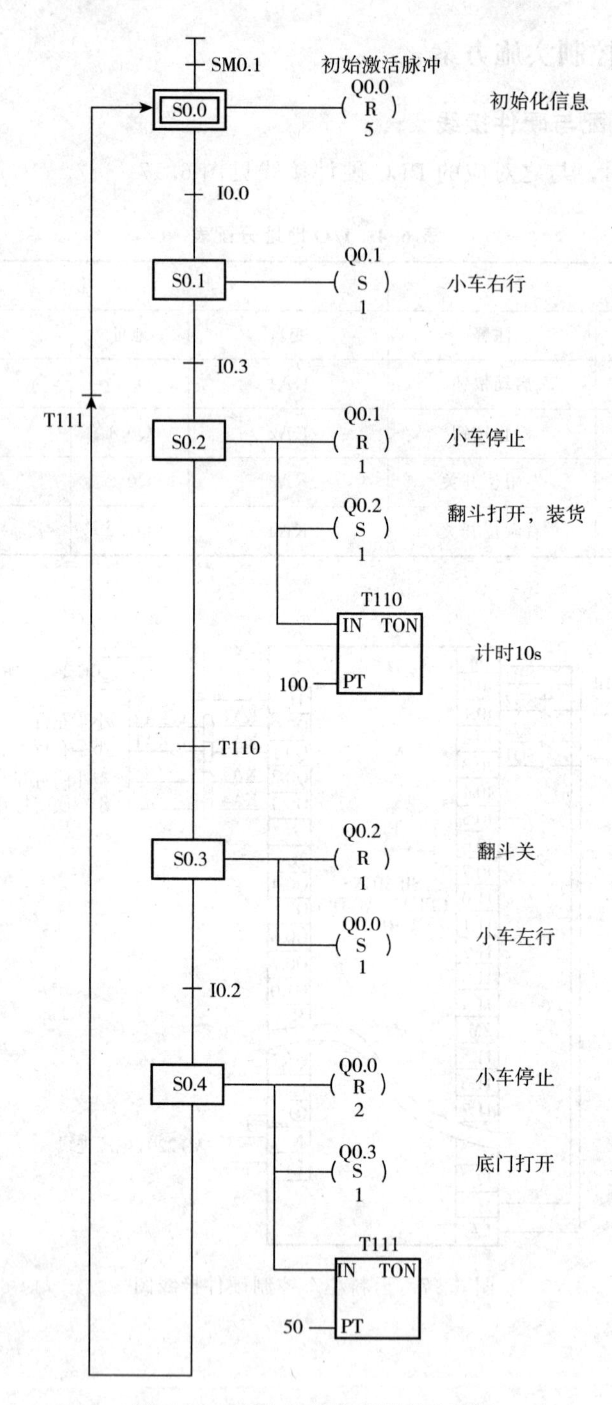

图 6.18　运料小车控制顺序功能图

（三）调试运行

① 按图 6.17 所示进行接线。

② 用 STEP7 编程软件编写图 6.19 所示的梯形图，并将编译无误的控制程序下载至 PLC 中，将模式选择开关拨至 RUN 状态。

③ 按下启动按钮，观察并记录系统响应情况。

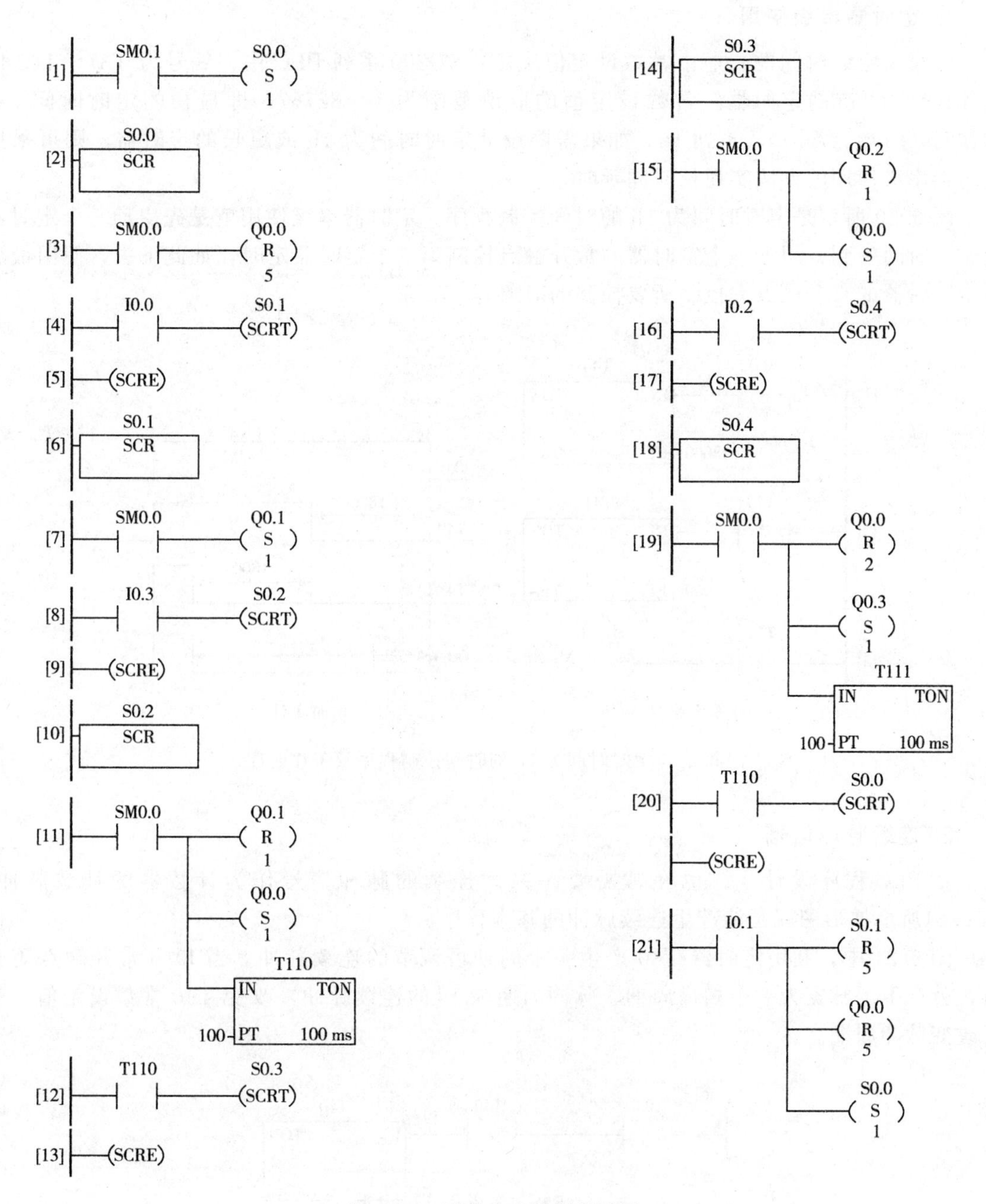

图 6.19　运料小车控制梯形图

【知识拓展】

一、定时器指令应用

利用 PLC 中的定时器可以设计出各种各样的时间控制程序，其中有长延时程序、时钟脉冲程序、接通延时和断开延时等控制程序。

1. 定时器串级使用

定时器定时时间的长短由常数设定值决定，S7-200 系列 PLC 中，编号为 T37～T63 以及 T101～T255 的定时器，常数设定值的取值范围为 1～32767，即最长的定时时间 $t=32767\times0.1=3276.7$s，不到 1h。如果需要设计定时时间为 1h 或更长的定时器，则可采用定时器串级使用的方法实现长时间延时。

图 6.20 所示是定时时间为 1h 的时间控制程序。定时器串级使用就是先启动一个定时器定时，时间一到，用第一个定时器的常开触点控制第二个定时器定时，如此下去，使用最后一个定时器的常开触点去控制所要控制的对象。

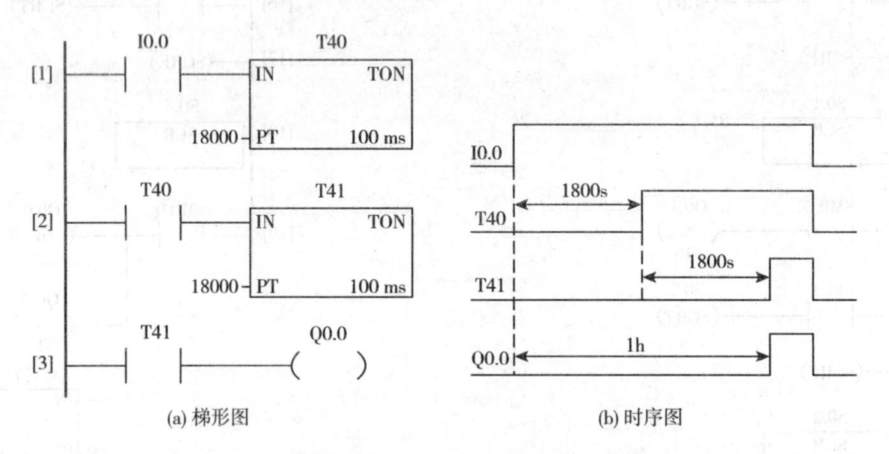

图 6.20　定时时间为 1h 的时间控制程序及工作时序

2. 连续脉冲信号

在 PLC 程序设计中，也经常需要一系列连续的脉冲信号作为计数器的计数脉冲。图 6.21所示梯形图就是能产生连续脉冲的基本程序。

图 6.21 中，利用定时器 T40 产生一个周期可调节的连续脉冲。当 I0.0 常开触点闭合后，就产生了脉宽为一个扫描周期、脉冲周期为 1s 的连续脉冲，改变 T40 常数设定值，就可改变脉冲周期。

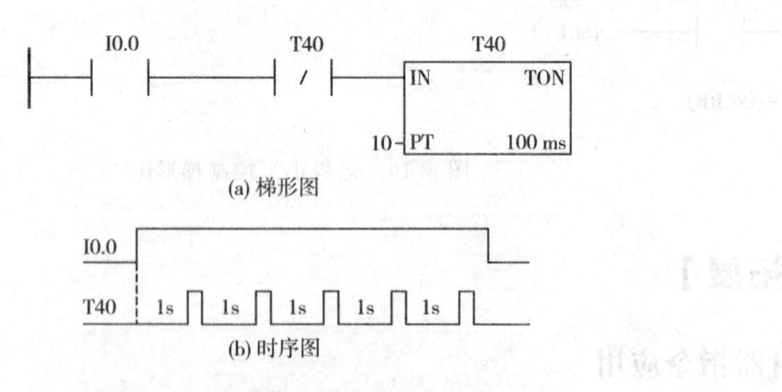

图 6.21　连续脉冲程序及工作时序

这个脉冲的脉宽为一个扫描周期，时间较短，后面再加上二分频程序（将 I0.4 改为 T40），就可以对 T40 脉冲二分频，（Q0.0）得到脉冲周期为 2s，占空比 1∶1 的连续脉冲。

3. 接通延时和断开延时控制程序

图 6.22 所示是接通延时和断开延时程序，输入开关 I0.0［1］接通 10s（定时器常数设定值决定）后，Q0.3［2］线圈通电工作；输入信号开关 I0.0［1］断开 10s 后 Q0.3［2］线圈不工作。

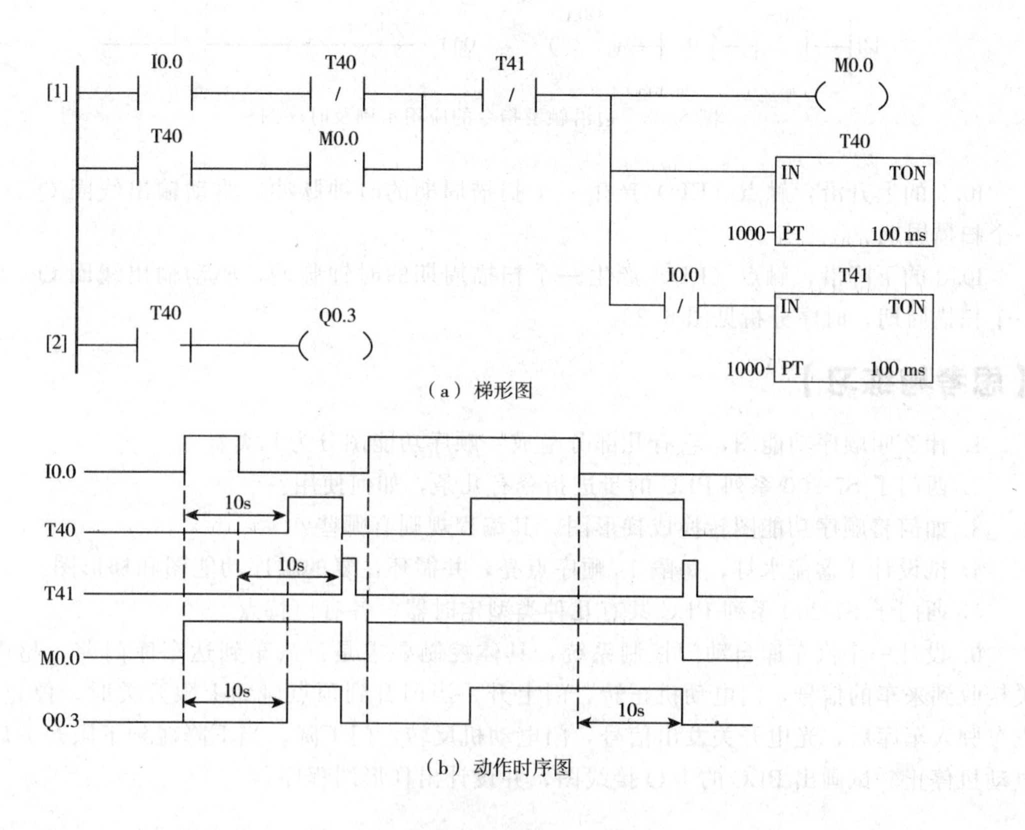

（a）梯形图

（b）动作时序图

图 6.22　接通延时和断开延时程序

二、边沿触发指令（EU、ED）应用

边沿触发是指用边沿触发信号产生一个机器周期的扫描脉冲，通常用作脉冲整形。边沿触发指令分为上升沿触发指令 EU 和下降沿触发指令 ED。边沿触发指令格式见表 6.5。

表 6.5　边沿触发指令格式

LAD	STL	功能、注释
─┤ P ├─	EU(Edge Up)	正跳变，无操作元件
─┤ N ├─	ED(Edge Down)	负跳变，无操作元件

• EU（Edge up）：输入脉冲的上升沿，使触点闭合（ON）一个扫描周期。该指令无操作数。

• ED（Edge Down）：输入脉冲的下降沿，使触点闭合（ON）一个扫描周期。该指令无操作数。

边沿触发指令应用示例如图 6.23 所示。

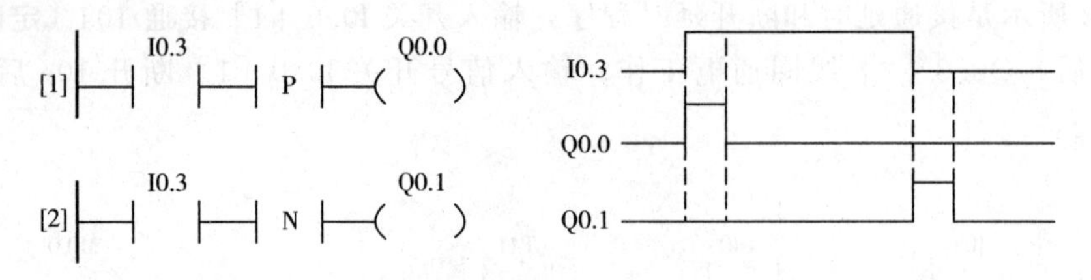

图 6.23　边沿触发指令的应用示例及时序图

I0.3 的上升沿，触点（EU）产生一个扫描周期的时钟脉冲，驱动输出线圈 Q0.0 通电一个扫描周期。

I0.3 的下降沿，触点（ED）产生一个扫描周期的时钟脉冲，驱动输出线圈 Q0.1 通电一个扫描周期，时序分析见图 6.23。

【思考与练习】

1. 什么叫顺序功能图，它有几部分组成？顺序功能图分为几类？

2. 西门子 S7-200 系列 PLC 的步进指令有几条，如何使用？

3. 如何将顺序功能图转换成梯形图，其编程规则有哪些？

4. 试设计 4 盏流水灯，每隔 1s 顺序点亮，并循环往复的顺序功能图和梯形图。

5. 西门子 S7-200 系列 PLC 共有几种类型定时器，各有何特点？

6. 设计一个汽车库自动门控制系统，具体控制要求是：汽车到达车库门前，超声波开关接收到来车的信号，门电动机正转，门上升，当门升到顶点碰到上限开关时，停止上升；汽车驶入车库后，光电开关发出信号，门电动机反转，门下降，当下降碰到下限开关后，门电动机停止。试画出 PLC 的 I/O 接线图，并设计出梯形图程序。

模块四

变频器

· 项目七 ·

变频器的基本操作

随着电力电子技术、微电子技术、计算机控制技术的发展，变频器技术飞速进步，以变频器为核心的交流电动机调速技术也快速发展，大大提高了生产效率。变频器是将工频交流电转换成电压、频率均可变的交流电的电力电子变换装置，英文简称VVVF。变频器的主要控制对象是三相交流异步电动机。

任务一　认识变频器的构造与使用维护

一、认识变频器的组成

变频器输入输出如图7.1所示。由于三相异步电动机的转速 n 与电源频率 f 成线性关系，所以受变频器驱动的电动机可以平滑地改变转速，实现无级调速。

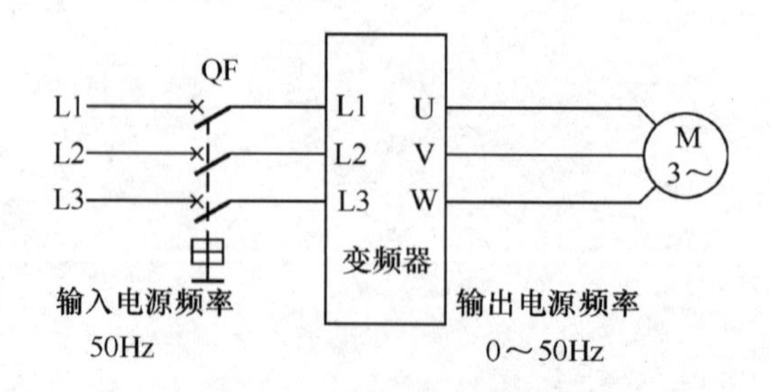

图7.1　变频器输入输出

对于受变频器控制的电动机，可以自行设置启动频率和启动加速时间，减少启动和停机次数，并根据实际情况自动加速或减速，不仅延长了电动机及生产设备的使用寿命，而且可显著提高节能效果，经济效益可观。

变频器具有直流制动功能，可以准确地定位停车。当变频器输出频率接近零，电动机转速降低到一定数值时，变频器可以向异步电动机定子绕组中通入直流电，使电动机处于能耗制动状态，迅速停转。

变频器有较多的外部信号（开关信号或模拟信号）控制接口和通信接口，功能强，并且可以进行组网控制。

变频器由主电路和控制电路构成，基本结构如图 7.2 所示。

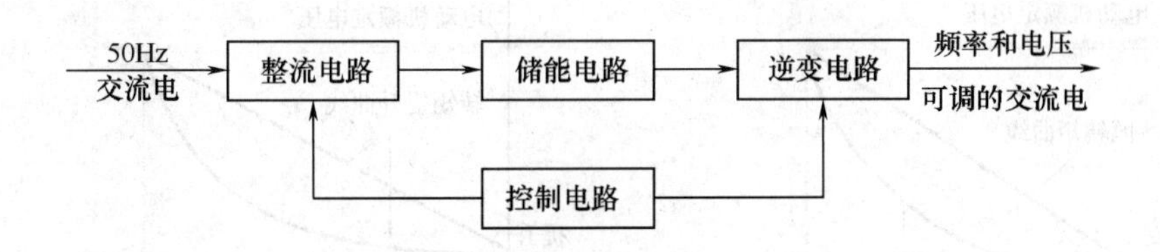

图 7.2　变频器的基本结构

变频器的主电路包括整流电路、储能电路和逆变电路，是变频器的功率电路。主电路结构如图 7.3 所示。

（1）整流电路

由二极管构成三相桥式整流电路，将交流电整流为直流电。

（2）储能电路

由电容 C1、C2 构成（R1、R2 为均压电阻），具有储能和平稳直流电压的作用。为了防止刚接通电源时对电容器充电电流过大，串入限流电阻 R，当充电电压上升到正常值后，与 R 并联的开关 S 闭合，将 R 短接。

（3）逆变电路

由 6 只绝缘栅双极晶体管（IGBT）VT1～VT6 和 6 只续流二极管 VD1～VD6 构成三相逆变桥式电路。晶体管工作在开关状态，按一定规律轮流导通，将直流电逆变成三相交流电，驱动电动机工作。

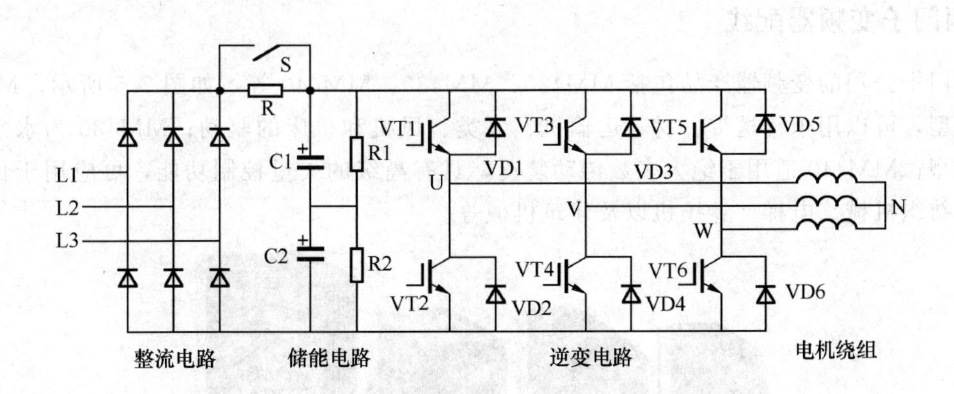

图 7.3　变频器主电路结构

变频器的控制电路主要以单片微处理器为核心设计，控制电路具有设定和显示运行参数、信号检测、系统保护、计算与控制等功能。

二、变频调速控制

1. u/f 控制

因为电动机的电磁转矩 $T_M \propto (u/f)^2$，所以保持（u/f）恒定时，电磁转矩恒定，电动机带负载的能力不变。变频器 u/f 曲线如图 7.4 所示。大多数负载适用这种控制方式。

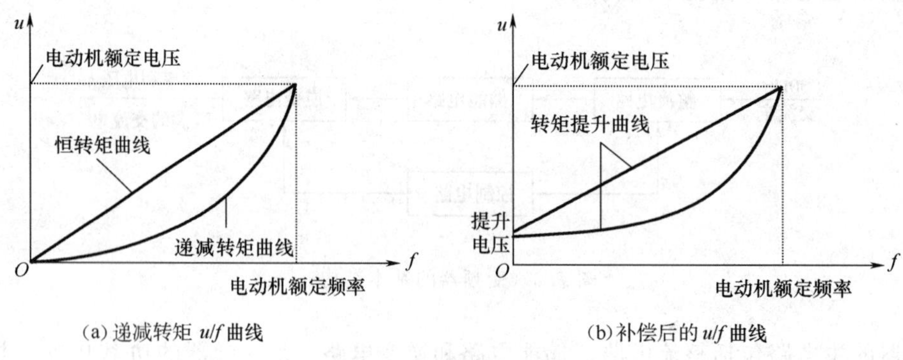

(a) 递减转矩 u/f 曲线　　(b) 补偿后的 u/f 曲线

图 7.4　变频器 u/f 曲线

递减转矩 u/f 曲线如图 7.4（a）所示，适用于风机、水泵类负载。

当变频器的输出频率较低时，其输出电压也比较低。此时，电动机定子绕组电阻的影响已不能忽略，流过定子绕组的电流下降，电磁转矩下降。为改善变频器的低频转矩特性，可采用电压补偿的方法，即适当提高低频时的输出电压，补偿后的 u/f 曲线如图 7.4（b）所示。

2. 矢量控制

矢量控制方式属于变频器的高性能控制方式，其低频转矩性能优于 u/f 控制方式。通常变频器出厂设定为 u/f 恒转矩控制方式，如果要使用矢量控制方式，只需重新设定参数即可。

三、西门子变频器配线

西门子公司的变频器产品包括 MM420、MM430、MM440 等，如图 7.5 所示。MM420 为通用型，可以用于传送带、材料运输机、泵类、风机和机床的驱动；MM430 为水泵和风机专用型；MM440 适用于绝大多数传动装置，具有高级的矢量控制功能，可应用于传送带系统、纺织机械、电梯、卷扬机以及建筑机械等。

图 7.5　西门子公司的变频器

MM440变频器的基本配线图如图7.6所示。主电路输入恒频恒压的交流电，由整流电路转换成恒定的直流电，再经逆变电路逆变成为电压和频率均可调的三相交流电供给电动机负载。

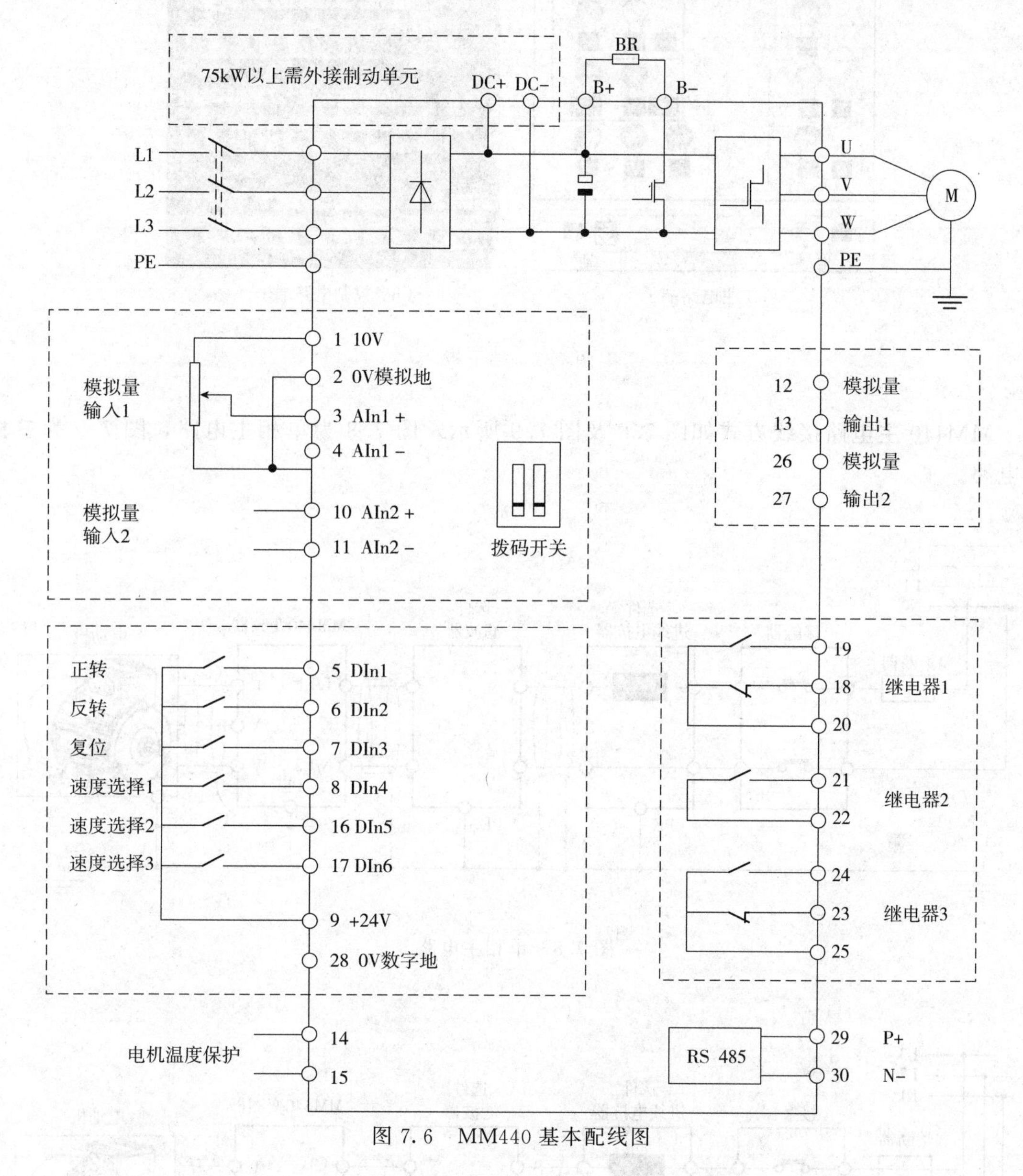

图7.6　MM440基本配线图

主电路端子如图7.7（a）所示，主电路端子符号及功能说明如表7.1所示。

表7.1　主电路端子功能说明

端子符号	端子功能说明
L1、L2、L3	三相电源输入端，接三相交流电源 L/L1、N/L2 或 L/L1、N/L2、L3 或 L1、L2、L3
U、V、W	变频器输出端，接三相交流异步电动机
PE	接地端，变频器外壳必须可靠接大地
B+、B−	接制动电阻

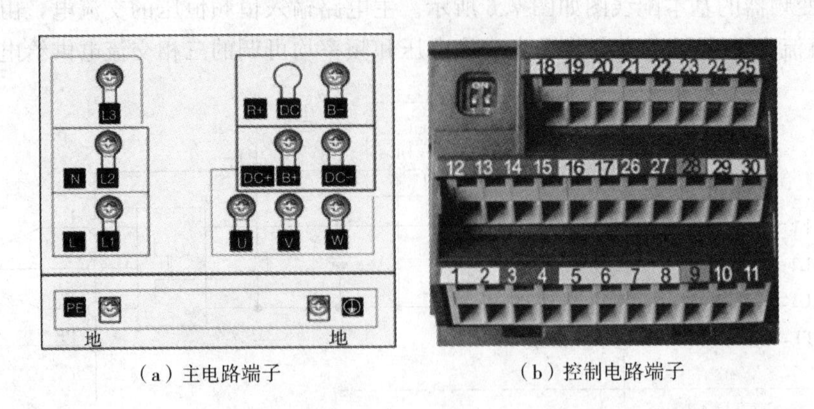

（a）主电路端子　　（b）控制电路端子

图 7.7　端子板

MM440 主电路接线方式如图 7.8 及图 7.9 所示。图 7.8 为单相主电路，图 7.9 为三相主电路。

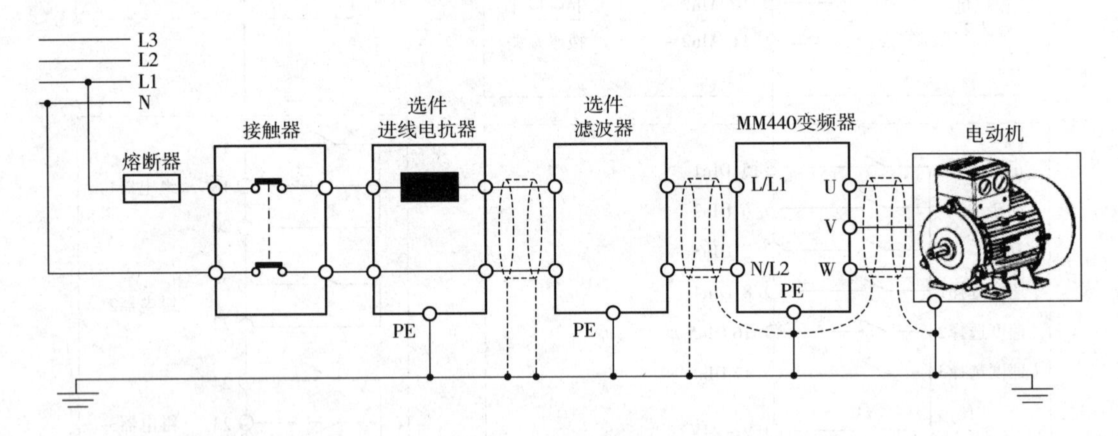

图 7.8　单相主电路

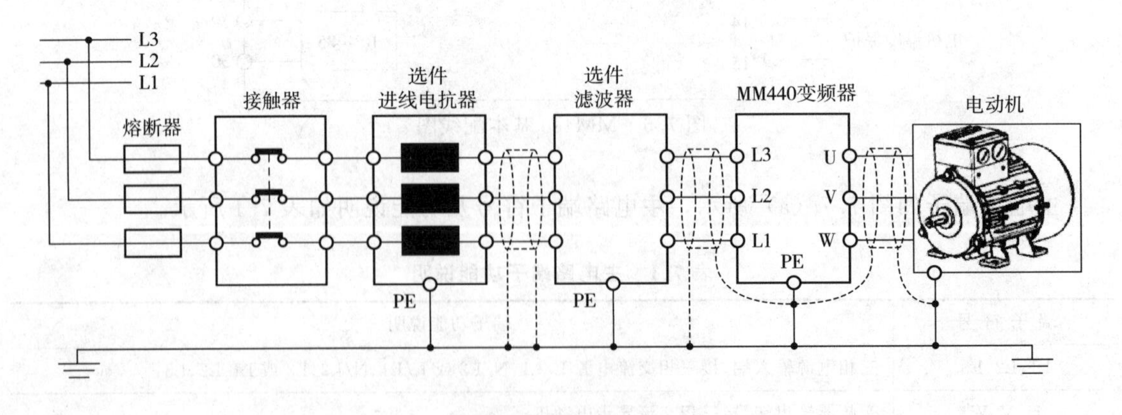

图 7.9　三相主电路

控制电路端子如图 7.7（b）所示，控制电路端子功能说明如表 7.2 所示。

表 7.2 MM440 变频器控制电路端子功能说明

<table>
<tr><th>端子</th><th>标识符</th><th>功 能</th><th colspan="2">说 明</th></tr>
<tr><td>1</td><td>—</td><td>输出+10V</td><td colspan="2" rowspan="2">端子 1、2:变频器自身提供的 10V 直流电源,端子 1 为正,端子 2 为负</td></tr>
<tr><td>2</td><td>—</td><td>输出 0V</td></tr>
<tr><td>3</td><td>AIN1+</td><td>模拟输入 1(+)</td><td colspan="2" rowspan="2">模拟输入 1 端子,由 DIP 开关控制</td></tr>
<tr><td>4</td><td>AIN1−</td><td>模拟输入 1(−)</td></tr>
<tr><td>5</td><td>DIN1</td><td>数字输入 1</td><td colspan="2">数字输入 1 端子</td></tr>
<tr><td>6</td><td>DIN2</td><td>数字输入 2</td><td colspan="2">数字输入 2 端子</td></tr>
<tr><td>7</td><td>DIN3</td><td>数字输入 3</td><td colspan="2">数字输入 3 端子</td></tr>
<tr><td>8</td><td>DIN4</td><td>数字输入 4</td><td colspan="2">数字输入 4 端子</td></tr>
<tr><td>9</td><td>—</td><td>带电位隔离输出 + 24V(最大 100mA)</td><td colspan="2">公共端子</td></tr>
<tr><td>10</td><td>IN2(+)</td><td>模拟输入 2(+)</td><td colspan="2" rowspan="2">模拟输入 2 端子,由 DIP 开关控制</td></tr>
<tr><td>11</td><td>IN2(−)</td><td>模拟输入 2(−)</td></tr>
<tr><td>12</td><td>AOUT1+</td><td>模拟输出 1(+)</td><td colspan="2" rowspan="2">模拟输出 1 端子,0～20mA</td></tr>
<tr><td>13</td><td>AOUT1−</td><td>模拟输出 1(−)</td></tr>
<tr><td>14</td><td>PTC A</td><td>连接温度传感器 PTC/KTY84</td><td colspan="2" rowspan="2">电动机热保护端子</td></tr>
<tr><td>15</td><td>PTC B</td><td>连接温度传感器 PTC/KTY84</td></tr>
<tr><td>16</td><td>DIN5</td><td>数字输入 5</td><td colspan="2">数字输入 5 端子</td></tr>
<tr><td>17</td><td>DIN6</td><td>数字输入 6</td><td colspan="2">数字输入 6 端子</td></tr>
<tr><td>18</td><td>RL1-A</td><td>数字输出 1/的动断触点</td><td rowspan="3">数字输出 1 的继电器触点端子</td><td rowspan="8">外加电压:
(1)直流 30 V/5 A 电阻负载
(2)交流 250V/2A 感性负载</td></tr>
<tr><td>19</td><td>RL1-B</td><td>数字输出 1/的动合触点</td></tr>
<tr><td>20</td><td>RL1-C</td><td>数字输出 1/的公共端</td></tr>
<tr><td>21</td><td>RL2-B</td><td>数字输出 2/的动合触点</td><td rowspan="2">数字输出 2 的继电器触点端子</td></tr>
<tr><td>22</td><td>RL2-C</td><td>数字输出 2/的公共端</td></tr>
<tr><td>23</td><td>RL3-A</td><td>数字输出 3/的动断触点</td><td rowspan="3">数字输出 3 的继电器触点端子</td></tr>
<tr><td>24</td><td>RL3-B</td><td>数字输出 3/的动合触点</td></tr>
<tr><td>25</td><td>RL3-C</td><td>数字输出 3/的公共端</td></tr>
<tr><td>26</td><td>AOUT2 +</td><td>模拟输出 2+</td><td colspan="2" rowspan="2">模拟输出 2 端子,0～20mA</td></tr>
<tr><td>27</td><td>AOUT2 −</td><td>模拟输出 2−</td></tr>
<tr><td>28</td><td>—</td><td>带电位隔离的输出 + 24V/最大 100mA</td><td colspan="2">公共端子</td></tr>
<tr><td>29</td><td>P+</td><td>RS-485 A</td><td colspan="2" rowspan="2">RS-485 端口</td></tr>
<tr><td>30</td><td>P−</td><td>RS-485 B</td></tr>
</table>

控制电路由 CPU、模拟输入继电器、模拟输出继电器、数字输入输出继电器触点和操作面板等组成。端子 1、2 用来为用户提供高精度 10V 直流稳压电源，当采用模拟电压信号

输入方式输入给定频率时，为了提高交流变频调速系统的控制精度，必须配备高精度的直流稳压电源。

端子 3、4 和 10、11 为两对模拟电压输入端，经变频器内的模数转换器将模拟量转换成数字量，传输给 CPU。

端子 5、6、7、8、16、17 为用户提供可编程数字输入端，数字输入信号经光耦隔离输入到 CPU 中，可完成电动机正反转、正反向点动、固定频率设定等任务。

端子 9、28 是 24V 直流电源端，为变频器的控制电路提供 24V 直流电源。

端子 12、13 和 26、27 为两对模拟输出端。

端子 18、19、20、21、22、23、24、25 为输出继电器的触头。

端子 14、15 为电动机过热保护输入端。

端子 29、30 为 RS-485（USS 协议）端口。

配线时要注意以下要点。

① 禁止将电源线接到变频器的输出端 U、V、W 上，否则将损坏变频器。

② 不使用变频器时应将断路器断开，隔离电源；不要使用断路器启动和停止电动机，因为这时工作电压处在非稳定状态，逆变晶体管可能脱离开关状态进入放大状态，而负载感性电流维持导通，使逆变晶体管功耗剧增，容易烧毁逆变晶体管。

③ 在变频器的输入侧接交流电抗器可以削弱三相电源不平衡对变频器的影响，延长变频器的使用寿命，同时也降低变频器产生的谐波对电网的干扰。

④ 当电动机处于直流制动状态时，电动机绕组呈发电状态，会产生较高的直流电压反馈给直流电压侧，应连接直流制动电阻进行耗能以降低高压。

⑤ 由于变频器输出的是高频脉冲波，所以禁止在变频器与电动机之间加装电力电容器件。

⑥ 变频器和电动机必须可靠接地。

⑦ 变频器的控制线应与主电路动力线分开布线，平行布线应相隔 10cm 以上，交叉布线时应使其垂直。为防止干扰信号串入，变频器模拟信号线的屏蔽层应妥善接地。

⑧ 通用变频器仅适用于一般工业用三相交流异步电动机。

⑨ 变频器的安装环境应通风良好。

四、变频器维护

变频器的日常维护和保养是变频器安全工作的保障。变频器维护和检查时应注意以下要点。

① 变频器断开电源后的一段时间内，储能电容上仍然剩余有高压电。进行检查前，先断开电源，过 10 分钟后用万用表测量，确认变频器主回路正负端子间电压降低到安全电压后再进行检查。

② 用兆欧表测量变频器外部电路的绝缘电阻前，要拆下变频器上所有端子的电线，以防止测量表的高电压加到变频器上。控制回路的通断测试应使用万用表（高阻挡），不要使用兆欧表。

③ 不要对变频器实施耐压测试，如果测试不当会使电子元件损坏。

④ 注意检查变频器是否按设定参数运行，面板显示是否正常。

⑤ 注意检查安装场所的环境、温度、湿度是否符合要求。

⑥ 注意检查变频器的进风口和出风口有无积尘和堵塞。

⑦ 注意检查变频器是否有异常振动、噪声和气味。

⑧ 定期检查除尘。除尘前先切断电源，待变频器充分放电后打开机盖，用压缩空气或软毛刷对积尘进行清理。除尘时要格外小心，不要触及元器件和微动开关。

⑨ 定期检查变频器的主要运行参数是否在规定的范围。

⑩ 检查固定变频器的螺丝和螺栓，是否由于振动、温度变化等原因松动。导线是否连接可靠，绝缘物质是否被腐蚀或破损。

⑪ 定期检查变频器的冷却风扇、滤波电容，当达到使用期限后及时进行更换。

任务二　设置变频器工作参数

通过操作变频器的面板按键，可以设置变频器功能参数，进行状态监视，变频器面板操作按键如图 7.10 所示，操作面板（BOP/AOP）上的按键及功能如表 7.3 所示。

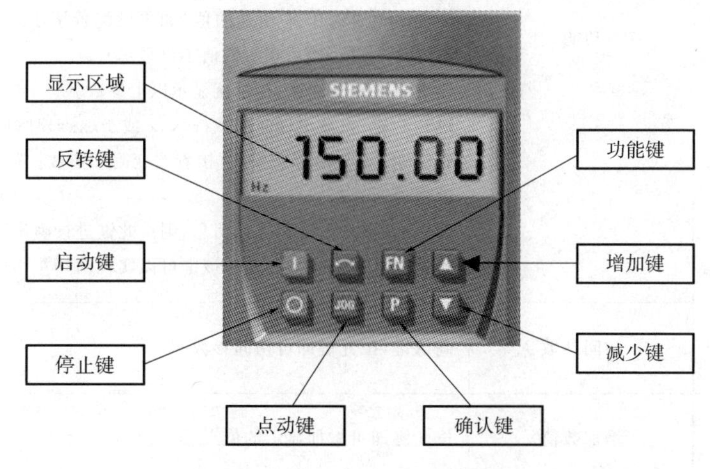

图 7.10　变频器面板操作按键

表 7.3　操作面板（BOP/AOP）上的按键及功能

显示/按钮	功　能	功　能　说　明
P(1) r0000 Hz	状态显示	LCD 显示变频器当前的设定值
I	启动电动机	按此键启动变频器。在默认设定时此键被封锁。为使此键有效，参数 P0700 或 P0719 按如下设置： BOP：P0700＝1 或 P0719＝10…16； AOP：P0700＝4 或 P0719＝40…46，BOP 链路； P0700＝5 或 P0719＝50…56，COM 链路
0	停止电动机	OFF1 按此键电动机按所选定的斜坡下降时间减速至停车。在默认设定时此键被封锁 OFF2 按此键两次（或长时间按 1 次），电动机自由停车，此功能总是有效

续表

显示/按钮	功能	功能说明
(改变方向键)	改变电动机转动方向	按此键可以改变电动机的旋转方向。电动机的反向用负号或用闪烁的小数点表示。此键默认状态为被封锁
jog	电动机点动	在“准备合闸”状态下按压此键，则电动机启动并运行在预先设定的点动频率。当释放此键，电动机停车。当电动机正在旋转时，此键无效
Fn	功能	此键用于显示附加信息。 当在运行时按压此键2s，显示下列数据： 1. 直流母线电压(用d表示，V) 2. 输出电流(A) 3. 输出频率(Hz) 4. 输出电压(V) 5. 在参数P0005中所选的值(如果已配置了P0005，那么显示上面数据的1～4项，然后相应的值不再显示) 连续多次按下此键，将轮流显示以上参数。 跳转功能：在显示任何参数(rxxxx或Pxxxx)时短按此键，将立即跳转到r0000。如果有需要，可接着改变附加参数。跳转到r0000后，按此键将返回到起始点 确认：如存在报警和故障信息，则按此键进行确认。 光标左移，在修改数值时，该键可以实现循环左移
P	访问参数	确认键，按此键即可访问参数
(▲)	增加数值	按此键即可增加显示的值
(▼)	减小数值	按此键即可减小显示的值
Fn + P	AOP菜单	调出AOP菜单提示(仅用于AOP)

一、认识变频器的主要参数

MM440的参数可通过基本操作面板（BOP）、高级操作面板（AOP）或者串行通信接口进行修改。这里采用BOP修改和设定系统参数，例如斜坡时间、最小和最大频率等。选择的参数编号和设定的参数值可以显示在LCD上。

rxxxx表示一个用于显示的只读参数。

Pxxxx是一个设定参数，其设定值可以在“最小值”和“最大值”范围内进行修改。

变频器的参数有四个用户访问级，即标准访问级、扩展访问级、专家访问级和维修访问级。访问的等级由参数P0003来选择，一般使用标准级（P0003=1）和扩展级（P0003=2）。

变频器主要参数见表7.4。

表7.4 变频器的主要参数

序号	参数	参数名称及其可选内容	访问级别	设定值
1	P0003	用户访问级 1:标准级 2:扩展级 3:专家级 4:维修级	1	根据实际需要设定
2	P0010	设置调试参数过滤器 0:准备运行 1:快速调试 30:出厂值 在电动机投入运行前,P0010须回到'0' 如果调试结束后选定P3900=1,P0010自动回零	1	1
3	P0100	选择默认值 0:功率单位为kW,f的默认值为50Hz 1:功率单位为hp,f的默认值为60Hz 2:功率单位为kW,f的默认值为60Hz 说明:P0100的设定值0和1应该用DIP开关来更改,使其设定的值固定不变	1	0
4	P0205	变频器应用对象		0恒转矩 1变转矩
5	P0300	选择电动机的类型 1:异步电动机 2:同步电动机 P0300有3组驱动数据,P0300=2时控制参数被禁止	2	1
6	P0304	确定电动机的额定电压 设定值的范围为10～2000V 根据电动机的铭牌输入电动机额定电压	1	380
7	P0305	确定电动机的额定电流 设定值的范围为0～2倍的变频器额定电流 根据电动机的铭牌输入电动机额定电流	1	根据电动机铭牌上的额定电流设置
8	P0307	确定电动机的额定功率 设定值的范围为0～2000kW 根据电动机的铭牌输入电动机额定功率	1	据电动机铭牌设置电动机额定功率
9	P0308	设置电动机的额定功率因数 设定值的范围为0.000～1.000,根据电动机的铭牌输入电动机额定功率因数 只有在P0100=0或2的情况下(电动机的功率单位是kW时)才能看到	2	0.8

续表

序号	参数	参数名称及其可选内容	访问级别	设定值
10	P0309	确定电动机的额定功率 设定值的范围为0.0%～99.9% 根据电动机的铭牌输入以百分值表示的电动机额定功率 只有在P0100=1的情况下(电动机的功率单位是hp时)才能看到	2	根据电动机铭牌设置电动机额定效率
11	P0310	确定电动机的额定功率 设定值的范围为12～650Hz 根据电动机的铭牌输入电动机额定频率	1	50
12	P0311	确定电动机的额定速度 设定值的范围为0～40000r/min 根据电动机的铭牌输入电动机额定速度	1	根据电动机铭牌设置电动机额定速度
13	P0335	电机冷却方式 = 0:利用电机轴上风扇自冷却 = 1:利用独立的风扇进行强制冷却	1	—
14	P0700	选择命令源 0:工厂设置值 1:基本操作面板(BOP) 2:端子(数字输入) 在P0010=0时,如果选择P0700=2,数字输入的功能取决于P0701～P0708的设置	1	—
15	P0701～P0706	设置数字输入端口DIN1～DIN6的功能		—
16	P0970	工厂设置 0:禁止复位 1:复位为工厂设置值	1	0
17	P1000	选择频率设定值 1:电动电位计设定值 2:模拟设定值1 3:固定频率设定值 7:模拟设定值2 如果P1000=1或3,则频率设定值的选择取决于P0700至P0708的设置	1	3
18	P1001～P1015	在P0010=0时,设置固定频率1至固定频率15的频率值		—
19	P1080	确定电动机最低频率:设定值的范围为0～650Hz 本参数设置电动机的最低频率为0～650Hz,当达到这一频率时,电动机的运行速度将与频率的设定值无关,这里设置的值对电动机的正转和反转都是适用的	1	0

续表

序号	参数	参数名称及其可选内容	访问级别	设定值
20	P1082	确定电动机最高频率： 设定值的范围为 0～650Hz 本参数设置电动机的最高频率为 0～650Hz,达到这一频率时,电动机的运行速度将与频率的设定值无关,这里设置的值对电动机的正转和反转都是适用的	1	50
21	P1120	确定斜坡上升时间 设定值的范围为 0～650s 电动机从静止停车加速到电动机最高频率所需的时间	1	10
22	P1121	确定斜坡下降时间 设定值的范围为 0～650s 电动机从其最高频率减速到静止停车所需的时间	1	10
23	P1135	OFF3 停车时的斜坡下降时间(自由停止) 设定值的范围为 0～650s 得到 OFF3 停止命令后,电动机从其最高频率减速到静止停车所需的斜坡下降时间	2	5
24	P3900	快速调试结束选择 0:结束快速调试,不进行电动机计算或复位为工厂默认设定值 1:结束快速调试,进行电动机计算或复位为工厂默认设定值 2:结束快速调试,进行电动机计算和 I/O 复位 3:结束快速调试,进行电动机计算但不进行 I/O 复位 当 P3900=3 时,接通电动机,开始电动机数据的自动检测;在完成电动机数据的自动检测后,待报警信号 A0541 消失后,再结束快速调试,变频器进入“进行准备就绪”状态	1	1

二、更改参数 P0004

参数 P0004 的更改方法见表 7.5。

表 7.5　更改 P0004 参数方法

序号	操作步骤	结果显示
1	按 P 键访问参数	P(1) r0000 Hz
2	按 ▲ 键直到显示 P0004	P(1) P0004 Hz
3	按 P 键进入参数值	P(1) 0 Hz

续表

序号	操作步骤	结果显示
4	按▲或▼键达到所需要的值	P(1) 7 Hz
5	按P键，确认并存储参数值	P(1) P0004 Hz
6	用户只能看到命令的参数	—

三、更改变址参数 P0719

变址参数 P0719 的更改见表 7.6。

表 7.6 变址参数 P0719 的更改

序号	操作步骤	结果显示
1	按P键访问参数	P(1) r0000 Hz
2	按▲键直到显示 P0719	P(1) P0719 Hz
3	按P键进入参数值，in000 表示 P1000 的第 0 组值	P(1) in000 Hz
4	按P键显示当前设定值	0
5	按▲或▼键达到所需要的数值	12
6	按P键确认并存储参数值	P(1) P0719 Hz
7	按▼键直到显示 r0000	P(1) r0000 Hz
8	按P键返回运行显示（此显示由用户确定）	—

四、变频器快速调试

① 修改变频器参数，见表 7.7。

表 7.7　修改参数操作步骤

序号	操作步骤	结果显示
1	按功能键 Fn ,最右边的一个数字闪烁	0
2	按 ▲ 或 ▼ 键,修改这位数字的数值	7
3	按功能键 Fn ,相邻的左侧数字闪烁	07
4	执行 2 至 4 步,直到显示出所要求的数值	17
5	按 P 键,退出参数数值的访问级	—

② 进行快速调试，流程见图 7.11。

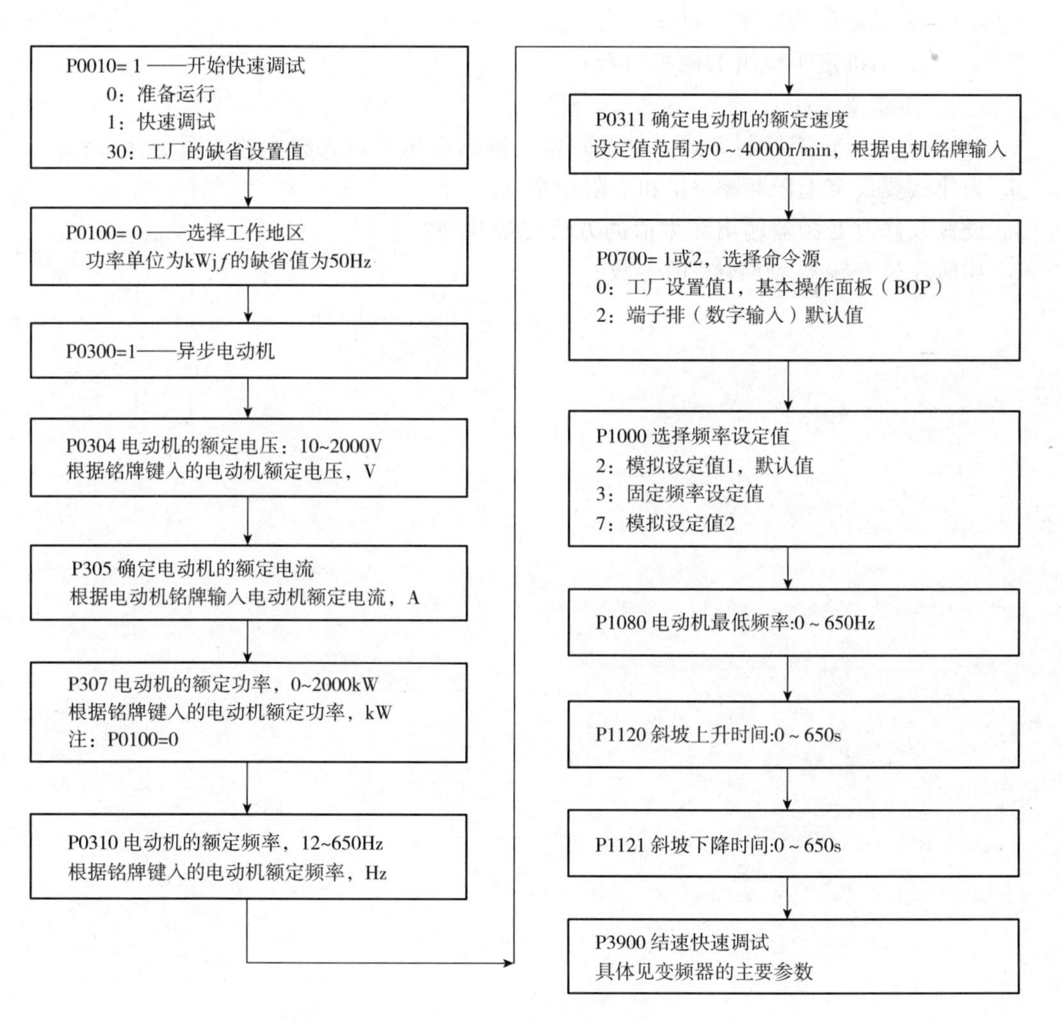

图 7.11　快速调试流程图

为了把变频器的全部参数复位为工厂的缺省设定值，应进行以下设定：

① 设定 P0010=30；

② 设定 P0970=1。

完成复位过程至少需要 3min。

【思考与练习】

1. 变频器的作用是什么？

2. 变频器有几部分组成？各部分的功能是什么？

3. 三相交流电源连接变频器的什么端子？三相异步电动机连接变频器的什么端子？

4. 设某 4 极三相交流异步电动机的转差率 $s=0.02$，当变频器输出电源频率分别是 50Hz、40Hz、30Hz、20Hz、10Hz 时，电动机的转速各是多少（设 s 不变化）？

注：三相交流异步电动机的转速公式为

$$n=(1-s)\frac{60f_1}{p}$$

式中 n——电动机转速，r/min；

f_1——交流电源的频率，Hz；

p——电动机定子绕组的磁极对数；

s——转差率。

5. 对于 u/f 恒转矩控制方式，基准频率、输出电压及最大频率的关系是什么？

6. 为什么要设定上限频率 f_H 和下限频率 f_L？

7. 设置或修改变频器输出频率值的方法有哪几种？

8. 如何复位变频器 MM440 的参数？

项目八

用变频器控制三相异步电动机示例

一、通过变频器面板控制电动机

按图 8.1 所示进行接线，然后设定变频器参数 P0010＝30，P0970＝1，恢复出厂设置，按表 8.1 所示设置面板控制参数。

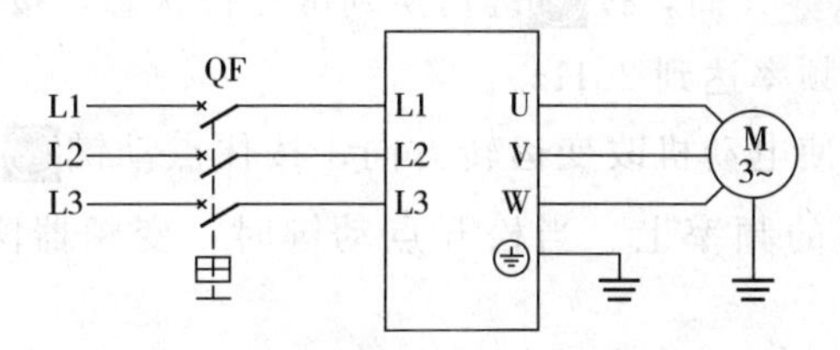

图 8.1　变频器面板操作模式接线图

表 8.1　面板控制参数设定

序号	参数	出厂值	设定值	备　注
1	P0003	1	1	访问级别标准级
2	P0010	0	1	进入快速调试模式
3	P0100	0	0	kW,50Hz
4	P0300	1	1	三相异步电动机
5	P0304	230	380	电动机额定电压
6	P0305	3.25	2.52	电动机额定电流
7	P0307	0.75	1.1	电动机额定功率
8	P0308	0.82	0.82	电动机功率因数
9	P0310	50	50	电动机额定频率

续表

序号	参数	出厂值	设定值	备　注
10	P0311	0	1400	电动机额定转速
11	P0010	0	0	进入准备运行模式
12	P0004	0	7	命令和数字 I/O
13	P0700	2	1	BOP 基本操作面板
14	P0004	0	10	斜波发生器
15	P1000	2	1	可由键盘输入设定值
16	P1080	0	0	电动机最低频率
17	P1082	50	50	电动机最高频率
18	P0003	1	2	扩展级
19	P1040	5	20	键盘控制频率值
20	P1058	5	30	正转点动频率
21	P1059	5	30	反转点动频率
22	P1060	10	5	点动斜波上升时间(s)
23	P1061	10	5	点动斜波下降时间(s)

设置完成后，回到r0000界面，按P键切换到待运行状态，按运行键I，变频器驱动电动机逐步升速，5s后运行频率达到20Hz。

按方向切换键可以使电动机改变运转方向，按住点动键jog，则变频器驱动电动机升速，并运行在P1058对应的频率上。当松开点动键时，变频器降速。按停止键O，结束运行。

二、通过外部端子控制电动机

首先将变频器按照图8.2所示接线，参数设置见表8.2。

表8.2　参数功能表

序号	变频器参数	出厂值	设定值	功　能　说　明
1	P0304	230	380	电动机的额定电压(380V)
2	P0305	3.25	0.35	电动机的额定电流(0.35A)
3	P0307	0.75	0.06	电动机的额定功率(60W)
4	P0310	50.00	50.00	电动机的额定频率(50Hz)
5	P0311	0	1430	电动机的额定转速(1430r/min)
6	P1000	2	1	用操作面板(BOP)控制频率的升降
7	P1080	0	0	电动机的最小频率(0Hz)
8	P1082	50	50.00	电动机的最大频率(50Hz)

续表

序号	变频器参数	出厂值	设定值	功 能 说 明
9	P1120	10	10	斜坡上升时间(10s)
10	P1121	10	10	斜坡下降时间(10s)
11	P0700	2	2	选择命令源(由端子排输入)
12	P0701	1	10	正向点动
13	P0702	12	11	反向点动
14	P1058	5.00	20	正向点动频率(10Hz)
15	P1059	5.00	10	反向点动频率(10Hz)
16	P1060	10.00	10	点动斜坡上升时间(10s)
17	P1061	10.00	5	点动斜坡下降时间(5s)

注:1. 设置参数前先将变频器参数复位为工厂的缺省设定值;

2. 设定 P0003=2,允许访问扩展参数;

3. 设定电动机参数时先设定 P0010=1(快速调试),电动机参数设置完成设定P0010=0(准备)。

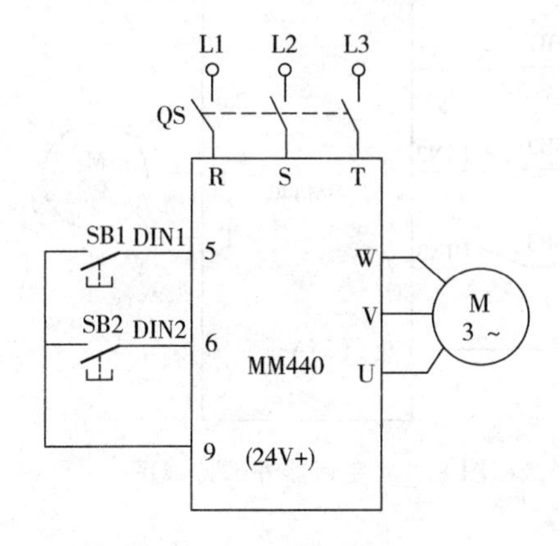

图 8.2　变频器外部接线图

操作顺序如下。

① 按照变频器外部接线图完成变频器的接线,检查并确保正确无误。

② 打开电源开关,按照参数功能表正确设置变频器参数。

③ 按下按钮 SB1,电动机启动并正转。

④ 按下操作面板按钮 ▲,增加变频器输出频率。

⑤ 松开按钮 SB1,电动机停止运行。

⑥ 按下按钮 SB2,电动机启动并反转,松开按钮 SB2,电动机停止运行。

⑦ 增加 P1058、P1059 的值,分别设成 40Hz、20Hz,电动机运转速度显著变化。

⑧ 改变点动斜坡上升/下降时间,设定 P1060、P1061 的值,电动机提速和降速的时间均应发生变化。

然后将变频器按照图 8.3 所示接线,参数设置见表 8.3。

表 8.3　参数功能表

序号	变频器参数	出厂值	设定值	功 能 说 明
1	P0304	230	380	电动机的额定电压(380V)
2	P0305	3.25	0.35	电动机的额定电流(0.35A)
3	P0307	0.75	0.06	电动机的额定功率(60W)
4	P0310	50.00	50.00	电动机的额定频率(50Hz)
5	P0311	0	1430	电动机的额定转速(1430r/min)

续表

序号	变频器参数	出厂值	设定值	功能说明
6	P0700	2	2	选择命令源(由端子排输入)
7	P1000	2	1	用操作面板(BOP)控制频率的升降
8	P1080	0	0	电动机的最小频率(0Hz)
9	P1082	50	50.00	电动机的最大频率(50Hz)
10	P1120	10	5	斜坡上升时间(10s)
11	P1121	10	5	斜坡下降时间(10s)
12	P0701	1	1	ON/OFF(接通正转/停车命令1)
13	P0702	12	12	反转
14	P0703	9	4	OFF3(停车命令3)按斜坡函数曲线快速降速停车

操作顺序如下。

① 按照变频器外部接线图完成变频器的接线，检查并确保正确无误。

② 打开电源开关，按照参数功能表正确设置变频器参数。

③ 打开开关SB1、SB3，电动机正转。

④ 按下操作面板按钮▲，增加变频器输出频率。

⑤ 打开开关SB2，电动机反转。

⑥ 关闭开关SB3，电动机停止运行。

⑦ 改变P1120、P1121的值，重复3、4、5、6，电动机提速和降速的时间均应发生变化。

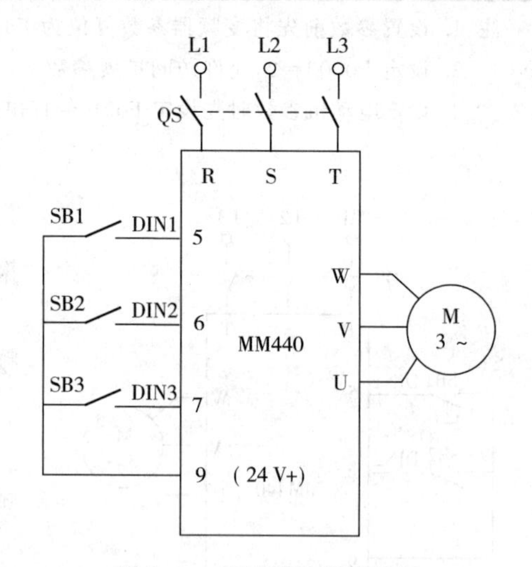

图8.3 变频器外部接线图

三、通过外部模拟量方式调速

参数设置表见表8.4，变频器外部模拟量接线如图8.4所示。

表8.4 参数功能表

序号	变频器参数	出厂值	设定值	功能说明
1	P0304	230	380	电动机的额定电压(380V)
2	P0305	3.25	0.35	电动机的额定电流(0.35A)
3	P0307	0.75	0.06	电动机的额定功率(60W)
4	P0310	50.00	50.00	电动机的额定频率(50Hz)
5	P0311	0	1430	电动机的额定转速(1430r/min)
6	P1000	2	2	模拟输入
7	P0700	2	2	选择命令源(由端子排输入)
8	P0701	1	1	ON/OFF(接通正转/停车命令1)

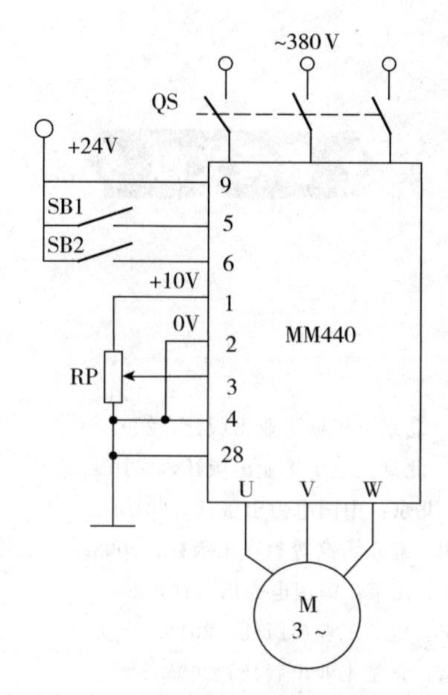

图 8.4　变频器外部模拟量接线图

① 按照变频器外部接线图完成变频器的接线，检查并确保正确无误。

② 打开电源开关，按照参数功能表正确设置变频器参数。

③ 打开开关 SB1，启动变频器。

④ 调节输入电压，电动机运转速度随电压增加而增大。

⑤ 关闭开关 SB1，停止变频器。

【思考与练习】

1. 什么是变频器的面板操作模式？在面板操作模式哪个指示灯亮？

2. 变频器的出厂设定是什么操作模式？哪个指示灯亮？

3. 写出变频器面板正转、反转、停止键的名称。

4. 如果要求电动机启动过程缓慢，如何设置控制参数？

5. 使用变频器外部端子控制电机点动运行的操作方法是什么？

6. 变频器与电机控制线路的接线方法及注意事项是什么？

7. 变频器外部端子控制电机正反转的操作方法是什么？

8. 变频器外部端子的不同功能及使用方法是什么？

9. 设置哪些参数能将变频器调整为 15 段速度调速？

10. 如果变频器启动并运行后，如何实现固定频率 1 至固定频率 7 循环连续运行，使每一个固定频率运行时间为 20s？（注：设置斜坡上升和下降时间均为 1s）

11. 当外部控制信号为 mA 级电流信号时，该如何接线并设置参数？

12. 外部模拟量输入时，能否实现正反转控制？

参考文献

[1] 廖常初．大中型PLC应用教程．北京：机械工业出版社，2007.
[2] 陈建明．电气控制与PLC应用．北京：电子工业出版社，2010.
[3] 金沙，耿惊涛．PLC应用技术．北京：中国电力出版社，2010.
[4] 孙平．可编程控制器原理及应用．北京：高等教育出版社，2003.
[5] 肖锋，何哲荣．PLC编程100例．北京：中国电力出版社，2009.
[6] 刘子林．电机与电气控制．北京：电子工业出版社，2014.
[7] 王艳秋．电机及电力拖动．北京：化学工业出版社，2005.
[8] 郑凤翼．西门子PLC与变频器控制电路识图自学通．北京：电子工业出版社，2013.
[9] 樊占锁．西门子PLC变频器触摸屏综合应用．北京：中国电力出版社，2013.